U0239351

21 世纪高等院校电气信息类系列教材

计算机控制技术

刘川来　胡乃平　等编著

机 械 工 业 出 版 社

本书系统地讲述了计算机控制技术及其应用,主要内容包括计算机控制系统的概念、组成、分类及发展,计算机控制系统中常用的设备,计算机总线的概念、分类,过程通道与人机接口,计算机控制中常用的数据处理方法与控制策略,计算机控制中的网络与通信技术,计算机控制系统软件技术,典型计算机控制系统,计算机控制系统中的抗干扰技术,计算机控制系统的设计与实施,计算机控制系统的实例。

本书可以作为高等学校自动化、计算机及相关专业的本专科学生的教材,也可以作为有关工程技术人员的参考书。

图书在版编目（CIP）数据

计算机控制技术/刘川来,胡乃平等编著.—北京：机械工业出版社,2007.1(2024.1重印)
(21世纪高等院校电气信息类系列教材)
ISBN 978-7-111-20712-2

Ⅰ.计… Ⅱ.① 刘…② 胡… Ⅲ.计算机控制-高等学校-教材
Ⅳ.TP273

中国版本图书馆 CIP 数据核字（2007）第 001964 号

机械工业出版社(北京市百万庄大街22号　邮政编码100037)
策　　划：时　静
责任编辑：时　静
责任印制：单爱军
北京虎彩文化传播有限公司印刷
2024 年 1 月第 1 版第 16 次印刷
184mm×260mm · 17 印张 · 420 千字
标准书号：ISBN 978-7-111-20712-2
定价：45.00 元

电话服务　　　　　　　　网络服务
客服电话：010-88361066　　机 工 官 网：www.cmpbook.com
　　　　　010-88379833　　机 工 官 博：weibo.com/cmp1952
　　　　　010-68326294　　金 书 网：www.golden-book.com
封底无防伪标均为盗版　　机工教育服务网：www.cmpedu.com

出版说明

随着科学技术的不断进步，整个国家自动化水平和信息化水平的长足发展，社会对电气信息类人才的需求日益迫切、要求也更加严格。在教育部颁布的"普遍高等学校本科专业目录"中，电气信息类（Electrical and Information Science and Technology）包括电气工程及其自动化、自动化、电子信息工程、通信工程、计算机科学与技术、电子科学与技术、生物医学工程等子专业。这些子专业的人才培养对社会需求、经济发展都有着非常重要的意义。

在电气信息类专业及学科迅速发展的同时，也给高等教育工作带来了许多新课题和新任务。在此情况下，只有将新知识、新技术、新领域逐渐融合到教学、实践环节中去，才能培养出优秀的科技人才。为了配合高等院校教学的需要，机械工业出版社组织了这套"21世纪高等院校电气信息类系列教材"。

本套教材是在对电气信息类专业教育情况和教材情况调研与分析的基础上组织编写的，期间，与高等院校相关课程的主进教师进行了广泛的交流和探讨，旨在构建体系完善、内容全面新颖、适合教学的专业材料。

本套教材涵盖多层面专业课程，定位准确，注重理论与实践、教学与教辅的结合，在语言描述上力求准确、清晰，适合各高等院校电气信息类专业学生使用。

机械工业出版社

前　　言

　　计算机控制技术是研究自动控制理论和计算机控制技术如何应用于工业生产自动化过程的一门专业技术。工业控制是计算机应用的一个重要领域，计算机控制是为适应这一领域的需要而发展起来的一门专业技术。

　　本书系统地介绍了计算机控制技术及工业计算机控制系统的设计和实现的基本原理与技术。

　　全书共分11章：第1章是绪论，主要介绍计算机控制系统的概念、组成、分类及发展；第2章介绍了计算机控制系统中常用的设备；第3章介绍了计算机总线的概念、分类，着重介绍了目前比较流行的总线；第4章介绍了过程通道与人机接口；第5章介绍了计算机控制中常用的数据处理方法与控制策略；第6章介绍了计算机控制中的网络与通信技术；第7章介绍了计算机控制系统软件技术；第8章介绍了典型的计算机控制系统；第9章介绍了计算机控制系统中的抗干扰技术；第10章介绍了计算机控制系统的设计与实施；第11章介绍了几个计算机控制系统的实例。

　　本书注重工程应用与基础知识的衔接和内容的系统性，同时又照顾到不同层次的读者需要。一方面力求做到内容全面、系统，另一方面突出重点，从实际应用的角度把握内容。本书可以作为高等学校自动化、计算机及相关专业的本专科学生的教材，也可以作为工程技术人员的参考书。

　　本书内容丰富，教师可以根据不同的要求和学生的基础情况灵活安排。本书每章的内容自成一体，读者可以根据自己的知识结构和需要选择学习。

　　本书由青岛科技大学刘川来教授主编，参加编写的人员有刘川来（第1章），胡乃平（第8章），周艳平（第5章、第7章、第10章），宋廷强（第3章、第9章），陈显利（第4章、第6章），单宝明（第2章、第11章）。

　　刘文超、王丽、徐启蕾、段利亚、冯红梅等研究生为本书的编写也做了大量工作，在此，向他们表示诚挚的感谢。为方便教学，本书配有电子教案，需要者可从 www.cmpbook.com 上下载。

　　由于编者水平有限，书中难免存在缺点和不足之处，希望读者批评指正。

编　者

目　　录

第1章 绪 论

本章将对计算机控制系统、计算机控制系统的组成及分类、计算机控制研究的课题与发展方向进行简要介绍。

1.1 计算机控制系统概述

计算机控制是计算机应用的一个非常大的分支,涉及国防、工业、农业、商业等不同领域。利用信息技术改造传统产业是信息化带动工业化的基础工作,计算机控制是这项工作的主要手段。

计算机控制,是将计算机技术应用于工农业生产、国防等行业自动控制的一门综合性学科与技术。计算机控制是以计算机、自动控制理论、自动控制工程、电子学和自动化仪表为基础的综合学科。简单地说,计算机控制系统就是以计算机替代了原模拟控制系统中由控制器(控制仪表)组成的自动控制系统,但是这种取代决不是一种简单的替代,而是一种升华。

古典控制理论是20世纪40年代发展起来的,直到目前,许多工程仍然采用古典控制理论进行分析和设计,这些方法来处理单输入—单输出的线性定常系统是卓有成效的。但随着科学的发展、技术的进步,控制对象越来越复杂多样,对控制的要求不断提高,出现了多输入—多输出的多变量控制系统、非线性控制系统、时变和分布参数控制系统,这些系统使用常规的控制方法和手段来实现是十分困难的。随着计算机尤其是微型计算机应用于自动控制领域,自动控制水平产生了巨大的飞跃。

自1946年世界上第一台可以由程序控制的计算机(称为电子数字器与计算器)ENICA诞生以来,人们就试图将这种运算速度快,既能存储又能进行算术和逻辑计算的机器应用于自动控制系统中。然而这种昂贵的运算机器作为控制器来说是大材小用,于是人们希望用计算机来完成许多回路的数据采集与控制,而当时计算机的可靠性却难以胜任作为控制器所需要的高可靠性。因此,在计算机诞生后的近二十年中,计算机还是主要应用于科学计算与实际生产过程的数据采集与数据处理。

20世纪50年代初,美国首先用计算机完成了对生产过程进行的巡检数据采集和数据处理,后来在实验的基础上完成了开环和闭环的控制。1959年美国TRW航空公司和Texaco公司合作成功地在得克萨斯州的一家炼油厂将一台计算机投入在线控制。该控制系统从综合指标出发确定了热水循环系统的最佳参数,同时也揭开了计算机控制的辉煌一页。该项成果的取得激发了从事计算机制造与自动控制研究者的兴趣,他们纷纷投入人力、物力进行这方面的研究和开发。20世纪60年代计算机控制系统已成功地应用于化工、钢铁和电力等不同领域,但这些系统还都是以数据的采集和处理为主。1962年英国帝国化工公司制造出一套可以取代常规仪表对生产过程直接进行控制的计算机控制系统,开创了直接进行数字控制的新时期。

自1971年世界上第一片四位微处理器出现以来,微型计算机得以快速发展,1993年Pentium处理器的出现更使微型计算机在运算速度等诸多方面得以长足发展,同时也使计算机控制技术得以飞速发展。微处理器和微型计算机的诞生与发展为实现分散控制创造了良好的条件。由于其价格低廉,可以把计算机分散到各个生产装置中去实现小范围的局部控制,功能分散后,技术上比较容易实现,这不仅使计算机出现故障的危险得到分散,使控制的速度得以提高,同时也给系统的数字建模带来了方便。1975 年美国 Honeywell 公司成功研制出世界上第一套集散型控制系统 TDC – 2000 并投入使用,开创了计算机应用于实际生产过程控制的新纪元。随后一直到 20 世纪 80 年代末,集散控制系统迅速发展,有几万套集散系统投入运行。随着 3C 技术和网络技术的发展,现场总线控制系统和网络控制系统应运而生,可编程控制器的综合应用已打破了原工业控制的格局,并共同融入到计算机控制系统的大门类之中。

1.2 计算机控制系统的组成及分类

1.2.1 计算机控制系统

自动控制是指在非人工直接参与的前提下,应用自动控制装置自动地、有目的地控制设备和生产过程,使之具有一定的状态和性能,完成相应的功能,实现预定的目标。自动控制系统一般可以分为开环控制系统和闭环控制系统两大类。

1. 开环控制系统

图 1.1 所示的系统为开环控制系统。所谓开环控制系统是指控制器按照先验的控制方案对对象或系统进行控制,使被控的对象或系统能够按照约定来运动或变化。开环控制是很好的一种控制方案,但是开环系统必须在实施控制之前确定准确的被控对象的数学模型和控制方案。开环控制由于在控制过程中得不到被控参数的信息,所以开环控制系统只能适应于那些控制对象明确且定常无扰动系统;若系统是时变的,则必须在控制之前明确其时变的准确规律;若有扰动,其扰动量必须可测,并且使其扰动通道的时间常数大于控制通道的时间常数。

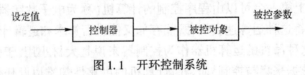

图 1.1 开环控制系统

2. 闭环控制系统

闭环控制系统的结构如图 1.2 所示。很明显,闭环控制系统较开环控制系统增加了一个比较环节和一个来自被控参数的反馈信号,由于控制器得到被控对象的信息反馈,因此便可实时地对其控制的结果进行检测,并且及时调节其控制量,从而使之达到预期的效果。

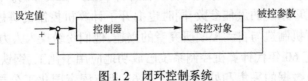

图 1.2 闭环控制系统

闭环控制可以适当降低对象数学模型的准确了解,可以有效地解决一些不确定的随机问题。需要注意的是,由于反馈的存在,一些闭环系统在控制参数和结构设置不合理的情况下,原开环稳定的系统会变得不稳定。

3. 计算机控制系统

在上述的开、闭环控制系统中都少不了控制器这样一个环节。若用计算机替代系统中的控制器就形成了计算机控制系统。由于计算机处理的是数字信号,而自然界中的信号又都是模拟信号,计算机要替代原模拟调节器必须完成模拟量到数字量的转换(A/D)和数字量到模拟量的转换(D/A),如图1.3所示。

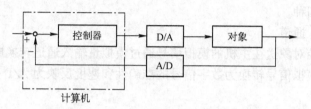

图1.3　计算机控制系统基本框图(闭环)

计算机控制系统的控制过程可简单地归纳为三个过程。

（1）信息的获取

计算机可以通过计算机的外部设备获取被控对象的实时信息和人的指令性信息,这些信息是计算机进行计算或决策的素材和依据。

（2）信息的处理

计算机可根据预先编好的程序对从外部设备获取的信息进行处理,这种数据处理应包括信号的滤波、线性化校正、标度的变换、运算与决策等。

（3）信息的输出

计算机将最终处理完的信息通过外部设备送到控制对象,通过显示、记录或打印等操作输出其处理或获取信息的情况。

计算机控制系统包括硬件和软件两大部分。硬件由计算机主机、接口电路、外部设备组成,是计算机控制系统的基础;软件是安装在计算机主机中的程序和数据,它能够完成对其接口和外部设备的控制,完成对信息的处理,它包含有维持计算机主机工作的系统软件和为完成控制而进行信息处理的应用软件两大部分,软件是计算机控制系统的关键。

1.2.2　计算机控制系统的硬件组成

典型的计算机控制系统的硬件主要包括计算机主机、过程控制通道、操作控制台和常用的外部设备,如图1.4所示。应该指出的是,随着计算机网络技术的快速发展,网络设备也成为计算机控制系统硬件不可缺少的一部分。

1. 主机

主机是指用于控制的计算机,它主要由CPU、存储器和接口三大部分组成,是整个系统的核心。它主要完成数据和程序的存取、程序的执行、控制外部设备和过程通道中的设备的工作,实

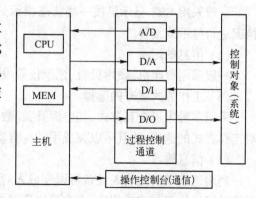

图1.4　典型的计算机控制系统的硬件组成框图

现对被控对象的控制,实现人机对话和网络通信。形象一点讲,就是完成对数据存取的控制,对采集的数据进行滤波和线性化处理,进行运算和决策,控制控制量的输出等。由于 CPU 技术的发展和广泛应用及网络技术的发展和广泛应用,主机还要完成对一些含 CPU 设备和网络设备的控制。

2. 过程控制通道

过程控制通道是被控对象与主机进行信息交换的通道。根据信号的方向和形式,过程控制通道可分为以下四种。

(1) 模拟量输入通道

完成过程和被控对象送往主机的模拟信号通过模拟量输入通道转换成为计算机能够接收的标准数字信号。模拟信号转换为数字信号的准确性和速度反映为 A/D 转换的精度、位数和采样的时间。

(2) 模拟量输出通道

目前,大多数执行机构仍只能接收模拟信号,而计算机运算决策的最终结果是数字信号。通过模拟量输出通道将数字量转换为模拟量。

(3) 数字量输入通道

数字量输入通道的主要作用是把过程和被控对象的开关量或通过传感器已转换的数字量以并行或串行的方式传给计算机。

(4) 数字量输出通道

数字量输出通道的主要作用是将计算机运算、决策之后的数字信号以串行或并行的方式输出给被控对象或外部设备。应该强调的是数字量输出通道输出的信号有时直接驱动外部设备,其功率和阻抗的匹配问题应该特别注意。

过程控制通道应该说是计算机与被控对象及外部设备连接的桥梁。为了提高计算机的可靠性和安全性,在许多场合应该充分考虑过程控制通道的信号隔离问题。

3. 操作控制台

操作控制台是计算机控制系统人机交互的关键设备。通过操作控制台,操作人员可以及时了解被控过程的运行状态、运行参数,对控制系统发出各种控制的操作命令,并且通过操作控制台修改控制方案和程序。操作控制台一般应完成以下功能。

(1) 信息的显示

一般采用 CRT 显示屏或一些状态指示灯、声光报警器对被控参数、状态和计算机的运行情况进行显示或报警。

(2) 信息的记录

一般采用打印机、硬拷贝机、记录仪等设备对显示或输出的信息进行记录。

(3) 工作方式状态的选择

采用多种人机交互方式,如电源开关、数据段地址、选择开关、操作方式等操作,可以实现对工作方式的选择,并且可以完成手动 – 自动转换、手动控制(遥感)和参数的修改与设置。

(4) 信息输入

利用键盘或其他输入设备可以完成人对机的控制功能。操作控制站的各组成部分都通过对应的接口电路与主机相连,由主机实现对各个部分的相应管理。

4. 通信设备

企业信息化的需求要求生产过程的数据和企业管理信息系统之间的信息实时交换,计算机控制系统作为网络上的一个节点的方案已经被广泛采纳。通信设备已成为计算机控制系统的一个重要部分,这些设备可以完成计算机控制系统的信息交换。

1.2.3 计算机控制系统的软件组成

计算机控制系统除了硬件之外,还必须有软件。控制系统的功能和性能在很大程度上依赖于软件水平的高低。所谓软件是指完成各种功能的计算机程序和数据的总和,它分为系统软件和应用软件两大部分。

系统软件是维持计算机运行操作的基础,用于管理、调度、操作计算机的各种资源,实现对系统的监控与诊断,提供各种开发的支持程序。这些系统软件包括操作系统、监控管理程序、故障诊断程序、各种计算机语言及解释、编译工具。系统软件一般由供应商提供或专业人员开发,用户不需自己设计开发。

应用软件是根据控制对象、控制要求,为实现高效、可靠、灵活的控制而开发的各种程序。应用软件包括数据采集、数字滤波、标度变换、键盘处理、过程控制算法、输出与控制等程序。用于应用软件开发的程序设计语言,一般有汇编、C#、C++、VB、VC 等。目前也有一些专门用于控制的引用组态软件,这些软件功能强,使用方便,组态灵活,具有很强的应用前景。

1.2.4 计算机控制系统的分类

计算机控制系统有很多分类方法。按计算机的参与形式不同,可以分为开环和闭环控制系统;按采用的控制方案的不同,可以分为程序和顺序控制、常规控制、高级控制(最优、自适应、预测、非线性等)、智能控制(模糊控制、专家系统和神经网络等)。

根据计算机控制系统的发展历史和在实际应用中的状态计算机控制系统一般分为操作指导控制系统、直接数字控制系统、计算机监督控制系统、集散控制系统、现场总线控制系统和计算机集成制造系统六大类。

1. 操作指导控制系统

操作指导控制系统(Operation Guide Control,简称 OGC 系统)是基于生产过程数据直接采集的非在线的闭环控制系统,如图 1.5 所示。

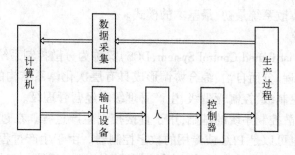

图 1.5　操作指导控制系统

计算机通过数据输入通道对生产过程各项参数进行采集,根据工艺和生产的需求进行最优化计算,计算出优化的操作条件和参数,利用其输出设备,将其结果显示或打印。操作人员根据计算机提供的结果改变控制器的参数或设定值,实现对生产过程的控制,这属于计算机离线最优控制的一种形式。

该系统结构简单,控制安全、灵活,由于人的介入使该系统可以应用于一些复杂的不便由计算机进行直接控制的场合,如设备的调试阶段、计算机控制系统的调试阶段等。

2. 直接数字控制系统

直接数字控制系统(Direct Digital Control,简称 DDC 系统)是计算机控制系统的最基本形式,也是应用最多的一类计算机控制系统。其一般结构如图 1.6 所示。

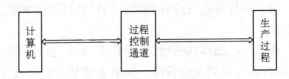

图 1.6　直接数字控制系统

这类控制系统是计算机通过过程通道对生产过程进行在线实时控制。该系统是典型的计算机替代控制器系统,可实现对多回路多参数的控制,系统灵活性大、可靠性高,能实现各种从常规到先进的控制方式。

3. 计算机监督控制系统

计算机监督控制系统(Supervisory Computer Control,简称 SCC 系统)是一种两级的计算机控制系统,如图 1.7 所示。

图 1.7　计算机监督控制系统

该类系统类似于计算机操作指导控制系统。两者的区别在于 SCC 计算机输出不通过人去改变,而是直接控制控制器,改变控制的设定值或参数,从而完成对生产过程的控制。SCC计算机可以利用有效的资源去完成生产过程控制的参数优化,协调各直接控制回路的工作,而不直接参与直接控制,所以计算机监督控制系统是安全性、可靠性较高的一类计算机控制系统,同时又是计算机集散系统最初、最基本的模式。

4. 集散控制系统

集散控制系统(Distributed Control System,DCS)又称为分散控制系统。该系统采用分散控制、集中操作、分级管理、分而自治、综合协调形成具有层次化体系结构的分级分布式控制,一般分为四级,即过程控制级、控制管理级、生产管理级和经营管理级。

过程控制级是集散控制系统的基础,用于直接控制生产过程。在过程控制级参与直接控制的可以是计算机,也可以是 PLC 或专用的数字控制器。由于生产过程的控制分别由独立的控制器进行,可以分散控制器故障,局部的故障不致影响整个系统的工作,从而提高了系统工作的可靠性。

5. 现场总线控制系统

现场总线控制系统(Field Bus Control System,FCS)是 20 世纪 90 年代兴起并得以迅速应用的新型计算机控制系统,已广泛应用在工业生产过程自动化领域。现场总线控制系统是利用现场总线将各智能现场设备、各级计算机和自动化设备互联,形成一个数字式全分散双向串行传输、多分支结构和多点通信的通信网络。现场总线控制系统结构如图1.8所示。

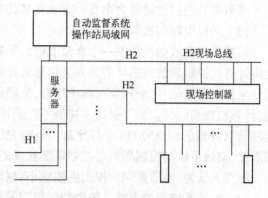

图1.8 现场总线控制系统

在现场总线控制系统中,生产过程现场的各种仪表、变送器、执行机构控制器都配有分级处理器,属智能现场设备。每台设备都具有通信能力,严格地讲,也属于集散控制中的一类,不过系统的组成已更加独立、分散,由于其采用了总线式的结构模式,使各控制单元的组合变得更加灵活。现场总线可以直接连接其他的局域网,甚至Internet。现场总线控制系统可以构成不同层次的复杂控制网络,它已经成为今后工业控制体系结构发展的方向之一。

6. 计算机集成制造系统

计算机集成制造系统(Computer Integrated Manufacturing System,CIMS)的概念是20世纪70年代美国一位叫哈灵顿的人提出的,随着计算机和信息技术的发展最终得以实施。计算机集成制造是将工业生产的全过程集成由计算机网络和系统在统一模式(包括从设计、工艺、加工制造到产品的检验出厂一体化的模式)进行,并提出了并行工程(即将传统串行流程部分改为并行流程)的概念,大大加快了产品从设计到出厂的周期。随着现代市场的需求和企业模式的现代化,计算机集成制造已经将制造集成转换为信息集成,并融入了企业的全面管理和市场营销。CIMS是一项庞大的系统工程,它需要许多基础的应用平台的支持,它实现的是企业物流、资金流和信息流的统一。由于其涉及面广,应用存在的困难较多,所以许多CIMS工程在规划实施中都提出了整体规划分步实施的策略。尽管目前CIMS工程在企业的推广存在许多困难,但是它确实是企业真正走向现代化的方向。

1.3 计算机控制研究的课题与发展方向

计算机控制系统中的计算机不是简单地取代了一般控制系统的控制器,特别是计算机网络技术的发展促进了企业管理控制一体化的进程,控制的概念也远远超出了以往生产设备和生产线的控制范畴。

1.3.1 计算机控制研究的课题

计算机控制研究的课题主要涉及控制理论及其在工程中的应用与实现。

1. 控制理论方面涉及的课题

(1) 数字描述和分析方法

计算机控制系统的外特性应该同模拟系统是一样的,但严格地讲,在实际的处理过程中计算机控制系统是离散系统,所以计算机控制系统的设计和分析多年来一直存在模拟和离散两种分析方法。

离散系统的描述通常会用差分方程和 Z 传递函数以及离散状态空间方法来进行。

（2）采样周期的选取

模拟系统离散化过程中一个非常关键的问题就是计算机控制系统采样周期的选择。严格地讲计算机控制系统的采样周期分为信号采样周期和计算机控制输出周期。信号采样将模拟信号采样为离散信号,采样周期越小越好,采样周期取决于计算机的运算速度,过小的采样周期,计算机很难胜任。为了保证采样信号在采样后能够正确地反映模拟信号,信号采集的采样周期选取要满足 SHANNON 采样定理,采样的最低频率须大于信号最高变化频率的两倍。众所周知,离散系统的控制周期与控制系统质量的稳定性是密切相关的。

有些人认为,离散系统的控制周期越小,越接近于模拟系统,其控制质量越好。但其实不然。对一般的系统来说离散系统的控制周期越小系统的控制质量越好,系统越稳定。但对一些纯滞后环节的系统来讲,一般取控制周期等于纯滞后时间,这样可以补偿纯滞后时间,从而取得较好的控制效果。

（3）现代控制系统的研究

由于计算机技术的发展使现代控制理论的许多设想得以实现,智能控制、模糊控制、人工神经元网络等近代控制方法的研究也变得越来越热。计算机 CPU 技术的发展和并行处理可以大大提高计算机的运算速度,使复杂运算应用于实时控制变为可能。

2. 计算机控制系统硬件技术的研究

随着计算机控制系统逐渐取代常规的模拟控制系统,计算机硬件技术的发展成为研究的重要课题。

为了适应不同行业、不同工艺设备的需求,计算机制造厂家已研究出多种典型的标准化机型。

（1）可编程序控制器

可编程序控制器(PLC)过去被称为可编程序逻辑控制器,它最初是利用电子器件替代了继电器,实现了过去由硬件完成的逻辑控制。随着计算机控制系统的发展,PLC 大大地改变了以往主要用于开关量逻辑控制的用途,许多专用的过程控制模块和网络通信模块已经结合 PLC 成为计算机控制系统中的主力军。

（2）可编程序调节器

可编程序调节器实际上是一台仪表化的微型计算机,它可以广泛地应用于计算机控制系统中的单元控制,尤其是一些分散性能很强的系统或一些独立的控制系统。可编程调节器的研究也随着计算机控制系统研究的发展而快速发展。

（3）单片微型计算机

随着微电子技术与超大规模集成技术的发展,单片机在控制系统的应用也越来越广泛,并被作为计算机控制研究的一个分支。由于系统与设备的智能化需求,嵌入式系统的研究已成为当今计算机控制系统研究的重要课题。

（4）总线式工控机

随着计算机设计的日益科学化、标准化和模块化,一种总线系统和开放式体系结构的概念应运而生。总线是一种标准信号线的集合,一种传递信息的公共通道。按照统一标准总线计算机生产厂可以开发设计出若干有特定功能的模板以满足不同用户的需求,这种系统结构的开放性大大方便了用户的选用。研究开发更小巧玲珑化、模板化、组合化和标准化的总线式工控机也是今后计算机控制系统硬件方面研究的课题。

（5）新型微型控制单元

伴随超大规模集成电路的发展和无线通信的进一步开拓和普及应用,研究一种微型的监测控制单元,已经进入到了可行性阶段。微型和超微型无线智能传感器已进入了实用阶段。该控制单元的研究和开发,又使人类对自然的控制能力大大加强。

3. 计算机控制系统软件的研究与开发

软件是计算机的灵魂,伴随着硬件技术的研究,计算机控制系统软件的研究也从未放松过。新型的系统设计、仿真软件越来越得到控制工程师的青睐,嵌入式系统的大量应用又为嵌入式操作系统的研究带来了大量的课题。随着计算机控制系统的普及应用,计算机控制系统应用软件的研究和开发带给用户的是一种更开放、更简单易操作的应用系统。

1.3.2 计算机控制系统的发展方向

目前,计算机控制技术在深度和广度方面都在发展。在广度方面,向着大系统或系统工程的方向发展,向着管理控制一体化的方向发展。从单一过程、单一对象的局部控制,发展到对整个工厂、整个企业,甚至对社会经济、国土利用、生态平衡、环境保护等大规模复杂对象和系统进行综合控制。在深度方面,则向着智能化方向发展,人们逐步地引入了自适应、自学习等控制方法,并且模拟生物的视觉、听觉和触觉,能够自动地识别图像、文字、语言并进一步根据感知的信息进行推理分析,直观判断,自行解决故障和问题。计算机在控制系统中的应用,不但带动了计算机技术的发展,同时也推动了自动控制理论和工程的发展。

习题

1. 计算机控制系统的硬件主要包括哪几个部分?
2. 什么是过程控制通道? 过程控制通道主要有哪几种?
3. 根据计算机控制系统的发展历史和在实际应用中的状态,计算机控制系统可分为哪6类,各有何特点?
4. 从深度和广度两方面论述计算机控制系统的发展趋势。

第2章 计算机控制系统中的检测设备和执行机构

在计算机控制系统中,为了正确地指导生产操作、保证生产安全和产品质量以及实现生产过程自动化,一项必不可少的工作是准确而及时地检测生产过程中的各个有关参数,例如压力、流量、物位及温度等。用于将这些参数转换为一定的便于传送的信号(例如电信号或气压信号)的仪表通常称为传感器。当传感器的输出为单元组合仪表中规定的标准信号时,通常称为变送器。变送器输出的标准信号送到调节器中,与给定值相比较,调节器按照比较后得出的偏差,以一定的调节规律发出控制信号。执行器接收来自调节器的控制信号,由执行机构将其转换成相应的角位移或直线位移,去操纵调节机构(调节阀),改变控制量,使被控变量符合预期要求。此外,计算机控制系统中还经常用到其他类型的检测设备和执行元件。

2.1 传感器和变送器

传感器是能感受规定的被测量并按照一定规律转换成可用输出信号的器件或装置。传感器的输出信号有多种形式,如电压、电流、频率、脉冲等,输出信号的形式由传感器的原理确定。变送器在控制系统中起着至关重要的作用,它将工艺变量(如温度、压力、流量、液位、成分等)和电、气信号(如电流、电压、频率、气压信号等)转换成该系统统一的标准信号。因此,变送器的性能、精度等指标对控制系统影响重大。本节将主要介绍有关压力、温度、流量、物位、成分等参数的检测方法、检测仪表及相应的传感器或变送器。

2.1.1 信号传输及供电的四线制与两线制

通常,变送器安装在现场,它的气源或电源从控制室送来,而输出信号送到控制室。气动变送器用两根气动管线分别传送气源和输出信号。电动模拟式变送器采用二线制或四线制传输电源和输出信号。

四线制指仪表的信号传输与供电用四根导线,其中两根作为电源线,另两根作为信号线。

两线制指仪表的信号传输与供电共用两根导线,即这两根导线既从控制室向变送器传送电源,变送器又通过这两根导线向控制室传送现场检测到的信号。两线制变送器的应用已十分流行,它与非两线制仪表相比,节省了导线,有利于抗干扰及防爆。

智能式变送器采用双向全数字量传输信号,即现场总线通信方式。目前广泛采用一种过渡方式,即在一条通信电缆中同时传输 4 ~ 20 mA 电流信号和数字信号,这种方式称为 HART 协议通信方式。智能式变送器的电源也由通信电缆传输。

HART(Highway Addressable Remote Transducer)通信协议是数字式仪表实现数字通信的一种协议,具有 HART 通信协议的变送器可以在一条电缆上同时传输 4 ~ 20 mA(DC)的模拟信号和数字信号。HART 通信协议是依照国际标准化组织(ISO)的开放式系统互连(OSI)参考模型,简化并引用其中三层(物理层、数据链路层、应用层)而制定的。物理层规定了信号的传输方法和传输介质;数据链路层规定了数据帧的格式和数据通信规程;应用层规定了通信命令的内容。

2.1.2 压力检测及变送

工业生产中许多生产工艺过程经常要求在一定的压力或一定的压力变化范围内进行,这就需要测量和控制压力,以保证工艺过程的正常进行。通过测量压力和压差可间接测量其他物理量,如温度、液位、流量、密度与成分量等,差压变送器就是将差压、流量、液位等被测参数转换为标准的统一信号,以实现对这些参数的显示、记录或自动控制。

按照检测元件分类,差压变送器主要有膜盒式差压变送器、电容式差压变送器、扩散硅差压变送器、振弦式差压变送器和电感式差压变送器等。

1. 压力检测的主要方法和分类

压力检测的方法很多,按敏感元件和转换原理的特性不同,一般分为以下几类:

① 液柱式压力检测。它是依据流体静力学原理,把被测压力转换成液柱高度来实现测量的。利用这种方法测量压力的仪器主要有 U 型管压力计、单管压力计、斜管微压计、补偿微压计和自动液柱式压力计等。这类压力计结构简单、使用方便,但其精度受工作液的毛细管作用、密度及视差等因素的影响,测量范围较窄,一般用来测量较低压力、真空度或压力差。

② 弹性式压力检测。它是根据弹性元件受力变形的原理,将被测压力转换成位移来实现测量的,常用的弹性元件有弹簧管、膜片和波纹管等。

③ 负荷式压力检测。它是基于静力平衡原理进行压力测量的,典型仪表有活塞式、浮球式和钟罩式三大类。它普遍被用作标准仪器对压力检测仪表进行标定。

④ 电气式压力检测。它是利用敏感元件将被测压力转换成各种电量,如电阻、电感、电容、电位差等。该方法具有较好的动态响应特性,量程范围大,线性好,便于进行压力的自动控制。

其他压力检测仪表还有弹性振动式压力计、压磁式压力计等。弹性振动式压力计是利用弹性元件受压后其固有振动频率发生变化这一原理制成的,其本质是将被测压力转换成频率信号加以输出,所以抗干扰性强。压磁式压力计是利用铁磁材料在压力作用下会改变其磁导率的物理现象而制成的,可用于测量频率高达 1000Hz 的脉动压力。

2. 电容式差压变送器

电容式差压变送器采用差动电容作为检测元件,是目前工业上普遍使用的一种变送器,系统构成框图如图2.1所示。电容式差压变送器主要包括两部分:测量部分和放大部分。

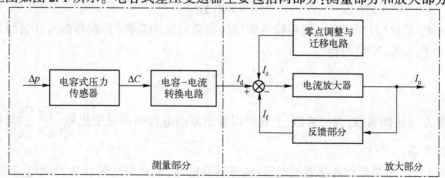

图2.1 电容式差压变送器结构框图

输入差压 Δp 作用于传感器的感压膜片,从而使感压膜片与两固定电极所组成的差动电容的电容量发生变化,该变化量由电容/电流转换电路转换成电流信号 I_d,I_d 和调零与零迁移电路产生的调零信号 I_z 和反馈信号 I_f 进行比较,其差值送入放大器,经放大后得到整机的输出电流 I_o。

测量部分的作用是通过电容式压力传感器及相关电路把被测差压 Δp 成比例地转换成为差动电流信号 I_d。差动电容测量的原理如图2.2所示。

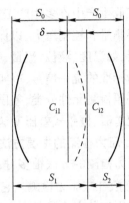

中心感压膜片和正压侧弧形电极构成电容为 C_{i1},中心感压膜片和负压侧弧形电极构成电容为 C_{i2},在输入差压为零时,$C_{i1} = C_{i2} = 15 \text{ pF}$。

当正、负压室引入的被测压力 p_1、p_2 作用于正负压侧隔离膜片上时,由于差压 Δp,使得中心膜片产生位移 δ,从而使得中心感压膜片与正负压侧弧形电极的间距发生变化,C_{i1} 的电容量减小,C_{i2} 的电容量增大。

当被测差压 $\Delta p = 0$ 时,$S_1 = S_2 = S_0$。

图 2.2 差动电容原理示意图

当被测差压 $\Delta p \neq 0$ 时,中心感压膜片在 Δp 的作用下产生位移 δ,则有:

$$S_1 = S_0 + \delta, S_2 = S_0 - \delta$$

中心感压膜片与其两边弧形电极构成的电容 C_{i1} 和 C_{i2} 在不考虑边缘电场影响的情况下,可近似地看成是平板电容器,电容量分别为:

$$C_{i1} = \frac{\varepsilon_1 A_1}{S_1} = \frac{\varepsilon A}{S_0 + \delta} \tag{2.1}$$

$$C_{i2} = \frac{\varepsilon_1 A_2}{S_2} = \frac{\varepsilon A}{S_0 - \delta} \tag{2.2}$$

ε_1、ε_2 分别为两个电容极板间的介电系数,由于两电容中灌充介质相同,故 $\varepsilon_1 = \varepsilon_2 = \varepsilon$;$A_1$、$A_2$ 分别为两个弧形电极板的面积,制造时面积相等,即 $A_1 = A_2 = A$。

由式(2.1)、(2.2)知:

$$\frac{C_{i2} - C_{i1}}{C_{i2} + C_{i1}} = \frac{\varepsilon A \left(\dfrac{1}{S_0 - \delta} - \dfrac{1}{S_0 + \delta} \right)}{\varepsilon A \left(\dfrac{1}{S_0 - \delta} + \dfrac{1}{S_0 + \delta} \right)} = \frac{\delta}{S_0} \tag{2.3}$$

又由于中心感应膜片的位移 δ 与输入差压 Δp 的关系可表示为:

$$\delta = K_1 \Delta p \tag{2.4}$$

式中,K_1 是由膜片预张力、材料特性和结构参数确定的系数(传感器制造好后即为常数)。将式(2.4)代入式(2.3)可得:

$$\frac{C_{i2} - C_{i1}}{C_{i2} + C_{i1}} = \frac{K_1}{S_0} \Delta p = K \Delta p \tag{2.5}$$

式中,K 为比例系数,为一常数,上式可以看出差动电容的相对变化值 $\dfrac{C_{i2} - C_{i1}}{C_{i2} + C_{i1}}$ 与被测差压 Δp 成线性关系。

差动电容的相对变化量再通过电容/电流转换电路,成比例地转换为差动电流信号 I_d,经放大后转换成 4～20 mA 电流输出。

3. 智能型差压变送器

随着集成电路的广泛应用,其性能不断提高,成本大幅度降低,使得微处理器在各个领域中的应用十分普遍。智能型压力或差压变送器就是在普通压力或差压传感器的基础上增加微处理器电路而形成的智能检测仪表。例如,用带有温度补偿的电容传感器与微处理器相结合,构成精度为 0.1 级的压力或差压变送器,其量程范围为 100∶1,时间常数在 0～36 s 间可调,通过手持通信器,可对 1500 m 之间的现场变送器进行工作参数的设定、量程调整以及向变送器加入信息数据。

图 2.3 给出了 Rosemount 公司的 3051C 差压变送器的原理框图。它由传感器件和电子组件两部分组成,其工作原理与模拟电容式差压变送器基本相同,变送器检测元件采用电容式压力传感器,同时还配置了温度传感器,用以补偿热效应带来的误差。两个传感器信号经 A/D 转换后送到微处理器,然后由微处理器完成对输入信号的线性化、温度补偿、数字通信、故障诊断等处理,最后得到一个与被测差压信号相对应的 4～20 mA 直流电流信号和基于 HART 协议的数字信号,作为变送器的输出。

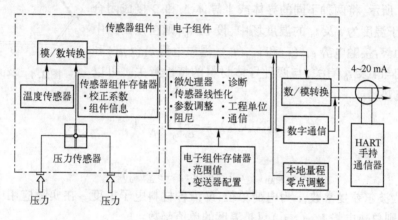

图 2.3　3051C 差压变送器原理框图

智能型差压变送器的特点是可进行远程通信。利用手持通信器,可对现场变送器进行各种运行参数的选择和标定;其精度高,使用与维护方便。通过编制各种程序,使变送器具有自修正、自补偿、自诊断等多种功能,因而提高了变送器的精确度,简化了调整、校准与维护过程,促使变送器与计算机、控制系统直接对话。

2.1.3　温度检测及变送

温度是各种工艺生产过程和科学实验中非常普遍、非常重要的热工参数之一。许多产品的质量、产量、能量和过程控制等都直接与温度参数有关,因此实现准确的温度测量具有十分重要的意义。温度变送器与测温元件配合使用,将温度或温差信号转换成为标准的统一信号,以实现对温度或温差信号的显示和记录。温度变送器分为模拟式温度变送器和智能式温度变送器两大类。

1. 测温方法分类

根据测量方法,可将温度测量划分为接触式测温和非接触式测温两大类。

接触式测温是基于物体的热交换原理设计而成的。其优点是：较直观、可靠；系统结构相对简单；测量准确，精度高。其缺点是：测温时有较大的滞后（因为要进行充分的热交换），在接触过程中易破坏被测对象的温度场分布，从而造成测量误差；不能测量移动的或太小的物体；测温上限受到温度计材质的限制，故所测温度不能太高。接触式测温仪表主要有：基于物体受热膨胀原理制成的膨胀式温度检测仪表；基于密闭容积内工作介质随温度升高而压力升高的性质制成的压力式温度检测仪表；基于导体或半导体电阻值随温度变化而变化的热电阻温度检测仪表；基于热电效应的热电偶温度检测仪表。

非接触式测温是基于物体的热辐射特性与温度之间的对应关系设计而成的。其优点是：测温范围广（理论上没有上限限制）；测温过程中不破坏被测对象的温度场分布；能测运动的物体；测温响应速度快。缺点是：所测温度受物体发射率、中间介质和测量距离等的影响。目前应用较广的非接触式测温仪表有：辐射温度计、光学高温计、光电高温计、比色温度计等。

其他测温技术，如光纤测温技术、集成温度传感器测温技术等也在不同领域得到应用。

2. 热电偶测温原理

热电偶温度计是利用不同导体或半导体的热电效应来测温的。如图 2.4 所示，将两种不同的导体或半导体 A 和 B 接成闭合回路，接点置于温度为 t 及 t_0 的温度场中，设 $t > t_0$，则在该回路中会产生热电动势：接触电势 $e_{AB}(t)$ 和 $e_{AB}(t_0)$，温差电势 $e_A(t,t_0)$ 和 $e_B(t,t_0)$，它们与 t 及 t_0 有关，与两种导体材料的特性有关。可以导出回路总电势：

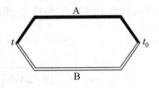

图 2.4　热电偶回路

$$E_{AB}(t,t_0) = \frac{k}{e} \int_{t_0}^{t} \ln \frac{N_A}{N_B} dt \qquad (2.6)$$

即

$$E_{AB}(t,t_0) = e_{AB}(t) - e_{AB}(t_0) \qquad (2.7)$$

式中，k 为波尔兹曼常数，e 为电荷单位，N 为各材料电子密度。在实际应用中，保持冷端温度 t_0 不变，则总热电势 $E_{AB}(t,t_0)$ 只是温度的单值函数：

$$E_{AB}(t,t_0) = e_{AB}(t) - c \qquad (2.8)$$

为使 t_0 恒定，且从经济性角度考虑，常采用补偿导线（或称延伸导线）将冷端从温度变化较大的地方延伸到温度变化较小或恒定的地方。

工业上常用的各种热电偶的温度 – 热电势关系曲线是在冷端温度保持为 0℃ 的情况下得到的，与它配套使用的仪表也是根据这一关系曲线进行刻度的。由于操作室的温度往往高于0℃，而且是不恒定的，因此这时利用热电偶测温时产生的热电势必然偏小，且测量值随着冷端温度的变化而变化，测量的结果就会产生误差。所以在使用热电偶测温时，只有将冷端温度保持为 0℃，或者是进行一定的修正才能得出准确的测量结果。这样做，就称为热电偶的冷端温度补偿，一般采用的方法有：冷端温度保持为 0℃ 的方法（冰浴法）、冷端温度修正法、校正仪表零点法、补偿电桥法及补偿热电偶法。

工业上常用的（已标准化）热电偶有：铂铑$_{30}$ – 铂铑$_6$ 热电偶（分度号为 B）、铂铑$_{10}$ – 铂热电偶（分度号为 S）、镍铬 – 镍硅（镍铬 – 镍铝）热电偶（分度号为 K）等。

3. 热电阻测温原理

热电阻温度计是利用导体或半导体的电阻值随温度变化的性质来测量温度的。其电阻值

与温度的关系为

$$R_t = R_{t_0}[1 + \alpha(t - t_0)] \tag{2.9}$$

$$\Delta R_t = \alpha R_{t_0} \cdot \Delta t \tag{2.10}$$

式中,R_t 为温度为 t 时的电阻值,R_{t_0} 为温度为 t_0(通常为 0℃)时的电阻值,α 为电阻温度系数,Δt 为温度的变化值,ΔR_t 为电阻值的变化量。

可见,由于温度的变化,导致了金属导体电阻的变化。这样只要设法测出电阻值的变化,就可以达到温度测量的目的。

虽然导体或半导体材料的电阻值对温度的变化都有一定的依赖关系,但是它们并不都能作为测温用的热电阻。作为热电阻的材料一般要求是:有尽可能大且稳定的电阻温度系数;电阻率大;在电阻的使用温度范围内,其化学和物理性能稳定,有良好的复制性;电阻随温度变化要有单值函数关系,最好呈线性关系;材料价格便宜,有较高的性能价格比。目前应用最广泛的是铂电阻(WZP)和铜电阻(WZC)。

热电阻是把温度变化转换为电阻值变化的一次元件,通常需要把电阻信号通过引线传递到计算机控制装置或者其他二次仪表上。热电阻引线对测量结果有较大的影响,现在常用的引线方式有两线制、三线制和四线制三种。

两线制:在热电阻的两端各连一根导线的引线形式为两线制。这种引线方式简单、费用低,但由于连接导线必然存在引线电阻 r,r 的大小与导线的材质和长度等因素有关。因此两线制适用于引线不长、测温准确度要求较低的场合。

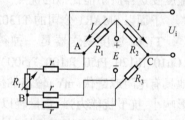

图 2.5　热电阻的三线制

三线制:在热电阻根部的一端连接一根引线,另一端连接两根引线的方式称为三线制。这种方式通常与电桥配套使用,可以较好地消除引线电阻的影响,是工业过程中最常用的引线方式。如图 2.5 所示。

事实上电桥上 $R_1 = R_2 \gg R_t$、R_3,经过设计可以使两个桥臂上的电流相等,均为 I,且 I 几乎不受 R_t 的影响,三线制的连接,每根线上同样也存在导线电阻 r。

此时,$U_i = U_{AC} = U_{AB} - U_{CB} = I(R_t + r) - I(R_3 + r) = I(R_t - R_3)$

R_3 可以起调零的作用。

四线制:在热电阻的两端各连接两根引线的接法称为四线制。这种方式主要用于高精度温度检测。其中两根引线为热电阻提供恒流源 I,在热电阻上产生的压降通过另两根引线引至电位差计进行测量,因此它能完全消除引线电阻对测量的影响,而与引线的电阻无关。

4. 模拟式温度变送器

典型的模拟式温度变送器是气动和电动单元组合仪表变送单元的主要品种,大都经历了从Ⅰ型到Ⅱ型再到Ⅲ型的发展过程。以 DDZ-Ⅲ型为例,它可以和热电阻或热电偶配合使用,将温度信号转换成统一标准信号;它也可以作为直流毫伏转换器来使用,将其他能够转换成直流毫伏信号的工艺变量也变成统一的标准信号。模拟式温度变送器主要由测量部分和放大部分组成,如图 2.6 所示。

检测元件把被测温度 T_i 或其他工艺参数 X 转换为变送器的输入信号 $X_i(E_t, R_t$ 或 $E_i)$,送入输入回路。经输入回路转换成直流毫伏信号 U_i 后,U_i 和零点调整与迁移零电路产生的

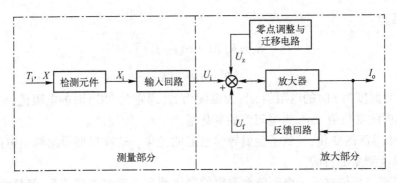

图 2.6　模拟式温度变送器原理框图

调零信号 U_z 的代数和同反馈电路产生的反馈信号 U_f 进行比较,其差值送入放大器,经放大后得到整机的输出信号 I_o。

5. 智能式温度变送器

智能式温度变送器有的采用 HART 协议通信方式,有的采用现场总线通信方式。智能式变送器通用性强,使用灵活,具有各种补偿功能、控制功能、通信功能和自诊断功能,有模拟式温度变送器所不能比拟的优点。

下面以 SMART 公司的 TT302 温度变送器为例进行介绍。

TT302 温度变送器是一种符合 FF 通信协议的现场总线智能仪表,可以与各种热电阻(Cu10、Ni120、Pt50、Pt100、Pt500)或热电偶(B、E、J、K、N、R、S、T、L、U)配套使用;也可以和其他具有电阻或毫伏(mV)输出的传感器配合使用。具有量程范围宽、精度高、环境温度和振动影响小、抗干扰能力强、重量轻以及安装维护方便等优点。还可接收两个测量元件的信号,具有双通道输入,并具有现场控制的功能。

TT302 温度变送器的硬件系统组成如图 2.7 所示,主要由输入板、主电路板和液晶显示器三部分组成。

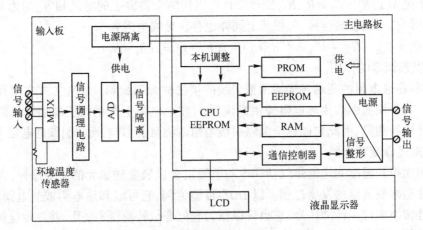

图 2.7　智能温度变送器 TT302 构成框图

（1）输入板

输入板主要包括多路转换开关、信号调理电路、A/D 转换电路和隔离电路,其作用是将输入的模拟量信号转换成数字量信号,送给 CPU。

输入板上的环境温度传感器用于热电偶测量时的冷端温度补偿;隔离电路包括信号的隔离和电源的隔离两部分。

（2）主电路板

主电路包括 CPU、通信控制器、信号整形电路、电源电路等,它是变送器的核心部分。CPU控制整个仪表各部分协调工作,完成数据的运算、处理、传递和通信等功能。通信控制器和信号整形电路与 CPU 共同完成数据的通信功能。

TT302 温度变送器由现场总线电源通过通信电缆供电,供电电压为 9～32VDC。

（3）液晶显示器

液晶显示部分通过一个低功耗的显示器实现数据的显示功能。

TT302 温度变送器的软件分为系统程序和功能模块两部分。系统程序保证变送器各硬件电路的正常工作并实现所规定的各项功能,同时完成各组成部分之间的管理。功能模块提供了各种功能,用户可以选择所需要的功能模块以实现用户所要求的功能。用户可以通过上位管理计算机或手持式组态器,对变送器进行远程组态,调用或删除功能模块。

2.1.4　流量检测及变送

生产过程中大量的气体、液体等流体介质的流量需要准确检测与控制,以保证设备在合理负荷和安全状态下运行。所谓流量大小,指单位时间内流过管道某一截面的流体数量,即瞬时流量,常用体积流量 Q_V(m³/h、l/h)和质量流量 Q_M(kg/h)表示。由于检测手段受温度、粘度、腐蚀性及导电性等因素影响,所以流量检测原理有很多,分类方法也有很多。

① 按测量的单位分,有质量流量计和体积流量计;

② 按测量流体运动的原理分,有容积式、速度式、动量式和质量流量式;

③ 按测量方法分,有直接测量式和间接测量式。

下面主要介绍卡曼涡街流量计及电磁式流量计。

1. 卡曼涡街流量计

涡街流量计又称为漩涡流量计,是利用有规则的漩涡剥离现象来测量流体流量的仪表。如图 2.8 所示,在管道轴线上放置与管道轴线相垂直的障碍柱体(不管是圆柱、方柱,还是三角柱),管道中会产生有规律的漩涡序列。漩涡成两列而且平行,像街灯一样,故称"涡街"。又因此现象首先被卡曼(Karman)发现,也称作"卡曼涡街"。每个漩涡间距离为 l,两列漩涡间距离为 h。实验和研究表明,当 $h/l = 0.281$ 时,涡街将表现出稳定的周期现象,其涡街频率 f与管道内障碍柱体两侧介质流速 v_1 之间的关系为

$$f = S_t \frac{v_1}{d} \tag{2.11}$$

式中,S_t 为"斯特拉哈尔数",与障碍物形状和雷诺数有关。当障碍物形状以及管道都确定后,可以导出体积流量 Q_V 与频率 f 成正比,即 $Q_V = kf$。

当涡街频率稳定时,S_t 对于圆柱、三角柱和方形柱障碍物分别是 0.21、0.16、0.17。对于方柱,雷诺数的范围不同,S_t 不是常数(如雷诺数 $R_e = 5 \times 10^3 \sim 2 \times$

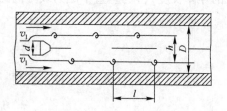

图 2.8　三角柱卡曼涡街

10^4 时),但 S_t 与雷诺数仍有对应关系,仍可得出体积流量的正确结果。

只要测出涡街的频率 f,就能得到流过流量计管道的流体的体积流量。涡街频率有许多种可行的测量方法,如热敏检测法、电容检测法、压力检测法等,这些方法原理相似,即利用漩涡得到局部压力、流速等的变化,并作用于敏感元件,产生周期性电信号,再经整形放大,得到方波脉冲。

涡街流量计以脉冲频率的方式输出与被测流量成正比的信号,而且障碍物柱体与传感器的压力损失比孔板节流装置小,表现出简单而优良的特性,因而呈飞速发展的趋势。美国费希尔-罗斯蒙特公司推出的 8800 型卡曼涡街流量变送器就是其中代表。这种变送器又称灵巧型(Smart)涡街流量变送器,它集模拟与数字技术于一体,输出 4 ~ 20 mA 标准化模拟信号,又具有数字通信功能。

2. 电磁式流量计

电磁式流量计是基于电磁感应原理来测量流量的仪表,它能测量具有一定电导率的液体的体积流量。由于它测量的准确度不受被测液体的粘度、密度、温度以及电导率(在允许最低限以上)变化的影响,测量管中没有任何阻碍被测液体流动的部件,所以几乎没有压力损失。适当选用测量管中绝缘内衬和测量电极的材料,就可以测量各种腐蚀性(酸、碱、盐)溶液的流量,尤其是在测量含有固体颗粒的溶液(如泥浆、纸浆、矿浆或纤维液体)的流量时,更显示出其优越性。

电磁式流量计通常由变送器和转换器两部分组成。被测介质的流量经变送器变换成感应电势后,再经转换器把电势信号转换成统一的 4 ~ 20 mA 或 0 ~ 10 mA 直流信号作为输出,以便进行指示、记录或与电动单元组合仪表配套使用。电磁流量计原理图如图 2.9 所示。在一段用非导磁材料制成的管道外面,安装有一对磁极 N 和 S,用以产生磁场。当导电液体流过管道时,因流体切割磁力线而产生了感应电势。此感应电势由与磁极成垂直方向的两个电极引出。当磁感应强度不变、管道直径一定时,这个感应电势的大小仅与流体的流速有关,而与其他因素无关。将这个感应电势经过放大、转换,传送给显示仪表,就能在显示仪表上读出流量来。

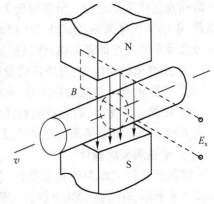

图 2.9 电磁流量计原理图

感应电势的方向由右手定则判断,其大小由下式决定:

$$E_x = K'BDv \qquad (2.12)$$

式中,E_x 为感应电势,K' 为比例系数,B 为磁感应强度,D 为管道直径(即垂直切割磁力线的导体长度),v 为垂直于磁力线方向的液体速度。

体积流量 Q_V 与流速 v 的关系为

$$Q_V = \frac{1}{4}\pi D^2 v \qquad (2.13)$$

将式(2.13)代入式(2.12),便得

$$E_x = \frac{4K'B}{\pi D}Q_V = KQ_V \qquad (2.14)$$

式中

$$K = \frac{4K'B}{\pi D} \tag{2.15}$$

K 称为仪表常数,在磁感应强度 B、管道直径 D 确定不变后,K 就是一个常数。这时感应电势的大小与体积流量之间具有线性关系,因而仪表具有均匀刻度。

2.1.5　物位检测及变送

在生产过程中常需要对容器中储存的固体(块料、粉料或颗粒)、液体的储量进行测量,以保证生产工艺正常运行及进行经济核算。这种测量通过检测储物在容器中的堆积高度来实现,储物的堆积高度就叫做物位。容器、河道、水库中液体的表面位置(相对于某一指定位置)叫液位;容器、堆场、仓库等所储固体颗粒、粉料等的堆积高度叫料位;同一容器中储存的两种密度不同且互不相溶的液体之间或两种介质之间的分界面位置称为相界面位置。物位的测量就是指以上三种位置的测量,测量固体物位的仪表称为料位计,测量液体物位的仪表称为液位计,测量相界面位置的仪表称为界面计。

通过物位的测量,可以正确获知容器设备中所储物质的体积或质量,监视或控制容器内的介质物位,使它保持在一定的工艺要求的高度,或对它的上、下限位置进行报警,以及根据物位来连接监视或调节容器中流入与流出物料的平衡。所以,一般测量物位有两种目的,一种是对物位测量的绝对值要求非常准确,借以确定容器或储料库中的原料、辅料、半成品或成品的数量;另一种是对物位测量的相对值要求非常准确,要能迅速准确反映某一特定水准面上的物料相对变化,用以连续控制生产工艺过程,即利用物位仪表进行监视和控制。

1.　物位仪表的分类

物位测量方法很多,但无论是哪一种测量方法,一般都可以归结为测量某些物理参数,如测量高度、压力(压差)、电容、γ 射线强度和声阻等。物位仪表按工作原理可分以下几种。

① 直读式物位测量仪表。它是最原始但应用仍较多的物位测量仪表,主要有玻璃管液位计、玻璃板液位计等。

② 浮力式物位测量仪表。它利用浮子高度随液位变化而改变或液体对沉浸于液体中的浮子(或称沉筒)的浮力随液位高度而变化的原理来工作。它也是一种应用范围很广的物位测量仪表。

③静压式物位测量仪表。它是利用液柱或物料堆积对某定点产生压力,测量该点压力或测量该点与另一参考点的压差而间接测量物位的仪表。

④ 电磁式物位测量仪表。它是将物位的变化转换为电量的变化,进行间接测量物位的仪表。它可以分为电阻式(即电极式)、电容式和电感式物位仪表等,还有利用压磁效应工作的物位仪表。

⑤ 核辐射式物位仪表。它是利用核辐射透过物料时,其强度随物质层的厚度而变化的原理而工作的,目前应用较多的是 γ 射线。

⑥ 声波式物位测量仪表。物位的变化可以引起声阻抗的变化、声波的遮断和声波反射距离的不同,测出这些变化就可测出物位。所以声波式物位测量仪表可以根据它的工作原理分为声波遮断式、反射式和阻尼式。

⑦ 光学式物位测量仪表。它利用物位对光波的遮断和反射原理工作,可利用的光源有普

通白炽灯光或激光等。

还有一些其他形式的物位测量仪表,如射流式、称重式、热敏式、音叉式等多种类型,而新原理、新品种仍在不断发展之中。

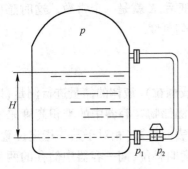

图 2.10　差压式液位变送器原理

2. 差压式液位变送器

利用差压或压力变送器可以很方便地测量液位,且能输出标准的电流或气压信号。差压式液位变送器是利用容器内的液位改变时,由液柱产生的静压也相应变化的原理而工作的。其原理如图 2.10 所示。

将差压变送器的一端接液相,另一端接气相。设容器上部空间为干燥气体,其压力为 p,则

$$p_1 = p + H\rho g \tag{2.16}$$

$$p_2 = p \tag{2.17}$$

因此可得

$$\Delta p = p_1 - p_2 = H\rho g \tag{2.18}$$

式中,H 为液位高度,ρ 为介质密度,g 为重力加速度,p_1、p_2 为分别为差压变送器正、负压室的压力。

通常,被测介质的密度是已知的。差压变送器测得的差压与液位高度成正比,这样就把测量液位高度问题转换成测量差压的问题了。当测量容器是敞口的,气相压力为大气压力时,只需将差压变送器的负压室通大气即可。在实际应用过程中,H 和 Δp 之间的对应关系不像式(2.18)那么简单,通常还存在着正、负迁移的问题,在应用时要加以注意。

3. 电容式物位传感器

在电容器的极板之间,充以不同介质时,电容量的大小也有所不同。因此可通过测量电容量的变化来检测液位、料位和两种不同液体的分界面。如图 2.11a 所示,由两个同轴圆柱极板组成的电容器,当两极板之间的介质为空气时,两极板间的电容量为

$$C_0 = \frac{2\pi\varepsilon_1 L}{\ln \dfrac{D}{d}} \tag{2.19}$$

式中,L 为两极板相互遮盖部分的长度,d 为圆筒形内电极的外径,D 为圆筒形外电极的内径,ε_1 为空气的介电系数。

当极板之间一部分介质被介电常数为 ε_2 的另一种介质填充时,如图 2.11b 所示,可推导出电容量变为

$$C = \frac{2\pi\varepsilon_2 H}{\ln \dfrac{D}{d}} + \frac{2\pi\varepsilon_1 (L - H)}{\ln \dfrac{D}{d}} \tag{2.20}$$

可知电容量的变化为

$$C_x = C - C_0 = \frac{2\pi(\varepsilon_2 - \varepsilon_1) H}{\ln \dfrac{D}{d}} = K_i H \tag{2.21}$$

因此,电容量的变化与液位高度 H 成正比。式

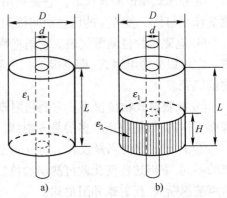

图 2.11　电容式物位传感器原理图

(2.21)中 K_i 为比例系数。K_i 中包含 $(\varepsilon_2 - \varepsilon_1)$，也就是说，该方法是利用被测介质的介电系数 ε_2 与空气介电系数 ε_1 不等的原理工作的。$(\varepsilon_2 - \varepsilon_1)$ 值越大，仪表越灵敏；D 与 d 越接近，即两极板距离越小，仪表灵敏度越高。

2.1.6 其他检测仪表和装置

除去上面介绍的压力、温度、流量和物位传感器和变送器外，工业现场还使用大量其他类型的检测装置。例如，用于开关量信号检测的行程开关、接近开关、光电开关等；用于速度检测的测速发电机、光电旋转编码器等；用于位移检测的计量光栅、光电编码器等；用于质量检测的称重仪表；用于厚度测量的涡流式测厚仪、射线式测厚仪等。

1. 行程开关、接近开关、光电开关

行程开关、接近开关主要将机械位移变为电信号，以实现对系统的控制，广泛应用在机电一体化的设备上，作为电路自动切换、限位保护、行程控制等装置。

行程开关示意图如图 2.12 所示。它通过机械力使触点动作，可分为快速动作、非快速动作及微动三种。

接近开关是一种无触点的电子开关，如图 2.13 所示。当被检测的物体接近到一定距离时，不需要接触接近开关就能发出开关动作信号。它是一种在一定距离内，检测有无金属的传感器，它给出的是开关信号（高电平或低电平），具有一定驱动负载的能力（如继电器等）。根据工作原理接近开关可分为高频振荡型、差动线圈型和磁吸型。振荡型接近开关一般有感应头、电子振荡器、电子开关电路、电源等几部分组成。它的工作原理是：装在机械运动部件上的铁磁体，在机械运动到位时靠近感应头，使感应头的参数值发生变化，影响振荡器的工作，而使晶体管开关电路导通或关断，从而输出相应的信号。接近开关的特点是非接触动作、不损伤检测对象，因而可靠性高、寿命长，而且可以高速动作。但它只能检测金属体，且易受周围金属或外部磁场的影响。接近开关的检测距离有多种不同的规格，可根据实际需要选用。

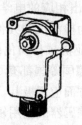

图 2.12　行程开关　　　　　　　　　　　　　图 2.13　接近开关

光电开关也是一种常用的开关型检测元件，如图 2.14 所示。它由投光器、受光器和电源组成，投光器常用发光二极管，受光器常用光敏二极管或光敏晶体管。其工作原理为：使投光器和受光器相对，当被测物体挡住从投光器发射出的光线时，受光器就输出相应的控制信号。光电开关按检测方式可分为反射式、对射式两种类型。对射式检测距离远，可检测半透明物体的密度（透

对射式　　　　反射式　　　　反射板

图 2.14　光电开关

光度)。反射式的工作距离被限定在光束的交点附近,以避免背景影响,其中镜面反射式的反射距离较远,适宜作远距离检测,也可检测透明或半透明物体。

光电开关按结构可分为放大器分离型、放大器内藏型和电源内藏型三类。放大器分离型是将放大器与传感器分离,并采用专用集成电路和混合安装工艺制成。由于传感器具有超小型和多品种的特点,而放大器的功能较多,因此,该类型采用端子连接方式,并可交、直流电源通用。放大器分离型具有接通和断开延时功能,可设置亮、暗动切换开关,能控制 6 种输出状态,兼有接点和电平两种输出方式。放大器内藏型是将放大器与传感器一体化,采用专用集成电路和表面安装工艺制成,使用直流电源工作;其响应速度快,能检测狭小和高速运动的物体;改变电源极性可转换亮、暗动,并可设置自诊断稳定工作区指示灯;兼有电压和电流两种输出方式,能防止相互干扰,在系统安装中十分方便。电源内藏型是将放大器、传感器与电源装置一体化,采用专用集成电路和表面安装工艺制成。它一般使用交流电源,适用于在生产现场取代接触式行程开关,可直接用于强电控制电路。

2. 测速发电机

测速发电机是一种专门用来测量转速的微型电机,其本质是一种微型发电机。测速发电机有直流和交流两种,直流测速发电机输出电压和转速有较好的线性关系,并且直流的极性可以反映出转动的方向,应用方便。由于直流测速发电机有电刷、换向器等接触装置,使它的可靠性变差,精度也受到影响。交流测速发电机的输出频率与转速严格对应,输出信号可经放大整形变换电路转换成标准的电压或电流信号。它不需要电刷和换向器,结构简单,不产生干扰火花,但是输出特性随负载性质(电阻、电感、电容)变化而变化。

3. 光电编码器

作为一种传感器,光电编码器具有精度高、耗能低、非接触无磨损、稳定可靠等优点。尤其是它以数字量输出,具有与计算机容易联机的优点。根据所测量的物理量的性质不同,光电编码器可对运动机械的直线位移、角位移、速度、相位等进行测量,也可间接地对能变换成这些量的,例如温度、压力、流量等物理量进行测量,并给出相应的电学量输出。在自动化系统中,它可作为敏感检测元件组成自动检测系统,也可作为检测反馈元件组成闭环或半闭环的自动控制系统。工业发达的国家,光电编码器已深入产业机械自动化(FA)、商场自动化(SA)、办公室自动化(OA)、家庭自动化(HA)。美国、日本、德国等国都有百万台以上的光电编码器的市场,在长度测量、角度测量、速度测量和相位测量方面应用极其广泛。

随着工业自动化和计算机控制技术的发展,编码器的应用领域也在不断扩大,市场上不断涌现出新技术原理、新结构型式的光电编码器。编码器根据其工作原理、结构及其输出信号的不同,其品种规格也有所不同。

(1)按工作原理分类

编码器作为检测传感器件应能将输入的信号(被测物理量)转换成便于显示、传输、放大和比较的信号,以供人们观察或为自控系统所接受,通常是将非电量转变为电学量。进行信号转换的介质可以是电磁波、光波、磁力线等。转换介质不同,工作原理也不同。编码器按工作原理分类表如图 2.15 所示。

(2)按输出信号特征分类

根据信号的输出特征,通常分为增量式光电编码器和绝对式光电编码器。增量式光电编码器输出轴转角被分成一系列位置的增量,敏感元件对这些增量响应,每当出现一个单位增量

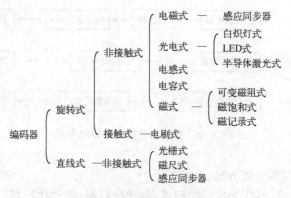

图 2.15　编码器分类表

时,敏感元件就向计数器发出一个脉冲,计数器把这些计数脉冲累加起来,并以各种进制的代码形式在输出端给出所需要的输入角度瞬时值的信息。当前,这种光电编码器的用量极大,约占光电编码器总量的80%。这种光电编码器的最大优点是结构简单、价格低廉;缺点是无固定零位,遇到停电等故障所有信息全部丢失,为避免这个缺点,又研制出一种带固定零位的增量式光电编码器。绝对式光电编码器的转角的代码是由一个多圈同心码道的码盘给出的,具有固定零位,对于一个转角位置,只有一个确定的数字代码。其优点是具有固定的零位,角度值的代码单位化,无累计误差,抗干扰能力强,缺点是敏感件多,码盘图案、制造工艺复杂,成本也高。

4. 测厚仪表

厚度测量属于长度测量范畴,但它是一种特殊的长度测量。目前常用的厚度测量一般属于运动物体厚度的连续测量,而对于非连续测量则多用一般简单机械式测量仪。

从20世纪40年代开始,测厚仪已用在生产工艺流程上进行材料厚度(包括涂、镀层厚度)的自动检测,也用于各种金属与非金属板材的轧制过程。按检测方式不同,测厚仪分为接触式和非接触式两大类;按其变换原理分为射线式、电涡流式、微波式、激光式、电容式、电感式等。

处于交变磁场中的金属,由于电磁感应的作用,在金属内部会产生感应电势并形成许多闭合回路电流,即涡流。涡流测厚仪正是利用涡流来测量厚度的。涡流测厚仪分为高频反射式和低频透射式两种,前者的频率为 $1 \sim 10^4$ MHz,后者的频率为 100 Hz ~ 2 kHz。

射线式测厚仪按照射线源的种类可分为 X 射线测厚仪和核辐射线测厚仪两类;按射线与被测板材的作用方式又可分为透射式和反射式两类。X 射线测厚仪是基于射线被板材吸收的原理制成的。

2.2　过程控制中常用的执行器

执行器是过程计算机控制系统中的一个重要组成部分。执行器的作用是接收控制器送来的控制信号,改变被控介质的流量,从而将被控变量维持在所要求的数值上或一定的范围内。

执行器的动作是由调节器的输出信号通过各种执行机构来实现的。执行器由执行机构与调节机构构成,在用电信号作为控制信号的控制系统中,目前广泛应用以下三种控制方式,如图2.16 所示。

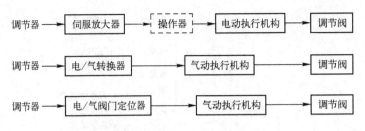

图 2.16　执行器的构成及控制形式

执行器有各种不同的分类方法,介绍如下:

① 按动力能源分类,可分为气动执行器、电动执行器、液动执行器。气动执行器利用压缩空气作为能源,其特点是结构简单、动作可靠平稳、输出推力较大、维修方便、防火防爆,而且价格较低。它可以方便地与气动仪表配套使用,即使是采用电动仪表或计算机控制时,只要经过电/气转换器或电/气阀门定位器,将电信号转换为 0.02 ~ 0.1 MPa 的标准气压信号,仍然可用气动执行器。

② 按动作极性分类,可分为正作用执行器和反作用执行器。

③ 按动作行程分类,可分为角行程执行器和直行程执行器。

④ 按动作特性分类,可分为比例式执行器和积分式执行器。

在自控系统中,为使执行机构的输出满足一定精度的要求,在控制原理上常采用负反馈闭环控制系统。即将执行机构的位置输出作为反馈信号,和电动调节器的输出信号作比较,将其差值经过放大用于驱动和控制执行机构的动作,使执行机构向消除差值的方向运动,最终达到执行机构的位置输出和电动调节器的输出信号成线性关系。

在应用气动执行机构的场合下,当采用电/气转换器和气动执行机构配套时,由于是开环控制系统,只能用于控制精度要求不高的场合。当需要精度较高时,一般都采用电/气阀门定位器和气动执行机构相配套,执行机构的输出位移通过凸轮杠杆反馈到阀门定位器内,利用负反馈的工作原理,大大提高气动调节阀的位置精度。因此,目前在自控系统中应用的气动调节阀大多数都与阀门定位器配套使用。

智能电动执行器将伺服放大器与操作器转换成数字电路,而智能执行器则将所有的环节集成,信号通过现场总线由变送器或操作站发来,可以取代调节器。

2.2.1　气动执行器

气动执行器又称为气动调节阀,由气动执行机构和调节阀(控制机构)组成,如图 2.17 所示。执行器上有标尺,用以指示执行器的动作行程。

1. 气动执行机构

常见的气动执行机构有薄膜式和活塞式两大类。其

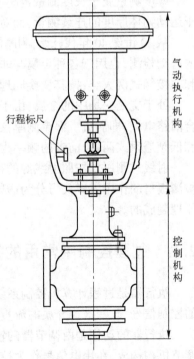

图 2.17　气动执行器

中薄膜式执行机构最为常用,它可以用作一般控制阀的推动装置,组成气动薄膜式执行器。气动薄膜式执行机构的信号压力 p 作用于膜片,使其变形,带动膜片上的推杆移动,使阀芯产生位移,从而改变阀的开度。它结构简单、价格便宜、维修方便,应用广泛。气动活塞执行机构使活塞在气缸中移动产生推力,显然,活塞式的输出力度远大于薄膜式。因此,薄膜式适用于输出力较小、精度较高的场合;活塞式适用于输出力较大的场合,如大口径、高压降控制或蝶阀的推动装置。除薄膜式和活塞式之外,还有一种长行程执行机构,它的行程长、转矩大,适用于输出角位移和大力矩的场合。气动执行机构接收的信号标准为 0.02 ~ 0.1 MPa。

气动薄膜执行机构输出的位移 L 与信号压力 p 的关系为

$$L = \frac{A}{K}p \qquad (2.22)$$

式中,A 为波纹膜片的有效面积,K 为弹簧的刚度。推杆受压移动,使弹簧受压,当弹簧的反作用力与推杆的作用力相等时,输出的位移 L 与信号压力 p 成正比。执行机构的输出(即推杆输出的位移)也称行程。气动薄膜执行机构的行程规格有 10 mm、16 mm、25 mm、60 mm、100 mm。气动薄膜执行机构的输入、输出特性是非线性的,且存在正反行程的变差。实际应用中常用上阀门定位器,可减小一部分误差。

气动薄膜执行机构有正作用和反作用两种形式。当来自控制器或阀门定位器的信号压力增大时,阀杆向下动作的叫正作用执行机构(ZMA 型);当信号压力增大时,阀杆向上动作的叫反作用执行机构(ZMB 型)。正作用执行机构的信号压力是通入波纹膜片上方的薄膜气室;反作用执行机构的信号压力是通入波纹膜片下方的薄膜气室。通过更换个别零件,两者就能互相改装。

气动活塞执行机构的主要部件为气缸、活塞、推杆,气缸内活塞随气缸内两侧压差的变化而移动。根据特性分为比例式和两位式两种。两位式根据输入活塞两侧操作压力的大小,活塞从高压侧被推向低压侧。比例式是在两位式基础上加以阀门定位器,使推杆位移和信号压力成比例关系。

2. 控制机构

控制机构即控制阀,实际上是一个局部阻力可以改变的节流元件。阀杆上部与执行机构相连,下部与阀芯相连。由于阀芯在阀体内移动,改变了阀芯与阀座之间的流通面积,即改变了阀的阻力系数,被控介质的流量也就相应改变,从而达到控制工艺参数的目的。控制阀由阀体、阀座、阀芯、阀杆、上下阀盖等组成。控制阀直接与被控介质接触,为适应各种使用要求,阀芯、阀体的结构、材料各不相同。

控制阀的阀芯有直行程阀芯与角行程阀芯两种。常见的直行程阀芯有:平板形阀芯,具有快开特性,可作两位控制;柱塞型阀芯,可上下倒装,以实现正反调节作用;窗口形阀芯,有合流型与分流型,适宜作三通阀;多级阀芯,将几个阀芯串联,起逐级降压作用。角行程阀芯通过阀芯的旋转运动改变其与阀座间的流通截面,常见的角行程阀芯形式有:偏心旋转阀芯、蝶形阀芯、球形阀芯。

根据不同的使用要求,控制阀的结构形式很多,如图 2.18 所示。

① 直通单座控制阀。这种阀的阀体内只有一个阀芯与阀座。其特点是结构简单、泄露量小,易于保证关闭,甚至完全切断。但是在压差大的时候,流体对阀芯上下作用的推力不平衡,这种不平衡力会影响阀芯的移动。这种阀一般用于小口径、低压差的场合。

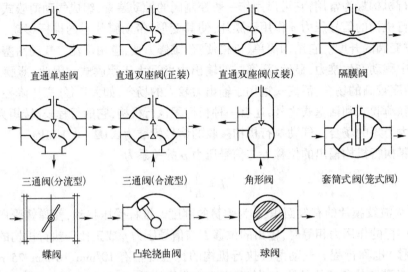

图 2.18　控制阀的结构形式

② 直通双座控制阀。阀体内有两个阀芯和阀座,这是最常用的一种类型。由于流体流过的时候,作用在上、下两个阀芯上的推力方向相反而大小近于相等,可以互相抵消,所以不平衡力小。但是由于加工的限制,上下两个阀芯阀座不易保证同时密闭,因此泄露量较大。根据阀芯与阀座的相对位置,这种阀可分为正作用式与反作用式(或称正装与反装)两种形式。当阀体直立、阀杆下移时,阀芯与阀座间的流通面积减小的称为正作用式。如果阀芯倒装,则当阀杆下移时,阀芯与阀座间的流通面积增大,称为反作用式。

③ 隔膜控制阀。它采用耐腐蚀衬里的阀体和隔膜。隔膜阀结构简单,流阻小,流通能力比同口径的其他种类的阀要大。由于介质用隔膜与外界隔离,故无填料,介质也不会泄露。这种阀耐腐蚀性强,适用于强酸、强碱等腐蚀性介质的控制,也能用于高粘度及悬浮颗粒状介质的控制。

④ 三通控制阀。三通阀共有三个出入口与工艺管道连接。其流通方式有合流(两种介质混合成一路)型和分流(一种介质分成两路)型两种。这种阀可以用来代替两个直通阀,适用于配比控制与旁路控制。

⑤ 角形控制阀。角形阀的两个接管成直角形,一般为底进侧出。这种阀的流路简单、阻力较小,适用于现场管道要求直角连接,介质为高粘度、高压差和含有少量悬浮物和固体颗粒的场合。

⑥ 套筒式控制阀。又名笼式阀,它的阀体与一般的直通单座阀相似。笼式阀内有一个圆柱形套筒(笼子)。套筒壁上有几个不同形状的孔(窗口),利用套筒导向,阀芯在套筒内上下移动,由于这种移动改变了笼子的节流孔面积,就形成了各种特性并实现流量控制。笼式阀的可调比大、振动小、不平衡力小、结构简单、套筒互换性好,更换不同的套筒(窗口形状不同)即可得到不同的流量特性,阀内部件所受的气蚀小、噪声小,是一种性能优良的阀,特别适用于要求低噪声及压差较大的场合,但不适用于高温、高粘度及含有固体颗粒的液体。

⑦ 蝶阀。又名翻板阀。蝶阀具有结构简单、重量轻、价格便宜、流阻极小的优点,但泄露量大,适用于大口径、大流量、低压差的场合,也可以用于含少量纤维或悬浮颗粒状介质的

控制。

⑧ 球阀。球阀的阀芯和阀体都呈球形体,转动阀芯使其与阀体处于不同的相对位置时,就具有不同的流通面积,以达到流量控制的目的。

⑨ 凸轮挠曲阀。又名偏心旋转阀。它的阀芯呈扇形球面状,与挠曲臂及轴套一起铸成,固定在转动轴上。凸轮挠曲阀的挠曲臂在压力作用下会产生挠曲变形,使阀芯球面与阀座密封圈紧密接触,密封性好。同时它的重量轻、体积小、安装方便,适用于高粘度或带有悬浮物的介质流量控制。

除以上所介绍的阀以外,还有一些特殊的控制阀。例如小流量阀适用于小流量的精密控制,超高压阀适用于高静压、高压差的场合。

若口径为 $A(\mathrm{cm}^2)$,流通密度为 $\rho(\mathrm{kg/m}^3)$,在前后压差为 $\Delta P(\mathrm{kPa})$ 时,流过的流体流量 Q_C $(\mathrm{m}^3/\mathrm{h})$ 为

$$Q_\mathrm{C} = 16.1\frac{A}{\sqrt{\xi}}\sqrt{\frac{\Delta P}{\rho}} \tag{2.23}$$

式中,ξ 为控制阀阻力系数,与阀门结构形式、开度和流体的性质有关。在上式中,A 一定,在 ΔP 和 ρ 不变的情况下,流量 Q 仅随阻力系数 ξ 变化(即阀的开度增加,阻力系数 ξ 减小,流量随之增大)。控制阀就是通过改变阀芯行程调节阻力系数 ξ,来实现流量调节的。

控制阀的流量特性是指介质流过控制阀的相对流量 $Q/Q_{\max}$ 与相对位移(即阀芯的相对开度)l/L 之间的关系,即

$$\frac{Q}{Q_{\max}} = f\left(\frac{l}{L}\right) \tag{2.24}$$

由于控制阀开度变化时,阀前后的压差 ΔP 也会变,从而流量 Q 也会变。为分析方便,称阀前后的压差不随阀的开度变化的流量特性为理想流量特性;阀前后的压差随阀的开度变化的流量特性为工作流量特性,如图 2.19 所示。不同的阀芯形状,具有不同的理想流量特性:

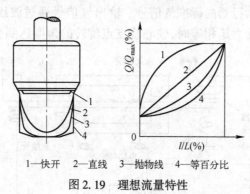

1—快开　2—直线　3—抛物线　4—等百分比

图 2.19　理想流量特性

- 直线流量特性。虽为线性,但小开度时,流量相对变化值大、灵敏度高、控制作用强、易产生振荡;大开度时,流量相对变化值小、灵敏度低、控制作用弱、控制缓慢。
- 等百分比流量特性。放大倍数随流量增大而增大,所以开度较小时,控制缓和平稳;大开度时,控制灵敏、有效。
- 抛物线流量特性。在抛物线流量特性中,有一种修正抛物线流量特性,这是为了弥补直线特性在小开度时调节性能差的特点,在抛物线特性基础上衍生出来的。它在相对位

27

移30%及相对流量20%以下为抛物线特性,在以上范围为线性特性。

- 快开流量特性。快开特性的阀芯是平板形的。它的有效位移一般是阀座的1/4,位移再大时,阀的流通面积就不再增大,失去了控制作用。快开阀适用于迅速启闭的切断阀或双位控制系统。

如图2.18所示的各种控制阀,其特性都不过零(即都有泄漏),为此,常接入截止阀。

在实际生产中,控制阀前后压差总是变化的,控制阀一般与工艺设备并用,也与管道串联或并联。压差因阻力损失而变化,致使理想流量特性畸变为工作流量特性。综合串、并联管道的情况,可得如下结论:

串、并联管道都会使阀的理想流量特性发生畸变,串联管道的影响尤为严重。

串、并联管道都会使控制阀的可调范围降低,并联管道尤为严重。

串联管道使系统总流量减少,并联管道使系统总流量增加。

串、并联管道会使控制阀的放大系数减小,即输入信号变化引起的流量变化值减少。

3. 电/气转换器和电/气阀门定位器

在实际系统中,电与气两种信号常是混合使用的,这样可以取长补短。因而有各种电/气转换器及气/电转换器把电信号(0~10 mA DC 或4~20 mA DC)与气信号(0.02~0.1 MPa)进行转换。电/气转换器可以把电动变送器送来的信号变为气信号,送到气动控制器或气动显示仪表;也可把电动控制器的输出信号变为气信号去驱动气动调节阀,此时常用电/气阀门定位器,它具有电/气转换器和气动阀门定位器两种作用。

电/气转换器简化原理图如图2.20所示。它是基于力矩平衡的工作原理。输入信号为电动控制系统的标准信号4~20 mA 或0~10 mA,转换为0.02~0.1 MPa 气动信号再驱动气动执行器。电流流过线圈产生电磁场,电磁场将可动铁心磁化,磁化铁心在永久磁钢中受力,相对于支点产生力矩,带动铁心上的挡板动作,从而改变喷嘴挡板间的间隙,喷嘴挡板可变气阻发生改变,使图中气阻与喷嘴挡板机构的分压系数发生变化,有气压信号 P_B 输出,P_B 通过功率放大器放大,输出气动执行器的标准气信号。输出气信号通过波纹管相对于支点给铁心加一个反力矩,信号力矩与反力矩相等时,铁心绕支点旋转的角度达到平衡。

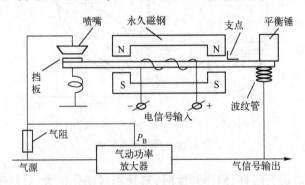

图2.20　电/气转换器简化原理图

电/气阀门定位器具有电/气转换器与阀门定位器的双重功能,它接收电动调节器输出的4~20 mA 直流电流信号,输出0.02~0.1 MPa 或0.04~0.2 MPa(大功率)气动信号驱动执行机构。由于电/气阀门定位器具有追踪定位的反馈功能,电信号的输入与执行机构的位移输出之间的线性关系比较好,从而保证调节阀的正确定位。

电/气阀门定位器原理如图 2.21 所示。来自调节器或输出式安全栅的 4~20 mA 直流电流信号送入输入绕组,使杠杆极化,极化杠杆在永久磁钢中受力,对应于杠杆支点产生一个电磁力矩,杠杆逆时针旋转。杠杆上的挡板靠近喷嘴,使放大器背压升高,放大后的气压作用在执行机构上,使执行机构的输出阀杆下移。阀杆的位移通过反馈拉杆转换为反馈轴与反馈压板间的角位移,以量程调节件为支点,作用于反馈弹簧。反馈弹簧对应于杠杆支点产生一个反馈力矩,当反馈力矩与电磁力矩平衡时,阀杆就稳定在某一位置,从而实现了阀杆位移与输入信号电流之间的线性关系。普通定位器的定位精度约为全行程的 20%,显然还不够高。目前,国外一些大公司(如西门子、费希尔—罗斯蒙特等)相继推出了智能型电/气阀门定位器,使定位精度优于全行程的 0.5%,且符合现场总线标准,同时,其他性能也有提高。

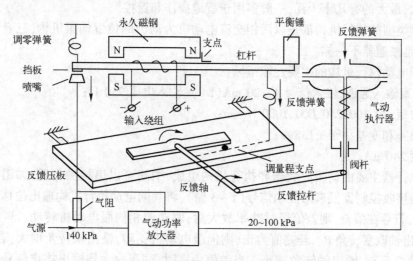

图 2.21　电/气阀门定位器原理图

智能型电/气阀门定位器的构成如图 2.22 所示。它以微处理器为核心,采用的是数字定位技术,即将从调节器传来的控制信号(4~20 mA)转换成数字信号后送入微处理器,同时将阀门开度信号也通过 A/D 转换后反馈回微处理器。微处理器将这两个数字信号按照预先设定的性能、关系进行比较,判断阀门开度是否与控制信号相匹配(即阀杆是否移动到位)。如果正好匹配即偏差为零,系统处于稳定状态,则切断气源,使两阀(可以是电磁阀或压电阀)均处于切断状态(只有通和断两种状态)。否则,应根据偏差的大小和类别(正偏差或负偏差)决定两阀的动作,从而使阀芯准确定位。

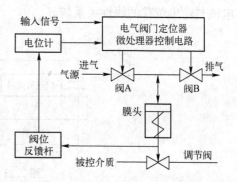

图 2.22　智能型电/气阀门定位器的构成

智能型电/气阀门定位器的先进性在于:控制精度高,能耗低,调整方便,可任意选择流量阀的流量特性、故障报警,并通过接口与其他现场总线用户实现通信。

2.2.2　电动执行器

电动执行器和气动执行器一样,是控制系统中的一个重要部分。它接收来自控制器的4~20 mA或0~10 mA直流电流信号,并将其转换成相应的角位移或直行程位移,去操纵阀门、挡板等控制机构,以实现自动控制。

电动执行器有直行程、角行程和多转式等类型。角行程电动执行机构以电动机为动力元件,将输入的直流电流信号转换为相应的角位移(0°~90°),这种执行机构适用于操纵蝶阀、挡板之类的旋转式控制阀。直行程执行机构接收输入的直流电流信号后使电动机转动,然后经减速器减速并转换为直线位移输出,去操纵单座、双座、三通等各种控制阀和其他直线式控制机构。多转式电动执行机构主要用来开启和关闭闸阀、截止阀等多转式阀门,由于它的电机功率比较大,最大的有几十千瓦,一般多用于就地操作和遥控。

这三种类型的执行机构都是以两相交流电动机为动力的位置伺服机构,三者电气原理完全相同,只是减速器不一样。

角行程电动执行机构的主要性能指标:

3端隔离输入通道,输入信号4~20 mA(DC),输入电阻250 Ω;

输出力矩:40、100、250、600、1000 N·m;

基本误差和变差小于±1.5%;

灵敏度240 μA。

电动执行器主要由伺服放大器和执行机构组成,中间可以串接操作器,如图2.23所示。伺服放大器接收控制器发来的控制信号(1~3路),将其同电动执行机构输出位移的反馈信号I_f进行比较,若存在偏差,则差值经过功率放大后,驱动两相伺服电动机转动。再经减速器减速,带动输出轴改变转角θ。若差值为正,则伺服电动机正转,输出轴转角增大;若差值为负,则伺服电动机反转,输出轴转角减小。当差值为零时,伺服放大器输出接点信号让电动机停转,此时输出轴就稳定在与该输入信号相对应的转角位置上。这种位置式反馈结构可使输入电流与输出位移的线性关系较好。

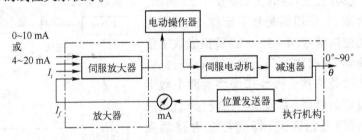

图2.23　电动执行机构方框图

电动执行机构不仅可以与控制器配合实现自动控制,还可通过操作器实现控制系统的自动控制和手动控制的相互切换。当操作器的切换开关置于手动操作位置时,由正、反操作按钮直接控制电动机的电源,以实现执行机构输出轴的正转或反转,进行遥控手动操作。

(1)伺服电动机

伺服电动机是电动调节阀的动力部件,其作用是将伺服放大器输出的电功率转换成机械转矩。伺服电动机实际上是一个二相电容异步电动机,由一个用冲槽硅钢片叠成的定子和鼠笼转子组成,定子上均匀分布着两个匝数、线径相同而相隔90°电角度的定子绕组 W_1 和 W_2。

（2）伺服放大器

其工作原理如图2.24所示。伺服放大器主要包括放大器和两组晶闸管交流开关 Ⅰ 和 Ⅱ。放大器的作用是将输入信号和反馈信号进行比较,得到差值信号,并根据差值的极性和大小,控制晶闸管交流开关 Ⅰ 、Ⅱ 的导通或截止。晶闸管交流开关 Ⅰ 、Ⅱ 用来接通伺服电动机的交流电源,分别控制伺服电动机的正、反转或停止不转。

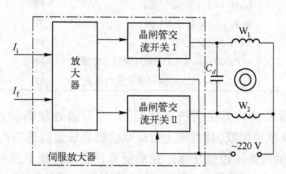

图 2.24　伺服放大器工作原理示意图

（3）位置发送器

位置发送器的作用是将电动执行机构输出轴的位移线性地转换成反馈信号,反馈到伺服放大器的输入端。

位置发送器通常包括位移检测元件和转换电路两部分。位移检测元件用于将电动执行机构输出轴的位移转换成毫伏或电阻等信号,常用的位移检测元件有差动变压器、塑料薄膜电位器和位移传感器等;转换电路用于将位移检测元件输出信号转换成伺服放大器所要求的输入信号,如 0～10 mA 或 4～20 mA 直流电流信号。

（4）减速器

减速器的作用是将伺服电动机高转速、小力矩的输出功率转换成执行机构输出轴的低转速、大力矩的输出功率,以推动调节机构。直行程式的电动执行机构中,减速器还起到将伺服电动机转子的旋转运动转变为执行机构输出轴的直线运动的作用。减速器一般由机械齿轮或齿轮与皮带轮构成。

2.2.3　现场总线执行器

近年来,随着现场总线的出现和发展,在国际上一些有影响的生产工业阀门和执行器的专业化大公司相继开发设计出符合现场总线通信协议的阀门和执行器产品,如表2.1所示。

表2.1　符合现场总线的执行器类型

公 司 名 称	阀门执行器产品及类型	总 线 类 型	推 出 年 代
Keystone（美国）	Electrical Actuators（电动执行器）	Modbus	1985
Limitorque（美国）	DDC-100TM（电动执行器）	BITBUS Modbus	1989
AUMA（美国）	Matic（电动执行器）	Profibus	1991
Siemens（德国）	SIPART PS2（阀门定位器）	HART	1995

公司名称	阀门执行器产品及类型	总线类型	推出年代
Masoneilan（美国）	Smart Valve Positioner（阀门定位器）	HART	1996
Jordan（美国）	Electric Actuators（电动执行器）	HART	1998
ElsagBailey（德国）	Contract（电动执行器）	HART	1998
FisherRosmount（美国）	DVC5000f Series Digital（调节阀）	FF	1998
Flowserve（美国）	Logix14XX（阀门定位器）	FF	1999
	BUSwitch（离散型调节阀）	FF	1999
Yokogawa（日本）	YVP（阀门定位器）	FF	1999
Yamatake（日本）	SVP3000AlphaplusAVP303（阀门定位器）	FF	1999
Rotork（英国）	FF-01 Network Interface（电动执行器）	FF	2000

符合现场总线的智能执行器由传统的执行器、含有微处理器的控制器以及可与 PC 或 PLC 双向通信的硬件及软件组成，具有与上位机或控制系统通信的功能，大致具有以下特点：

① 智能化和高精度的系统控制功能。控制运算任务由传统的控制器转为由执行器的微处理器来完成，即执行器直接接受变送器信号，按设定值自动进行 PID 调节、控制流量、压力、压差和温度等多种过程变量。在一般情况下，阀门的特性曲线是非线性的，对执行器组态，定义 8 至 32 段折线可对输出特性曲线进行补偿，提高了系统的控制精度。

② 一体化的结构。智能执行器包含了位置控制器、阀位变送器、PID 控制器、伺服放大器以及电动的和气动的模件，即将整个控制装在一台现场仪表里，减少了因信号传输中的泄漏和干扰等因素对系统的影响，提高了系统的可靠性。

③ 智能化的通信功能。由于通信符合现场总线的通信协议，执行器与上位机或控制系统之间可通过总线进行双向数字通信，极大地提高了系统的控制精度和稳定性。这是与以往的执行器最大的区别。由于符合现场总线的通信协议，所以，可与任何其他符合现场总线的系统相互集成，构成控制系统。

④ 智能化的系统保护和自身保护功能。当外电源掉电时，能自动利用后备电池驱动执行机构，使阀门处于预先设定的安全位置。当电源、气动部件、机械部件、控制信号、通信或其他方面出现故障时，都有自动保护措施，以保证系统本身及生产过程的安全可靠。另外，自起动和自整定功能使起动变得极为简易。

⑤ 智能化的自诊断功能。自诊断功能可帮助快速识别故障的原因。对于执行器的任何故障，智能执行器均可尽早、尽快识别，在执行器发生损坏前就采取有效措施，这会增加系统的可靠性，并延长设备寿命，避免工厂停车维修。

⑥ 灵活的组态功能。可以自由组态的智能执行器具有较高的灵活性，因此，只需要少量类型的执行器就可以满足多变的工业现场要求。这对于制造商和用户都是极有益的。例如，对于输入信号，可以通过软件组态来选择合适的信号源，而不必更换硬件，也可以任意设置执行器的运行速度和行程。

2.3 运动控制中常用的执行机构

在计算机控制的运动控制系统中，还经常用到一些驱动执行机构运动的其他驱动元件，如交流伺服电动机、直流伺服电动机、步进电动机等。这些电动机的主要任务是将电信号转换成轴上的角位移或角速度以及直线位移或线速度,所以统称为控制电动机。控制电动机和一般的旋转电动机没有本质的区别,但一般旋转电动机的作用是完成能量的转换,对它们的要求是具有高的能量指标,而由于控制系统的要求,控制电动机的主要任务是完成控制信号的传递和转换。

伺服电动机又称执行电动机,它具有一种按照控制信号的要求而动作的职能。在信号来到之前,转子静止不动;信号来到之后,转子立即转动;当信号消失时,转子能及时自行停转。按照在自动控制系统中的功能要求,伺服电动机必须具备可控性好、稳定性高和速度性强等基本性能。可控性好是指信号消失后,能立即自行停转;稳定性高是指转速随转矩的增加而均匀下降;速度性强是指反应快、灵敏。常用的伺服电动机有两大类:以交流电源工作的伺服电动机称为交流伺服电动机;以直流电源工作的伺服电动机称为直流伺服电动机。

步进电动机又称为脉冲电动机,其功用是将电脉冲信号转换成相应的角位移或直线位移的开环控制元件,在非超载的情况下,电动机的转速、停止的位置只取决于脉冲信号的频率和脉冲数,而不受负载变化的影响,即给电动机加一个脉冲信号,电动机则转过一个步距角。这一线性关系的存在,加上步进电动机只有周期性的误差而无累积误差等特点,使得在速度、位置等控制领域用步进电动机来控制变得非常简单。

2.3.1　交流伺服电动机

1. 基本结构

交流伺服电动机的基本结构和异步电动机相似。定子铁心通常用硅钢片叠压而成,定子铁心表面的槽内嵌有两相绕组,其中一相绕组是励磁绕组,另一相绕组是控制绕组,两相绕组在空间位置上互差90°电角度。这两种绕组可有相同或不同的匝数。常用的转子结构有两种形式,一种为笼形转子,这种转子的结构和三相异步电动机的笼形转子完全一样;另一种是非磁性杯形转子。非磁性杯形转子交流伺服电动机的结构如图2.25所示。

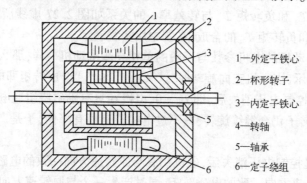

1—外定子铁心
2—杯形转子
3—内定子铁心
4—转轴
5—轴承
6—定子绕组

图2.25　杯形转子伺服电动机结构

交流伺服电动机中除了有和一般异步电动机一样的定子外,还有一个内定子,内定子是一个由硅钢片叠成的圆柱体,通常在内定子上不放绕组,只是代替笼形转子铁心作为磁路的一部分,在内外定子之间有一个细长的、装在转轴上的杯形转子。杯形转子通常用非磁性材料(铝或铜)制成,壁厚0.3 mm左右。杯形转子可以在内外定子之间的气隙中自由旋转。电动机靠杯形转子内感应的涡流与主磁场作用而产生电磁转矩。杯形转子交流伺服电动机的优点为:

转动惯量小,摩擦转矩小,因此适应性强;另外运转平滑,无抖动现象。其缺点是由于存在内定子,气隙较大,励磁电流大,所以体积也较大。

2. 工作原理

交流伺服电动机的原理图如图 2.26 所示,图中 f 和 C 表示装在定子上的两个绕组,它们在空间相差 90°电角度。绕组 f 有定值交流电压励磁,称为励磁绕组,绕组 C 是由伺服放大器供电而进行控制的,故称为控制绕组。转子为笼形。

交流伺服电动机的工作原理与单相异步电动机相似,当它在系统中运行时,励磁绕组固定地接到交流电源上,当控制绕组上的控制电压为零时,气隙内磁场为脉振磁场,电动机无起动转矩,转子不转;若有控制电压加在控制绕组上,且控制绕组内流过的电流和励磁绕组的电流不同相,则在气隙内会建立一定大小的旋转

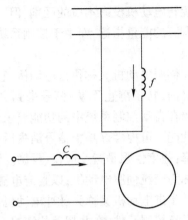

图 2.26 交流伺服电动机原理图

场。此时,就电磁过程而言,就是一台分相式的单相异步电动机,因此电动机就有了起动转矩,转子就立即旋转。但是,这种伺服性仅仅表现在伺服电动机原来处于静止状态下。伺服电动机在自动控制系统中起执行命令的作用,因此不仅要求它在静止状态下能服从控制电压的命令而转动,而且要求它在受控起动以后,一旦信号消失,即控制电压除去,能立即停转。

如果伺服电动机的参数设计和一般单相异步电动机差不多,它就会和单相异步电动机一样,电动机一经转动,即使在单相励磁下,也会继续转动,这样电动机就会失去控制。伺服电动机的这种失控而自行旋转的现象称为“自转”。

自转现象显然不符合可控性的要求。那么,怎么样消除“自转”这种失控现象呢?

从单相异步电动机理论可知,单相绕组通过电流产生的脉振磁场可以分解为正向旋转磁场和反向旋转磁场,正向旋转磁场产生正转矩 T_+,起拖动作用,反向旋转磁场产生负转矩 T_-,起制动作用,正转矩 T_+ 和负转矩 T_- 与转差率 s 的关系如图 2.27 虚线所示,电动机的电磁转矩 T 应为正转矩 T_+ 和负转矩 T_- 的合成,在图中用实线表示。

如果交流伺服电动机的电机参数与一般的单相异步电动机一样,那么转子电阻较小,其机械特性如图 2.27a 所示,当电机正向旋转时,$s_+ < 1$,$T_+ > T_-$,合成转矩即电机电磁转矩 $T = T_+ - T_- > 0$,所以,即使控制电压消失后,即 $U_c = 0$,电机在只有励磁绕组通电的情况下运行,仍有正向电磁转矩,电机转子仍会继续旋转,只不过电机转速稍有降低,于是产生“自转”现象而失控。

“自转”的原因是控制电压消失后,电机仍有与原转速方向一致的电磁转矩。消除“自转”的方法是消除与原转速方向一致的电磁转矩,同时产生一个与原转速方向相反的电磁转矩,使电机在 $U_c = 0$ 时停止转动。可以通过增加转子电阻的办法来消除“自转”。

增加转子电阻后,正向旋转磁场所产生的最大转矩 T_{m+} 时的临界转差率 s_{m+} 为

$$s_{m+} \approx \frac{r'_2}{x_1 + x'_2}$$

其中 x_1 为定子绕组漏电抗,x'_2 为归算过的转子绕组漏电抗,r'_2 为归算过的转子绕组的电阻。s_{m+} 随转子电阻 r'_2 的增加而增加,而反向旋转磁场所产生的最大转矩所对应的转差率

$s_{m+} = 2 - s_{m-}$ 相应减小,合成转矩即电机电磁转矩则相应减小,如图 2.27b 所示。如果继续增加转子电阻,使正向磁场产生最大转矩时的 $s_{m+} \geq 1$,使正向旋转的电机在控制电压消失后的电磁转矩为负值,即为制动转矩,使电机制动到停止;若电机反向旋转,则在控制电压消失后的电磁转矩为正值,也为制动转矩,也使电机制动到停止,从而消除"自转"现象,如图 2.27c 所示,所以要消除交流伺服电动机的"自转"现象,在设计电机时,必须满足:

$$s_{m+} \approx \frac{r'_2}{x_1 + x'_2} \geq 1$$

即:$r'_2 \geq x_1 + x'_2$。增大转子电阻 r'_2,使 $r'_2 \geq x_1 + x'_2$ 不仅可以消除"自转"现象,还可以扩大交流伺服电动机的稳定运行范围。但转子电阻过大,会降低起动转矩,从而影响快速响应性能。

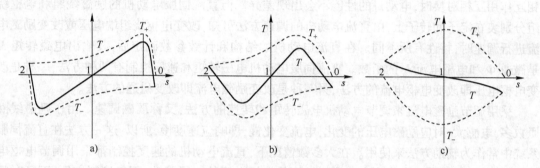

图 2.27　交流伺服电动机自转的消除

3. 控制方法

伺服电动机不仅须具有起动和停止的伺服性,而且还须具有转速大小和方向的可控性。

如果将交流伺服电动机的控制电压 U_c 的相位改变 180°,则控制绕组内的电流以及由该电流所建立的磁动势在时间上的变化也改变 180°,若控制绕组内的电流原来为超前于励磁电流,则相位改变 180° 后,即变为滞后于励磁电流。由旋转磁场理论可知,旋转磁场的旋转方向是由电流超前相的绕组转向滞后相的绕组,于是电动机的旋转方向也改变了,所以控制电压 U_c 的相位改变 180°,可以改变交流伺服电动机的旋转方向。如果控制电压 U_c 的相位不变而大小改变,气隙内旋转磁场的幅值大小也会作相应的改变。从异步电动机的电磁转矩为 $T_{em} = C_T \Phi_m I_2 \cos\varphi_2$ 的性质可知,电磁转矩的大小与气隙内旋转磁场的幅值 Φ_m 成正比,电磁转矩改变了,电动机的转速也就会改变,所以改变控制电压 U_c 的大小和相位,就可以控制电动机的转速和方向。交流伺服电动机的控制方法有以下三种:

① 幅值控制。即保持控制电压 U_c 的相位不变,仅仅改变其幅值来控制。

② 相位控制。即保持控制电压 U_c 的幅值不变,仅仅改变其相位来控制。

③ 幅-相控制。同时改变 U_c 的幅值和相位来控制。

这三种方法的实质和单相异步电动机一样,都是利用改变正转与反转旋转磁动势大小的比例,来改变正转和反转电磁转矩的大小,从而达到改变合成电磁转矩和转速的目的。

2.3.2　直流伺服电动机

直流伺服电动机的结构和普通小型直流电动机相同,由定子、转子(电枢)、换向器和机壳组成。定子的作用是产生磁场,它分永久磁铁活铁心、线圈绕组组成的电磁铁两种形式;转子由铁心、线圈组成,用于产生电磁转矩;换向器由整流子、电刷组成,用于改变电枢线圈的电流方向,保证电枢在磁场作用下连续旋转。

直流伺服电动机的工作原理和普通直流电动机相同,给电动机定子的励磁绕组通以直流电流,会在电动机中产生磁通,当电枢绕组两端加直流电压并产生电枢电流时,这个电枢电流与磁通相互作用而产生转矩就使伺服电动机投入工作。这两个绕组其中一个断电时,电动机立即停转。它不像交流伺服电动机那样有"自转"现象,所以直流伺服电动机也是自动控制系统中一种很好的执行元件。

下面介绍直流伺服电动机的控制方式及其特性。

交流伺服电动机的励磁绕组与控制绕组均装在定子铁心上。从理论上讲,这两种绕组的相互作用互相对换时,电动机的性能不会出现差异。但直流伺服电动机的励磁绕组和电枢绕组分别装在定子和转子上,由直流电动机的调速方法可知,改变电枢绕组端电压或改变励磁电流进行调速时,特性有所不同。在直流电动机的结构和计数参数确定后,其输出电磁转矩 M 是磁通 Φ 和电枢电流 I_a 的函数。直流伺服电动机电磁转矩和速度控制有两种方法,一种是改变电枢电压即改变电枢电流的方法,另一种是改变励磁电流即改变磁通的方法。

采用调节励磁电流来调节电动机电磁转矩和转速的方法,又称弱磁调速。由于励磁线圈匝数多,电感大,对应励磁电压的变化,电流变化慢,即响应速度慢,所以,这一方法在直流伺服系统中常作为辅助方法来使用。在大多数情况下,直流电动机的速度控制都采用调节电枢电压的方法,即保持励磁电流不变。电磁转矩是电枢电流的一元函数,不仅控制方便,而且时间常数小、响应速度快、输出转矩大、线性较好。

1. 机械特性

在输入的电枢电压 U_c 保持不变时,电动机的转速随电磁转矩 M 变化而变化的规律称为直流电动机的机械特性。如图 2.28 所示,n_0 为电磁转矩 $M=0$ 时的转速,称为理想空载转速;M_d 是转速 $n_0=0$ 时的电磁转矩,称为电动机的堵转转矩。斜率反映了电动机电磁转矩变化引起电动机转速变化的程度。斜率越大,电动机的机械特性越软;斜率越小,电动机的机械特性越硬。在直流伺服系统中,总是希望电动机的机械特性硬一些,这样,当带动的负载变化时,引起的电动机速度的变化小,有利于提高直流电动机的速度稳定性。

2. 调节特性

直流电动机在一定的电磁转矩 M(或负载转矩)下,其稳态转速 n 随电枢的控制电压 U_c 变化而变化的规律,称为直流电动机的调节特性,如图 2.29 所示,其中 $n=K(U_c-U_{c0})$。

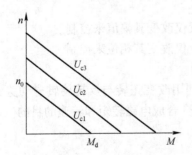

图 2.28　直流伺服电动机机械特性曲线

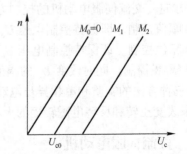

图 2.29　直流伺服电动机调节特性曲线

U_{c0}为起动电压,即电动机处于待转动而未转动的临界状态的控制电压。当负载越大时,其起动电压越大,直流电动机起动时,控制电压从零到U_{c0}的这段范围内,电动机不转动,这一区域称为电动机的死区。斜率K反映了电动机转速n随控制电压U_c的变化而变化的关系,其大小与负载大小无关,仅取决于电动机本身的结构和计数参数。

从上述分析可知,电枢控制时的直流伺服电动机的机械特性和调节特性都是线性的,而且不存在"自转"现象,在自动控制系统中是一种很好的执行元件。

2.3.3 步进电动机

步进电动机也是计算机控制系统中常用的一种执行元件。其作用是将脉冲电信号转换成相应的角位移或直线位移,即给一个脉冲信号,电动机就转动一个角度或前进一步,故称为步进电动机或脉冲马达。

步进电动机的角位移量θ或线位移量s与脉冲数k成正比;它的转速n或线速度v与脉冲频率f成正比。在负载能力范围内这些关系不因电源电压、负载大小、环境条件的波动而变化,因而可适用于开环系统中作为执行元件,使控制系统大为简化。步进电动动机可以在很宽的范围内通过改变脉冲频率来调速;能够快速起动、反转和制动。它不需要变换能直接将数字脉冲信号转换为角位移,很适合采用计算机控制。步进电动机作为控制执行元件,是机电一体化的关键产品之一,广泛应用在各种自动化控制系统和精密机械等领域。随着微电子和计算机技术的发展,步进电动机的需求量与日俱增,在各个国民经济领域都有应用。

步进电动机种类很多,按照结构和工作原理可分为反应式步进电动机、永磁式步进电动机、混合式步进电动机和特种步进电动机。虽然四种形式的电动机结构各有不同,但其基本工作原理是相同的。下面以三相反应式步进电动机为例介绍步进电动机的基本结构和工作原理。

1. 结构

图 2.30 为三相反应式步进电动机的结构示意图,它的定子、转子用硅钢片或其他软磁材料制成,定子上有 6 个等分的磁极,相邻磁极间的夹角为 60°。相对的两个磁极组成一相,磁极对数为 3。定子每对磁极上有一相绕组,每个磁极上各有 5 个均匀分布的矩形小齿。电动机转子上没有绕组,而是有 40 个矩形小齿均匀分布在圆周上,相邻两个齿之间的夹角为 9°。定子和转子上的矩形小齿的齿距、齿宽相等。

2. 工作原理

图 2.31 为一台三相六拍反应式步进电动机,定子上有三对磁极,每对磁极上绕有一相控制绕组,转子有四个分布均匀的齿,齿上没有绕组。

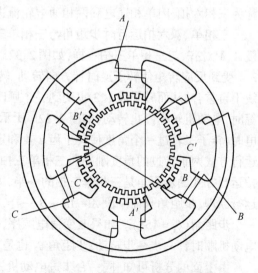

图 2.30 步进电动机结构示意图

当 A 相控制绕组通电,而 B 相和 C 相不通电时,步进电动机的气隙磁场与 A 相绕组轴线重合,而磁力线总是力图从磁阻最小的路径通过,故电动机转子受到一个反应转矩,在步进电动机中称之为静转矩。在此转矩的作用下,使转子的齿1和齿3旋转到与A相绕组轴线相同的位置上,如图2.31a所示,此时整个磁路的磁阻最小,转子只受到径向力的作用而反应转矩为零。如果B相通电,A相和C相断电,那转子受反应转矩而转动,使转子齿2齿4与定子极B、B'对齐,如图2.31b所示,此时,转子在空间上逆时针转过的空间角为30°,即前进了一步,转过的这个角叫做步距角。同样的,如果C相通电,A相、B相断电,转子又逆时针转动一个步距角,使转子的齿1和齿3与定子极C、C'对齐,如图2.31c所示。如此按A-B-C-A的顺序不断地接通和断开控制绕组,电动机便按一定的方向一步一步地转动;若按A-C-B-A的顺序通电,电动机则反向一步一步转动。

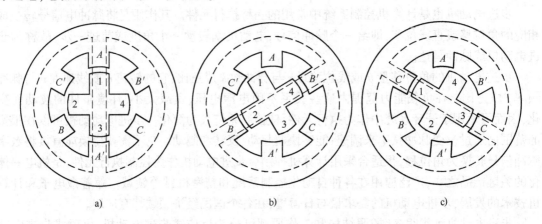

图2.31 三相反应式步进电动机的工作原理图

在步进电动机中,控制绕组每改变一次通电方式,称为一拍,每一拍转子就转过一个步距角,上述的运行方式每次只有一个绕组单独通电,控制绕组每换接三次构成一个循环,故这种方式称为三相单三拍。若按A-AB-B-BC-C-CA-A顺序通电,每次循环需换接六次,故称为三相六拍,因单相通电和两相通电轮流进行,故又称为三相单、双六拍。

三相单、双六拍运行时步距角与三相单三拍不一样。当A相通电时,转子齿1、3和定子磁极A、A'对齐,与三相单三拍一样,如图2.32a所示。当控制绕组A相、B相同时通电时,转子齿2、4受到反应转矩使转子逆时针方向转动,转子逆时针转动后,转子齿1、3与定子磁极A、A'轴线不再重合,从而转子齿1、3也受到一个顺时针的反应转矩,当这两个方向相反的转矩大小相等时,电动机转子停止转动,如图2.32b所示。当A相控制绕组断电而只由B相控制绕组通电时,转子又转过一个角度使转子齿2、4和定子磁极B、B'对齐,如图2.32c所示,即三相六拍运行方式两拍转过的角度刚好和三相单三拍运行方式一拍转过的角度一样,也就是说三相六拍运行方式的步距角是三相单三拍的一半,即为15°。接下来的通电顺序为BC-C-CA-A,运行原理、步距角与前半段A-AB-B一样,即通电方式每变换一次,转子继续按逆时针转过一个步距角($\theta_s=15°$)。如果改变通电顺序,按A-AC-C-CB-B-BA-A顺序通电,则步进电动机顺时针一步一步转动,步距角θ_s也是15°。

由上面的分析可知,同一台步进电动机,其通电方式不同,步距角可能不一样,采用单、双拍通电方式,其步矩角θ_s是单拍或双拍的一半;采用双极通电方式,其稳定性比单极要好。

上述结构的步进电动机无论采用哪种通电方式,步距角要么为30°,要么为15°,都太大,无法满足生产中对精度的要求,在实践中一般采用转子齿数很多、定子磁极上带有小齿的反应

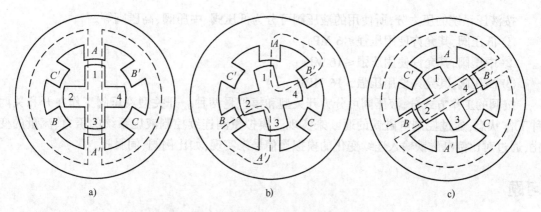

图 2.32　步进电动机的三相单、双六拍运行方式

式结构,转子齿距与定子齿距相同,转子齿数根据步距角的要求初步决定,但准确的转子齿数还要满足自动错位的条件。

3. 驱动电源

步进电动机的控制绕组中需要一系列的有一定规律的电脉冲信号,从而使电动机按照生产要求运行。这个产生一系列有一定规律的电脉冲信号的电源称为驱动电源。

步进电动机的驱动电源主要包括变频信号源、脉冲分配器和脉冲放大器三个部分,其方框图如图 2.33 所示。

图 2.33　步进电动机驱动电源方框图

4. 步进电动机的应用

步进电动机是用脉冲信号控制的,步距角和转速大小不受电压波动和负载变化的影响,也不受各种环境条件诸如温度、压力、振动、冲击等影响,而仅仅与脉冲频率成正比,通过改变脉冲频率的高低可以大范围地调节电动机的转速,并能实现快速起动、制动、反转,而且有自锁的能力,不需要机械制动装置,不经减速器也可获得低速运行。它每转过一周的步数是固定的,只要不丢步,角位移误差不存在长期积累的情况,主要用于数字控制系统中,精度高,运行可靠。如采用位置检测和速度反馈,亦可实现闭环控制。

步进电动机已广泛地应用于数字控制系统中,如数模转换装置、数控机床、计算机外围设备、自动记录仪、钟表等之中,另外在工业自动化生产线、印刷设备等中亦有应用。

2.3.4　液压阀

液压阀的种类很多,按不同的分类方法可有许多种类型。

按功能分,液压阀可分为:

① 压力控制阀,如溢流阀、减压阀、顺序阀等;

② 方向控制阀,如单向阀、电磁换向阀、电液换向阀等;

③ 流量控制阀,如节流阀、调速阀、溢流节流阀、分流阀等。

按液压系统的压力分,所使用的液压阀可分为低压阀、中压阀、高压阀等。

① 低压阀,其允许使用压强≤6 MPa;

② 中压阀,其允许使用压强≤16 MPa;

③ 高压阀,其允许使用压强>16 MPa。

按阀的工作方式分,液压阀可分为开关型和模拟量两种。开关型液压阀工作在开和关两种工作状态,通过控制电磁铁的通断来实现。模拟量阀连续控制液压系统的压力、流量的变化,通过对比例电磁铁输入连续变化的模拟量信号来实现,如比例阀、伺服阀。

习题

1. 什么叫传感器及变送器?
2. 简述压力检测的主要方法和分类。
3. 简述温度检测的主要方法和分类。
4. 简述热电偶测温的原理。
5. 物位仪表分为哪几类?
6. 简述电容式差压变送器的工作原理。
7. 简述常用执行机构和执行器的工作原理。
8. 简述 TT302 温度变送器的结构和工作原理。
9. 简述交流、直流伺服电动机的工作原理。
10. 简述步进电动机的工作原理。

第3章　计算机总线技术

微处理器技术的飞速发展,使得计算机的应用领域不断扩大,与之相应的总线技术也得到不断创新,总线的种类也日益增加,先后出现了 ISA、MCA、EISA、VESA、PCI、AGP、IEEE1394、USB 等总线技术。应用于芯片内部的总线技术也在不断发展,AMBA、Core Connect、CoreRAM 等已经形成集成电路内部十分具有竞争力的总线标准,应用于工业控制的 PROFIBUS 等现场总线技术也得到不断提高。同时,总线的数据传输速率也不断提升。目前,AGP 局部总线数据传输速率可达 528 MB/s,PCI-X 可达 1 GB/s,系统总线传输速率也由 66 MB/s 提高到 100 MB/s 甚至更高的 133 MB/s、150 MB/s、200 MB/s。

本章主要讨论总线的分类及其结构,并介绍几种常用的内部总线和外部总线。

3.1　总线的基本概念

随着计算机设计的日益科学化、合理化、标准化和模块化,计算机总线的概念也逐渐形成和完善起来。一般来说,总线就是一组线的集合,它定义了各引线的电气、机械、功能和时序特性,使计算机系统内部的各部件之间以及外部的各系统之间建立信号联系,进行数据传递。采用总线标准的目的主要有两个:一是生产厂能按照统一的标准设计制造计算机;二是用户可以把不同生产厂制造的各种型号的模板或设备用一束标准总线互相连接起来,因而可方便地按各自需要构成各种用途的计算机系统。

采用总线标准设计、生产的计算机模板和设备具有很强的兼容性,其中接插件的机械尺寸、各引脚的定义、每个信号的电气特性和时序等都遵守统一的总线标准。按照统一的总线标准设计和生产出来的计算机模板和设备,经过不同的组合,可以配置成各种用途的计算机系统,在此基础上设计的软件具有很好的兼容性,便于系统的扩充和升级。另外,采用总线标准设计的系统便于故障诊断和维修,同时也降低了生产和维护成本。这些都促进了计算机系统的开发和应用。

3.1.1　总线的分类

总线技术应用十分广泛,从芯片内部各功能部件的连接,到芯片间的互联,再到由芯片组成的板卡模块的连接,以及计算机与外部设备之间的连接,甚至现在工业控制中应用十分广泛的现场总线,都是通过不同的总线方式实现的。下面仅对微机系统中目前比较流行的部分总线技术分别加以介绍。

总线的分类方法比较多,按照不同的分类方法,总线有不同的名称。按照总线内部信息传输的性质,总线可以分为数据总线、地址总线、控制总线和电源总线;按据总线在系统结构中的层次位置,一般把总线分为片内总线、内部总线和外部总线;按照总线的数据传输方式,总线可以分为串行总线和并行总线;根据总线的传输方向又可以分为单向总线和双向总线。

1. 数据总线、地址总线、控制总线和电源总线

按照总线中信息传输的性质,通常可以把总线分为数据总线 DB、地址总线 AB、控制总线 CB 和电源总线 PB 四部分,如图 3.1 所示。

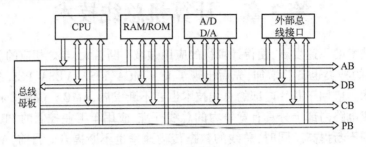

图 3.1　内部总线的结构

① 数据总线 DB 用于传送数据信息。数据总线是双向三态形式的总线,既可以把 CPU 的数据传送到存储器或 I/O 接口等其他部件,也可以将其他部件的数据传送到 CPU。数据总线的位数是微型计算机的一个重要指标,通常与微处理器的字长相一致。例如 Intel 8086 微处理器字长 16 位,其数据总线宽度也是 16 位。

② 地址总线 AB 是专门用来传送地址的。由于地址只能从 CPU 传向 I/O 端口或外部存储器,所以地址总线总是单向三态的,这与数据总线不同。地址总线的位数决定了 CPU 可直接寻址的内存空间大小,比如 16 位微型机的地址总线为 20 位,其可寻址空间为 1MB。

③ 控制总线 CB 包括控制、时序和中断信号线,用于传递各种控制信息,如读/写信号、片选信号、中断响应信号等由 CPU 发出的信号,以及中断请求信号、复位信号、总线请求信号等发给 CPU 的信号。因此,控制总线的传送方向由具体控制信号而定,一般是双向的,控制总线的位数要根据系统的实际控制需要而定。实际上控制总线的具体情况主要取决于 CPU。

④ 电源总线 PB 用于向系统提供电源。电源线和地线数目的多少取决于电源的种类和地线的分布与用法。

2. 片内总线、内部总线和外部总线

(1) 片内总线

片内总线是在集成电路的内部,用来连接各功能单元的信息通路。由于受芯片面积及对外引脚数的限制,片内总线大多采用单总线结构,这有利于芯片集成度和成品率的提高,而对于内部数据传送速率要求较高的,也可采用双总线或三总线结构。例如,CPU 芯片内部的总线是连接 ALU、寄存器、控制器等部件的信息通路,这种总线一般由芯片生产厂家设计,计算机系统设计者并不关心。但随着微电子学的发展,出现了 ASIC 技术,用户也可以按照自己的要求借助于适当的 EDA 工具,选择适当的片内总线,设计自己的芯片。

(2) 内部总线

广义上,内部总线又称为系统总线或板级总线,是用于计算机系统内部的模板和模板之间进行通信的总线。系统总线是微机系统中最重要的总线,人们平常所说的微机总线就是指系统总线,如 STD 总线、PC 总线、ISA 总线、PCI 总线等。在计算机内部,微机主板以及其他一些插件板、卡(如各种 I/O 接口板/卡),它们本身就是一个完整的子系统,板/卡上包含有 CPU,RAM,ROM,I/O 接口等各种芯片,这些芯片间也是通过总线来连接的。通常把各种板、卡上实现芯片间相互连接的总线称为片总线或元件级总线。相对于一台完整的微型计算机来说,各种板/卡只是一个子系统,是一个局部,故又把片总线称为局部总线。因此,可以说局部总线是微机内部各外围芯片与处理器之间的总线,用于芯片一级的互连;而系统总线是微机中各插件板与系统板之间的总线,用于插件板一级的互连。

各种标准的内部总线数目不同,但按各部分性质可以分为数据总线、地址总线、控制总线和电源总线,完成对存储器或外设数据等的寻址与传送。

采用内部总线母板结构,母板上各插座的同号引脚连在一起,组成计算机系统的各功能模板插入插座内,由总线完成系统内各模板间的信息传送,从而构成完整的计算机系统。内部总线标准的机械要素包括模板尺寸、接插件尺寸和针数,电气要素包括信号的电平和时序。

(3) 外部总线

计算机系统与系统之间或计算机系统与外设之间的信息通路,称为外部总线,如 RS-232C 总线,IEEE-488 总线等。外部总线标准的机械要素包括接插件型号和电缆线,电气要素包括发送与接收信号的电平和时序,功能要素包括发送和接收双方的管理能力、控制功能和编码规则等。

图 3.2 给出了一般计算机总线结构示意图。可以看出,过程计算机控制系统的构成除了需要各种功能模板之外,还需要内部总线将各种功能相对独立的模板有机地连接起来,完成系统内部各模板之间的信息传送。计算机系统与系统之间通过外部总线进行信息交换和通信,以便构成更大的系统。

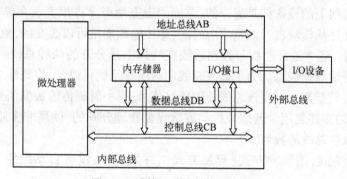

图 3.2　计算机总线结构示意图

3. 并行总线和串行总线

计算机的内部总线一般都是并行总线,而计算机的外部总线通常分为并行总线和串行总线两种。比如 IEEE-488 总线为并行总线,RS-232C 总线为串行总线。并行总线的优点是信号线各自独立,信号传输快,接口简单;缺点是电缆数多。串行总线的优点是电缆线数少,便于远距离传送;缺点是信号传输慢,接口复杂。

3.1.2　总线主要性能指标

尽管各种总线在设计上有许多不同之处,但从总体原则上,一种总线性能的高低是可以通过一些性能指标来衡量的。一般从如下几个方面评价一种总线的性能高低:

① 总线时钟频率,指总线的工作频率,以 MHz 表示,它是影响总线传输速率的重要因素之一。

② 总线宽度，又称总线位宽，是总线可同时传输的数据位数，用 bit(位)表示，如 8 位、16 位、32 位等。显然，总线的宽度越大，它在同一时刻就能够传输更多的数据。

③ 总线传输速率，又称总线带宽，是指在总线上每秒钟传输的最大字节数，MB/s 表示，即每秒多少兆字节。影响总线传输速率的因素有总线宽度、总线频率等。一般有

$$总线带宽(MB/s) = 1/8 \times 总线宽度 \times 总线频率 \tag{3.1}$$

如果总线工作频率为 8 MHz，总线宽度为 8 位，则最大传输速率为 8 MB/s。如果工作频率为 33.3 MHz，总线宽度为 32 位，则最大传输速率为 133 MB/s。

有的地方也用 Mbit/s 作为总线带宽的单位，但此时在数值上应等于公式 3.1 计算数值乘以 8。以上公式主要是针对并行总线，而串行总线与并行总线的计算方式稍有不同。并行总线一次可以传输多位数据，但它存在并行传输信号间的干扰现象，频率越高、位宽越大，干扰就越严重，因此要大幅提高现有并行总线的带宽是非常困难的；而串行总线可以凭借高频率的优势获得高带宽。而为了弥补一次只能传送一位数据的不足，串行总线常常采用多条管线(或通道)的做法实现更高的速度。对这类总线，带宽的计算公式就等于"总线频率×管线数"，例如，PCI Express 就有 ×1、×2、×4、×8、×16 和 ×32 等多个版本，在第一代 PCI Express 技术当中，单通道的单向信号频率可达 2.5GHz。

④ 总线数据传输的握手方式。主模块与从模块之间数据传输过程的握手方式主要有同步方式、异步方式、半同步方式和分离方式。在同步方式下，总线上主模块进行一次传输所需的时间(即传输周期或总线周期)是固定的，并严格按系统时钟来统一定时主、从模块之间的传输操作，只要总线上的设备都是高速的，总线的带宽便可允许很宽。在异步方式下，采用应答式传输技术，允许从模块自行调整响应时间，即传输周期是可以改变的，故总线带宽减少。

⑤ 多路复用。通常地址总线与数据总线在物理上是分开的两种总线。地址总线传输地址码，数据总线传输数据信息。为了提高总线的利用率及优化设计，将地址总线和数据总线共用一条物理线路，只是某一时刻该总线传输地址信号，另一时刻传输数据信号或命令信号，这种方式就叫总线的多路复用。若地址线和数据线是物理分开的，就属非多路复用。采用多路复用技术，可以减少总线的数目。

⑥ 总线控制方式，如传输方式(猝发方式)、并发工作、设备自动配置、中断分配及仲裁方式。

⑦ 其他性能，如负载能力、电源电压等级、能否扩展总线宽度等指标。

表 3.1 给出了几种流行总线的性能参数，从表中可以看出微机总线技术的发展。

表 3.1　几种微型计算机总线性能参数

名　　称	ISA(PC-AT)	EISA	STD	MCA	PCI
适用机型	80286,386,486 系列机	386,486,586 IBM 系列机	Z-80,IBM-PC 系列机	IBM 个人机与工作站	P5 个人机,PowerPC,Alpha 工作站
最大传输速率	16 MB/s	33 MB/s	2 MB/s	33 MB/s	133 MB/s
总线宽度	8/16 位	32 位	8/16 位	32 位	32 位
总线频率	8 MHz	8.33 MHz	2 MHz	10 MHz	20 ~ 33 MHz
同步方式	半同步	同步	异步	异步	同步
地址宽度	24	32	24	32	32/64

名　称	ISA(PC-AT)	EISA	STD	MCA	PCI
负载能力	8	6	无限制	无限制	3
信号线数	98	143	56	109	120
64 位扩展	不可	无规定	不可	可	可
多路复用	非	非	非	—	是

3.1.3　总线标准与规范

不同用户对微型计算机系统功能的要求是各不相同的。计算机厂商为了满足用户的需要,除了以整机形式向用户出售微型计算机系统外,更多的则是以芯片组装成的各种插件板/卡形式(即微机零部件)出售,用户可以购买相应的计算机零部件组装成满足自己需要的微机系统。这就要求各厂家生产的芯片和插件板/卡能相互兼容,而要互相兼容,必然要求插件板/卡的几何尺寸相同,引线信号的数目和时序相同,这就要求微机系统总线采用统一的标准,以便各计算机零部件生产厂商生产面向总线标准的计算机零部件。

1. 总线的标准

所谓总线标准就是对系统总线的插座尺寸、引线数目、信号和时序所作的统一规定。在采用标准总线的系统中,底板上各插座的对应引脚都是并联在一起的,不同的插件板/卡只要满足该总线标准,就可以插在任意插座上,为用户进行功能扩充或升级提供方便。同时,计算机的各部件采用模板化结构,再通过总线把各模板连接起来,其核心是设计若干块通用的功能模板。

一般的,总线标准主要包括以下几方面的特性。

(1) 机械特性

机械特性规定模板、插头、连接器等的形状、尺寸、规格、位置等。如插头与插座的几何尺寸、形状、引脚的个数以及排列的顺序等。

(2) 电气特性

电气特性规定信号的逻辑电平、最大额定负载能力、信号传递方向及电源电压等。通常规定由 CPU 发出的信号叫输出信号,送入 CPU 的信号叫输入信号。并规定总线中有效的电平范围。

(3) 功能特性

功能特性规定每个引脚名称、功能、时序及适用协议,如地址总线用来指出地址;数据总线传递数据;控制总线发出控制信号等。

(4) 时间特性

时间特性是指总线中的任一根线在什么时间内有效。每条总线上的各种信号,互相存在着一种有效时序的关系,因此,时间特性一般可用信号时序图来描述。

2. 总线的模板化结构

工业控制计算机是面向工业生产过程的。不同行业的生产过程使用不同的原料,生产不同的产品,即使生产同一产品的生产过程,也有设备和工艺的区别。因此,不可能设计出多种固定配置的计算机来应用于各种不同的生产过程。为了解决这一难题,就需要对计算机和各种控制对象进行分析与综合,针对其共性,设计若干通用功能部件,并把这些部件按功能划分为几块,再按总线标准设计成模板。常用的模板有 CPU、RAM/ROM、A/D、D/A、DI、DO、PIO(并行输入输出)、SIO(串行输入输出)等。

通过对模板品种和数量的选择与组合,就可以方便地配置成不同生产过程所需要的过程控制计算机。采用模板化结构可以方便用户的选用。如果生产过程要扩大规模,改进工艺,并相应要求改变计算机的配置或增加功能,会得益于模板化结构的开放性设计。所以模板化设计的总线结构提高了系统的灵活性、通用性和扩展性。

模板化设计也为系统的维修提供了方便。由于每块模板功能比较单一,一旦出现故障,也容易判断是哪一块模板的问题。在有备用模板的情况下,立即就可以把坏的模板换下来,系统仍能正常工作。由于模板的总线端都加了驱动和隔离,故障不会扩散到系统中的其他模板上。所以采用模板化设计的总线结构也大大提高了系统的可靠性和可维护性。

模板的布局设计也要按功能合理地进行。总线缓冲模块接近总线插脚端,功能模块在中央,I/O 接口模块靠近引线连接器。对于那些没有 I/O 引线连接器的模板,如 CPU、RAM/ROM 等,都用作功能模块。这样使功能模块内信号流向几乎呈直线,形成了最短传输途径,减少了分布参数影响,降低了信号线间的相互干扰,提高了模板的可靠性,也便于故障的诊断和维修。

3.1.4　总线控制与总线传输

1. 总线控制

由于在总线上存在多个设备或部件同时申请占用总线的可能性,为保证同一时刻只能有一个设备获得总线使用权,需要对请求使用总线的设备或部件设置优先级。总线上所连接的各类设备,按其对总线有无控制功能可分为主设备和从设备两种。主设备对总线享有控制权,从设备只能响应由主设备发来的总线命令。总线上信息的传送是由主设备启动的,如某个主设备欲与另一个设备(从设备)进行通信时,首先由主设备发出总线请求信号,若多个主设备同时要使用总线时,就由总线控制器的判优、仲裁逻辑按一定的优先等级顺序,确定哪个主设备能使用总线。只有获得总线使用权的主设备才能开始传送数据。

总线判优控制可分集中式和分布式两种,前者将控制逻辑集中在一处(如在 CPU 中),后者将总线控制逻辑分散在与总线连接的各个部件或设备上。集中控制是单总线、双总线和三总线结构计算机主要采用的方式,常见的集中控制方式主要有链式查询方式、计数器定时查询方式和独立请求总线控制方式。

2. 总线传输

系统总线的最基本任务就是传送数据,这里的数据包括程序指令、运算处理的数据、设备的控制命令、状态字以及设备的输入输出数据等。在系统中,众多部件共享总线,在争夺总线使用权时,只能按各部件的优先等级来解决。总线上的数据在主模块的控制下进行传送,从模块没有控制总线的能力,但它可对总线上传来的地址信号进行译码,并接收和执行总线主模块的命令。而在总线传输时间上,按分时方式来解决,即哪个部件获得使用,此刻就由它传送,下一部件获得使用,接着在下一时刻传送。一般的,总线在完成一次传输周期时,可分为以下四个阶段。

① 申请分配阶段:由需要使用总线的主模块(或主设备)提出申请,经总线仲裁机构决定

在下一传输周期是否能获得总线使用权;

②寻址阶段:取得了使用权的主模块,通过总线发出本次打算访问的从模块(或从设备)的存储地址或设备地址及有关命令,启动参与本次传输的从模块;

③数据传输阶段:主模块和从模块进行数据交换,数据由源模块发出并经数据总线流入目的模块;

④结束阶段:主模块的有关信息均从系统总线上撤除,让出总线使用权。

总线通信控制主要解决通信双方如何获知传输开始和传输结束,以及通信双方如何协调与配合。一般常用的四种传送方式为同步通信、异步通信、半同步通信和分离式通信。

3.2　常用内部总线

内部总线是计算机内部各功能模板之间进行通信的通道,是构成完整的计算机系统的内部信息枢纽。由于历史原因,目前存在有多种总线标准,国际上已正式公布或推荐的总线标准有 STD 总线、PC 总线、VME 总线、MULTIBUS 总线、UNIBUS 总线等。这些总线标准都是在一定的历史背景和应用范围内产生的。限于篇幅,本节只对部分总线作简要介绍。

3.2.1　STD 总线

STD 总线是美国 PRO-LOG 公司 1978 年推出的一种工业标准微型计算机总线,STD 是 STANDARD 的缩写。该总线结构简单,全部 56 根引脚都有确切的定义。STD 总线定义了一个 8 位微处理器总线标准,其中有 8 根数据线、16 根地址线、控制线和电源线等,可以兼容各种通用的 8 位微处理器,如 8080、8085、6800、Z80、NSC800 等。通过采用周期窃取和总线复用技术,定义了 16 根数据线、24 根地址线,使 STD 总线升级为 8 位/16 位微处理器兼容总线,可以容纳 16 位微处理器,如 8086、68000、80286 等。

1987 年,STD 总线被国际标准化会议定名为 IEEE961。随着 32 位微处理器的出现,通过附加系统总线与局部总线的转换技术,1989 年美国的 EAITECH 公司又开发出对 32 位微处理器兼容的 STD32 总线。

3.2.2　PC 系列总线

PC 总线是 IBM PC 总线的简称,PC 总线因 IBM 及其兼容机的广泛普及而成为全世界用户承认的一种事实上的标准。PC 系列总线是在以 8088/8086 为 CPU 的 IBM/XT 及其兼容机的总线基础上发展起来的,从最初的 XT 总线发展到 PCI 局部总线。由于 PC 系列总线包括 XT 总线、ISA 总线、MCA 总线、EISA 总线、PCI 总线等多种总线结构,在此仅能对 PC 系列总线的发展和特点进行简要介绍。

1. ISA 总线

IBM PC 问世始,就为系统的扩展留下了余地,设置了 I/O 扩展槽。该 I/O 扩展槽是在系统板上安装的系统扩展总线与外设接口的连接器。通过 I/O 扩展槽,用 I/O 接口控制卡实现主机板与外设的连接。当时 XT 机的数据位宽度只有 8 位,地址总线的宽度为 20 根。在 80286 阶段,以 80286 为 CPU 的 AT 机一方面与 XT 机的总线完全兼容,另一方面将数据总线扩展到 16 位,地址总线扩展到 24 根。IBM 推出的这种 PC 总线成为 8 位和 16 位数据传输的工业标准,被命名为 ISA(Industry Standard Architecture)。

ISA 总线的数据传输速率为 8 MB/s,最大传输速率为 16 MB/s,寻址空间为 16MB。它是在早期的 62 线 PC 总线的基础上再扩展一个 36 线插槽形成的,分成 62 线和 36 线两段,共计 98 线。其 62 线插槽的引脚排列及定义与 PC 机兼容。ISA 总线 98 芯插槽引脚分布,如图 3.3 所示。

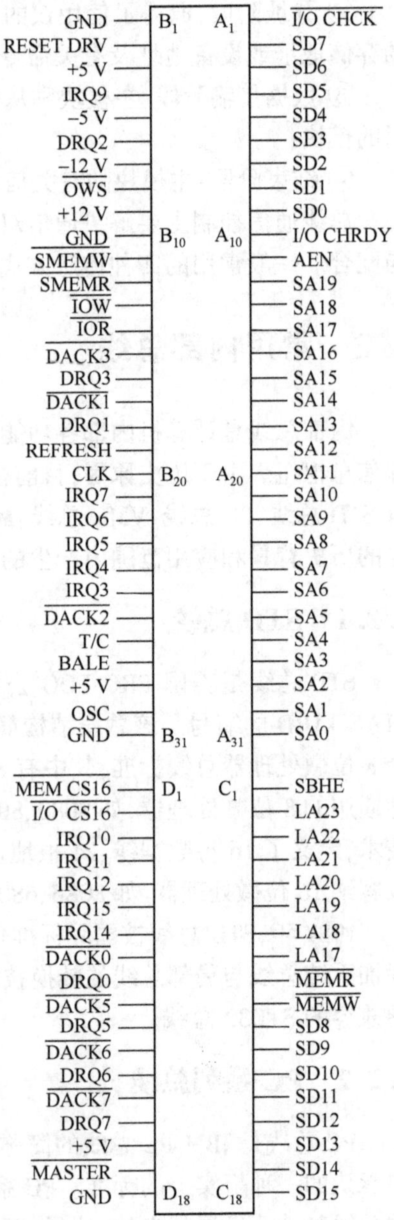

98 根总线分成 5 类:地址线、数据线、控制线、时钟线和电源线,简要介绍如下。

(1) 地址线

地址线有 SA0 ~ SA19 和 LA17 ~ LA23。SA0 ~ SA19 是可锁存的地址信号,LA17 ~ LA23 为非锁存信号,由于没有锁存延时,因而给外设插板提供了一条快捷途径。SA0 ~ SA19 和 LA17 ~ LA23 一起可以实现 16MB 的寻址(其中,SA17 ~ SA19 和 LA17 ~ LA19 是重复的)。

(2) 数据线

数据线有 SD0 ~ SD7 和 SD8 ~ SD15,其中 SD0 ~ SD7 是低 8 位数据线,SD8 ~ SD15 是高 8 位数据线。

(3) 控制线

① AEN:地址允许信号,输出线,高电平有效。AEN =1,表明处于 DMA 控制周期;AEN = 0,表明处于非 DMA 控制周期。此信号用来在 DMA 期间禁止 I/O 端口的地址译码。

② BALE:允许地址锁存,输出线,该信号由总线控制器 8288 提供,作为 CPU 地址的有效标志。当 BALE 为高电平时,将 SA0 ~ SA19 接到系统总线,其下降沿用来锁存 SA0 ~ SA19。

③ $\overline{IOR}$:I/O 读命令,输出线,低电平有效,用来把选中的 I/O 设备的数据读到数据总线上。在 CPU 启动的 I/O 周期,通过地址线选择 I/O;在 DMA 周期,I/O 设备由 DACK 选择。

④ $\overline{IOW}$:I/O 写命令,输出线,低电平有效,用来把数据总线上的数据写入被选中的 I/O 端口。

⑤ $\overline{SMEMR}$ 和 $\overline{SMEMW}$:存储器读/写命令,低电平有效,用于 A0 ~ A19 这 20 位地址寻址的 1 MB 内存的读/写操作。

⑥ $\overline{MEMR}$ 和 $\overline{MEMW}$:低电平有效,存储器读/写命令,用于对 24 位地址线全部读写空间的读/写操作。

⑦ $\overline{MEM\ CS16}$ 和 $\overline{I/O\ CS16}$:它们是存储器 16 位片选信号和 I/O16 位片选信号,分别指明当前数据传送是 16 位存储器周期和 16 位 I/O 周期。

B 侧		A 侧
GND	B₁ — A₁	I/O CHCK
RESET DRV		SD7
+5 V		SD6
IRQ9		SD5
−5 V		SD4
DRQ2		SD3
−12 V		SD2
$\overline{OWS}$		SD1
+12 V		SD0
GND	B₁₀ — A₁₀	I/O CHRDY
$\overline{SMEMW}$		AEN
$\overline{SMEMR}$		SA19
$\overline{IOW}$		SA18
$\overline{IOR}$		SA17
$\overline{DACK3}$		SA16
DRQ3		SA15
$\overline{DACK1}$		SA14
DRQ1		SA13
$\overline{REFRESH}$		SA12
CLK	B₂₀ — A₂₀	SA11
IRQ7		SA10
IRQ6		SA9
IRQ5		SA8
IRQ4		SA7
IRQ3		SA6
$\overline{DACK2}$		SA5
T/C		SA4
BALE		SA3
+5 V		SA2
OSC		SA1
GND	B₃₁ — A₃₁	SA0
$\overline{MEM\ CS16}$	D₁ — C₁	$\overline{SBHE}$
$\overline{I/O\ CS16}$		LA23
IRQ10		LA22
IRQ11		LA21
IRQ12		LA20
IRQ15		LA19
IRQ14		LA18
$\overline{DACK0}$		LA17
DRQ0		$\overline{MEMR}$
$\overline{DACK5}$		$\overline{MEMW}$
DRQ5		SD8
$\overline{DACK6}$		SD9
DRQ6		SD10
$\overline{DACK7}$		SD11
DRQ7		SD12
+5 V		SD13
$\overline{MASTER}$		SD14
GND	D₁₈ — C₁₈	SD15

图 3.3 ISA 总线 98 芯插槽引脚

48

⑧ SBHE:总线高字节允许信号,该信号有效时,表示数据总线上传输的是高位字节数据。

⑨ IRQ3～IRQ7 和 IRQ10～IRQ15:用于作为来自外部设备的中断请求输入线,分别连到主片 8259A 和从片 8259A 中断控制器的输入端。其中,IRQ13 留给数据协处理器使用,不在数据总线上出现。这些中断请求线都是边沿(上升沿)触发,三态门驱动器驱动。优先级排队是 IRQ0 最高,依次为 IRQ1,IRQ8～IRQ15,然后是 IRQ3～IRQ7。

⑩ DRQ0～DRQ3 和 DRQ5～DRQ7:来自外部设备的 DMA 请求输入线,高电平有效,分别连接到主片 8237A 和从片 8237A DMA 控制器输入端。DRQ0 优先级最高,DRQ7 优先级最低,DRQ4 用于级联,在总线上不出现。

⑪ DACK0～DACK3和DACK5～DACK7:DMA 应答信号,低电平有效。有效时,表示 DMA 的请求被接受,DMA 控制器占用总线,进入 DMA 周期。

⑫ T/C:DMA 终止/计数结束,输出线。该信号是一个正脉冲,表明 DMA 传送的数据已达到其程序预置的字节数,用来结束一次 DMA 数据块传送。

⑬ MASTER:输入信号,低电平有效。它由要求占用总线的有主控能力的外设卡驱动,并与 DRQ 一起使用。外设的 DRQ 得到确认(DACK 有效)后,才使 MASTER 有效,从此,该设备保持对总线的控制直到MASTER无效。

⑭ RESET DRV:系统复位信号,输出线,高电平有效。此信号在系统电源接通时为高电平,当所有电平都达到规定后变低,即上电复位时有效。用它来复位和初始化接口和 I/O 设备。

⑮ I/O CHCK:I/O 通道检查,输出线,低电平有效。当它为低电平时,表明接口插件的 I/O 通道出现了错误,它将产生一个非屏蔽中断。

⑯ I/O CHRDY:通道就绪,输入线,高电平表示通道"就绪"。该信号线可以让低速 I/O 设备或存储器请求延长总线周期。当低速设备被选中,并且收到读或写命令时,便将该信号线拉成低电平,表示未就绪,以便在总线周期加入等待状态 Tw,但最多不能超过 10 个时钟周期。

⑰ OWS:零等待状态信号,输入线。该信号为低电平时,无须插入等待周期。

除以上信号外,还有时钟 OSC/CLK 及电源 12 V、5 V、地线等。

2. MCA 总线

在 CPU 性能不断提高的情况下,由于 ISA 标准的限制,使系统总的性能没有根本改变。系统总线上的 I/O 和存储器的访问速度没有很大的提高,因而在强大的 CPU 处理能力与低性能的系统总线之间形成了一个瓶颈。为了打破这一瓶颈,IBM 公司推出第一台 386 微机时,便突破了 ISA 标准,创造了一个全新的与 ISA 标准完全不同的系统总线标准——MCA(Micro Channel Architecture)标准,即微通道结构。该标准定义系统总线上的数据宽度为 32 位,并支持猝发(burst mode)方式,使数据的传输速率提高到 ISA 的 4 倍,达 33Mbit/s,地址总线的宽度扩展为 32 位,支持 4GB 的寻址能力,满足了 386 和 486 处理器的处理能力。

MCA 在一定条件下提高了 I/O 的性能,但它不论在电气上还是在物理上均与 ISA 不兼容,导致用户在扩展总线为 MCA 的微机上不能使用已有的 I/O 扩展卡。另一个问题是为了垄断市场,IBM 没有将这一标准公诸于世,因而 MCA 没有成为公认的标准。

3. ESIA 总线

随着 486 微处理器的推出，I/O 瓶颈问题越来越成为制约计算机性能的关键问题。为冲破 IBM 公司对 MCA 标准的垄断，以 Compaq 公司为首的 9 家兼容机制造商联合起来，在已有的 ISA 基础上，于 1989 年推出了 EISA(Extension Industry Standard Architecture)扩展标准。EISA 具有 MCA 的全部功能，并与传统的 ISA 完全兼容，因而得到了迅速的推广。

EISA 总线主要有以下技术特点：

① 具有 32 位数据总线宽度，支持 32 位地址通路。总线的时钟频率是 33 MHz，数据传输速率为 33 Mbit/s，并支持猝发传输方式。

② 总线主控技术(Bus Master)。扩展卡上有一个称为总线主控的本地处理器，它不需要系统主处理器的参与而可以直接接管本地 I/O 设备与系统存储器之间的数据传输，从而能使主处理器发挥其强大的数据处理功能。

③ 与 ISA 总线兼容，支持多个主模块。总线仲裁采用集中式的独立请求方式，优先级固定。提供了中断共享功能，允许用户配置多个设备共享一个中断。而 ISA 不支持中断共享，有些中断分配给某些固定的设备。

④ 扩展卡的安装十分容易，自动配置，无须 DIP 开关。EISA 系统借助于随产品提供的配置文件能自动配置系统的扩展板。EISA 系统把各个插槽都规定了相应的 I/O 地址范围，使用这种 I/O 端口范围的插件不管插入哪个插槽中都不会引起地址冲突。

⑤ EISA 系统能自动地根据需要进行 32、16、8 位数据间的转换，这保证了不同 EISA 扩展板之间、不同 ISA 扩展板之间以及 EISA 系统扩展板与 ISA 扩展板之间的相互通信。

⑥ 具有共享 DMA，总线传输方式增加了块 DMA 方式、猝发方式，在 EISA 的几个插槽和主机板中分别具有各自的 DMA 请求信号线，允许 8 个 DMA 控制器，各模块可按指定优先级占用 DMA 设备。

⑦ EISA 还可支持多总线主控模块和对总线主控模块的智能管理。最多支持 6 个总线主控模块。

4. PCI 局部总线

微处理器的飞速发展使得增强的总线标准如 EISA 和 MCA 也显得落后。这种发展的不同步，造成硬盘、视频卡和其他一些高速外设只能通过一个慢速而且狭窄的路径传输数据，使得 CPU 的高性能受到很大影响。而局部总线打破了这一瓶颈。从结构上看，局部总线好像是在 ISA 总线和 CPU 之间又插入一级，将一些高速外设如图形卡、网络适配器和硬盘控制器等从 ISA 总线上卸下，直接通过局部总线挂接到 CPU 总线上，使之与高速 CPU 总线相匹配。

PCI 总线(Peripheral Component Interconnect,外围设备互连总线)是 1992 年以 Intel 公司为首设计的一种先进的高性能局部总线。它支持 64 位数据传送、多总线主控模块和线性猝发读写和并发工作方式。

(1) PCI 局部总线的主要特点

① 高性能。PCI 总线标准是一整套的系统解决方案。它能提高硬盘性能，可出色地配合影像、图形及各种高速外围设备的要求。PCI 局部总线采用的数据总线为 32 位，可支持多组外围部件及附加卡。传送数据的最高速率为 132 MB/s。它还支持 64 位地址/数据多路复用，其 64 位设计中的数据传输速率为 264 MB/s。而且 PCI 插槽能同时插接 32 位和 64 位卡，实现 32

位与 64 位外围设备之间的通信。

② 线性猝发传输。PCI 总线支持一种称为线性猝发的数据传输模式,可以确保总线不断满载数据。外围设备一般会由内存某个地址顺序接收数据,这种线性或顺序的寻址方式,意味着可以由某一个地址自动加 1,便可接收数据流内下一个字节的数据。线性猝发传输能更有效地运用总线的带宽传送数据,以减少无谓的地址操作。

③ 采用总线主控和同步操作。PCI 的总线主控和同步操作功能有利于 PCI 性能的改善。总线主控是大多数总线都具有的功能,目的是让任何一个具有处理能力的外围设备暂时接管总线,以加速执行高吞吐量、高优先级的任务。PCI 独特的同步操作功能可保证微处理器能够与这些总线主控同时操作,不必等待后者的完成。

④ 具有即插即用(Plug Play)功能。PCI 总线的规范保证了自动配置的实现,用户在安装扩展卡时,一旦 PCI 插卡插入 PCI 槽,系统 BIOS 将根据读到的关于该扩展卡的信息,结合系统的实际情况,自动为插卡分配存储地址、端口地址、中断和某些定时信息,从根本上免除人工操作。

⑤ PCI 总线与 CPU 异步工作。PCI 总线的工作频率固定为 33 MHz,与 CPU 的工作频率无关,可适合各种不同类型和频率的 CPU。因此,PCI 总线不受处理器的限制。加上 PCI 支持 3.3 V 电压操作,使 PCI 总线不但可用于台式机,也可用于便携机、服务器和一些工作站。

⑥ PCI 独立于处理器的结构形成一种独特的中间缓冲器设计,将中央处理器子系统与外围设备分开。用户可随意增设多种外围设备。

⑦ 兼容性强。由于 PCI 的设计是要辅助现有的扩展总线标准,因此它与 ISA、EISA 及 MCA 完全兼容。这种兼容能力能保障用户的投资。

⑧ 低成本、高效益。PCI 的芯片将大量系统功能高度集成,节省了逻辑电路,耗用较少的线路板空间,使成本降低。PCI 部件采用地址/数据线复用,从而使 PCI 部件用以连接其他部件的引脚数减少至 50 以下。

(2) PCI 总线的主要性能
- 总线时钟频率:33.3 MHz/66.6 MHz
- 总线宽度:32 位/64 位
- 最大数据传输速率:133 MB/s 或 266 MB/s
- 支持 64 位寻址
- 适应 5 V 和 3.3 V 电源环境

(3) PCI 总线的应用

PCI 局部总线已形成工业标准。它的高性能总线体系结构满足了不同系统的需求,低成本的 PCI 总线构成的计算机系统达到了较高的性能/价格比水平。因此,PCI 总线被应用于多种平台和体系结构中。

PCI 总线的组件、扩展板接口与处理器无关,在多处理器系统结构中,数据能够高效地在多个处理器之间传输。与处理器无关的特性,使 PCI 总线具有很好的 I/O 性能,能最大限度地使用各类 CPU/RAM 的局部总线、各类高档图形设备和各类高速外部设备,如 SCSI、HDTV、3D 等。

PCI 总线特有的配置寄存器为用户使用提供了方便。系统嵌入自动配置软件,在加电时自动配置 PCI 扩展卡,为用户提供了简便的使用方法。

(4) PCI 总线计算机系统

用 PCI 总线构建的计算机系统结构框图如图 3.4 所示。CPU/Cache/DRAM 通过一个 PCI 桥连接。外设板卡,如 SCSI 卡、网卡、声卡、视频卡、图像处理卡等高速外设,挂接在 PCI 总线上。基本 I/O 设备,或一些兼容 ISA 总线的外设,挂接在 ISA 总线上。ISA 总线与 PCI 总线之间由扩展总线桥连接。典型的 PCI 总线一般仅支持 3 个 PCI 总线负载,由于特殊环境需要,专门的工业 PCI 总线可以支持多于 3 个的 PCI 总线负载。外插板卡可以是 3.3 V 或 5 V,两者不可通用。3.3 V、5 V 的通用板是专门设计的。在图 3.4 所示系统中,PCI 总线与 ISA 总线,或者 PCI 总线与 ESIA 总线,PCI 总线与 MCA 总线并存在同一系统中,使在总线换代时间里,各类外设产品有一个过渡期。

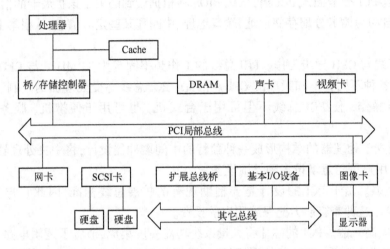

图 3.4 PCI 计算机系统结构图

3.3 常用外部总线

外部总线又称为通信总线,用于计算机之间、计算机与远程终端、计算机与外部设备以及计算机与测量仪器仪表之间的通信。该类总线不是计算机系统已有的总线,而是利用电子工业或其他领域已有的总线标准。外部总线又分为并行总线和串行总线,并行总线主要有 IEEE-488 总线,串行总线主要有 RS-232C、RS-422、RS-485、IEEE1394 以及 USB 总线等。下面主要介绍 IEEE-488 并行总线、RS-232C 和 RS-485 串行总线。

3.3.1 IEEE-488 总线

IEEE-488 总线是一种并行外部总线,专门用于计算机与测量仪器、输入输出设备,以及这些仪器设备之间的并行通信。当用 IEEE-488 总线标准建立一个由计算机控制的测试系统时,不用再加一大堆复杂的控制电路,IEEE-488 总线以机架层叠式智能仪器为主要器件,构成开放式的积木测试系统。因此 IEEE-488 总线是当前工业上应用最广泛的通信总线之一。

1. IEEE-488 总线的使用约定

① 数据传输速率≤10 Mbit/s。

② 连接在总线上的设备(包括作为主控器的微型机)≤15 个。

③ 设备间的最大距离≤2 m。

④ 整个系统的电缆总长度≤20 m,若电缆长度超过20 m,则会因延时而改变定时关系,从而造成可靠性变差。这种情况应增加调制解调器加以解决。

⑤ 所有数据交换都必须是数字化的。

⑥ 总线规定使用24 线的组合插头座,并采用负逻辑,即用小于+0.8V 的电平表示逻辑"1",用大于2V 的电平表示逻辑"0"。

2. IEEE-488 总线设备的工作方式

IEEE-488 总线上所连接的设备可按控者、讲者和听者三种方式工作,这三种设备之间是用一条24 线的无源电缆互连起来的。该总线的连接情况如图3.5 所示。

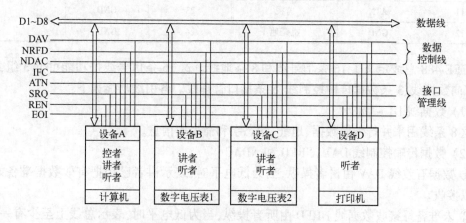

图 3.5   IEEE-488 总线的连接示例

该总线系统中的控者一般是计算机,用于管理整个系统的通信。比如,启动系统中的设备,使之进入受控状态;指定某个设备为讲者,某个设备为听者,并让讲者和听者之间直接通信;处理系统中某些设备的服务请求等。

该总线系统中的讲者功能是通过总线发送信息,而听者功能则是接收别的设备通过总线发送来的信息。

一种设备可以具备几种接口功能,但不一定要包括所有的功能。例如,在图3.5 中数字电压表既有从控者那里接收选择工作状态命令的功能(听功能),又有把测量结果送给打印机的功能(讲功能);而打印机只要有能够从总线上接收要打印信息的功能(听功能)。

3. IEEE-488 总线的引脚定义

为了实现系统中各仪器设备之间的互相通信,IEEE-488 总线对系统的基本特性、接口功能、异步通信联络的方式、接口消息的编码等都作了规定,如表3.2 所示。按照这些规定,不同厂家生产的仪器设备就可以简便地用一条24 线的无源电缆互连起来,组成一个自动测试和数据处理系统。

表 3.2　IEEE-488 总线引脚定义

引　脚	符　号	说　明	引　脚	符　号	说　明
1	D1		13	D5	
2	D2	低 4 位数据输入/输出	14	D6	高 4 位数据输入/输出
3	D3		15	D7	
4	D4		16	D8	
5	EOI	结束或识别	17	REN	远程控制
6	DAV	数据有效	18	GND	
7	NRFD	未准备好接收数据	19	GND	
8	NDAC	数据未接收完毕	20	GND	
9	IFC	接口清零	21	GND	地
10	SRQ	服务请求	22	GND	
11	ATN	监视	23	GND	
12	GND	机壳地	24	GND	

IEEE-488 总线定义了 16 条信号线和 8 条地线。这 16 条信号线按功能可分 3 组,其中有 8 条双向数据线、3 条数据传输控制线、5 条接口管理线。各引线功能如下:

(1) 数据线 D1～D8

这 8 条线用来并行传输数据、地址、状态字和命令等信息。

(2) 数据传输控制线 DAV,NRFD 和 NDAC

① 数据有效线 DAV 由讲者操纵,当为低电平时,表示讲者已经把有效数据准备好了,听者可以接收。

② 未准备好接收数据线 NRFD 由听者操纵,当为低电平时,表示总线上至少有一个听者还没有准备好接收讲者的数据。

③ 未接收完数据线 NDAC 由听者操纵,当为低电平时,表示总线上至少有一个听者还没有接收完讲者的数据。

这三条控制线用来使仪器设备之间彼此了解信息传输情况,从而协调信息的传输,实现三线挂钩的异步传输方式,图 3.6 给出了信息交换的时序图。

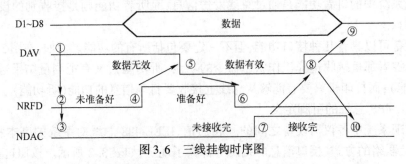

图 3.6　三线挂钩时序图

下面结合图 3.6 来分析三线挂钩的工作过程。从①开始,讲者测试 NRFD 与 NDAC 两线的状态,如果同时为低电平,则将数据送到数据总线上,并将 DAV 置成高电平。当听者测得 DAV 为高电平时,就把 NRFD 置成高电平作为回答。如果总线上有多个听者,则要等到最后一个听者把 NRFD 置成高电平,才能使 NRFD 线成为高电平,见图中④。当讲者测得 NRFD 线为高电平时,说明全部听者都已准备好接收讲者的数据,讲者使 DAV 变为低电平,表示数据线上的数据有效,见图中的⑤。当听者测得 DAV 为低电平时,便立即将 NRFD 拉回到低电平,见图中的⑥,这意味着在结束处理此数据之前不准备接收别的数据。听者一旦接收完数据就把 NDAC 置成高电平作为对讲者的回答,如果总线上有多个听者,则要等到最后一个接收完数据的听者把 NDAC 置成高电平,才能使 NDAC 线为高电平,见图中⑦。当讲者测得 NDAC 为高电平时,说明全部听者都已接收完讲者的数据,便立即使 DAV 变为高电平,见图中⑧;并撤销数据线上的信息,见图中的⑨;同时所有的听者把各自的 NDAC 拉回低电平,见图中⑩。至此,一次三线挂钩工作完成,完成了一个字节数据的传输工作。此后,按此定时关系重复进行,直至全部数据传输完毕。三线挂钩方式是一种适应性很强的异步确认工作方式,允许快速和慢速设备同时连接在 IEEE-488 总线上。

(3) 接口管理线 IFC、SRQ、ATN、EOI 和 REN

① 接口清除线 IFC 由控者操纵,当为低电平时,所有讲者停止发送,所有听者不接收信息,系统进入初始状态,停止总线工作。

② 服务请求线 SRQ 由讲者或听者发出,当为低电平时,要求控者对它的事件进行处理。但请求能否得到控制器的响应,完全由程序安排,当系统中有计算机时,SRQ 是发向计算机的中断请求。

③ 监视线 ATN 由控者操纵,它决定了 8 条数据线的使用方式。当 ATN = "0" 时,表示命令方式,由控者使用数据线;当 ATN = "1" 时,表示数据发送,由听者或讲者使用数据线。

④ 结束或识别线 EOI 有两种用途。在数据方式(ATN 为高电平),当 EOI 为低电平时,表示发送数据结束;在命令方式(ATN 为低电平),当 EOI 为低电平时,表示控者开始执行并进行点名识别操作,以确定哪台设备可优先获得服务。

⑤ 远程选择线 REN 由控者发出,当为低电平时,控者对系统中的听者寻址,使听者处于远程控制状态;当为高电平时,则使系统中的设备回到本地控制状态。

3.3.2　RS-232C 总线

RS-232C 总线是一种串行外部总线,专门用于数据终端设备 DTE 和数据通信设备 DCE 之间的串行通信,是 1969 年由美国电子工业协会(EIA)从 CCITT 远程通信标准中导出的一个标准。当初制定该标准的目的是为了使不同生产厂家生产的设备能够达到接插的"兼容性"。

RS-232C 总线分别定义了机械特性标准和电气特性标准。

1. RS-232C 总线的机械特性

RS-232C 总线的接口连接器采用 DB-9 插头和插座,其中阳性插头(DB-9-P)与计算机相连,阴性插座(DB-9-S)与外设相连,有的设备上也使用 DB-25 连接器,图 3.7 a 是 DB-9 连接器的 9 针引脚编号,图 3.7 b 是 DB-25 连接器的 25 针引脚编号。

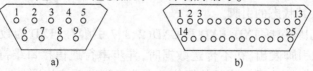

a)　　　　　　　　　　b)

图 3.7　DB-9 和 DB-25 引脚编号

a) DB-9 引脚图　b) DB-25 引脚图

表3.3给出了RS-232C总线引脚的分配情况,RS-232C 25个引脚只定义了20个。通常使用的RS-232C接口信号只有9根引脚,即常用的9针串口引线,其插头插座在RS-232C的机械特性中都有规定。其中,最基本的三根线是发送数据线2、接收数据线3和信号地线7,一般近距离的CRT终端、计算机之间的通信使用这三条线就足够了。其余信号线通常在应用MO-DEM(调制解调器)或通信控制器进行远距离通信时才使用。

表3.3 RS-232C 总线引脚分配

DB-25 引脚	DB-9 引脚	功　　能	名　　称	方　　向
1		保护地		
2	3	发送数据	TXD	DCE
3	2	接收数据	RXD	DTE
4	7	请求发送	RTS	DCE
5	8	允许发送	CTS	DTE
6	6	数据通信设备准备好	DSR	DTE
7	5	信号地(公共回线)	GND	DTE
8	1	数据载体检测	CD	DTE
9		保留		
10		保留		
11		保留		
12		次信道载波检测		
13		次信道清除发送		
14		次信道发送数据		
15		发送时钟	TXC	DCE
16		次信道接收数据		
17		接收时钟	RXC	DTE
18		保留		
19		次信道请求发送		
20	4	数据终端准备好	DTR	DCE
21		信号质量检测		
22	9	振铃指示	RI	DTE
23		信号速率检测		
24		发送时钟	TXC	DCE
25		保留		

常用的9根引脚分为两类:一类是基本的数据传送引脚,另一类是用于调制解调器(MO-DEM)的控制和反映其状态的引脚。

基本数据传送引脚包括TXD、RXD和GND(2、3、7引脚)。TXD为数据发送引脚,数据发送时,发送数据由该引脚发出,在不传送数据时,异步串行通信接口维持该引脚为逻辑"1"。RXD为数据接收引脚,来自通信线的数据信息由该引脚进入接收设备。GND为信号地,该引脚为所有电路提供参考电位。

MODEM 控制和状态引脚分为两组,一组为 DTR 和 RTS,负责从计算机通过 RS-232C 接口送给 MODEM,其中 DTR 数据终端准备好引脚,用于通知 MODEM 计算机准备好了,可以通信了;RTS 请求发送引脚,用于通知 MODEM 计算机请求发送数据。另一组为 DSR、CTS、CD 和 RI,负责接收从 MODEM 通过 RS-232C 接口送给计算机的状态信息。其中,DSR 为数据通信设备准备好引脚,用于通知计算机,MODEM 准备好了;CTS 为允许发送引脚,用于通知计算机 MODEM 可以接收数据了;CD 为数据载体检测引脚,用于通知计算机 MODEM 与电话线另一端的 MODEM 已经建立了联系;RI 为振铃信号指示引脚,用于通知计算机,有来自电话网的信号。

2. RS-232C 总线的电气特性

RS-232C 标准的电气性能主要体现在电气连接方式、电气参数及通信速率等方面。

(1) 电气连接方式

EIA 的 RS-232C 及 CCITT(国际电话电报咨询委员会)的 V.28 建议采用如图 3.8 所示的电气连接方式。

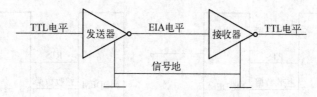

图 3.8 RS-232C 电气连接方式

这种连接方式的主要特点是:

① 非平衡的连接方式,即每条信号线只有一条连线,信道噪声会叠加在信号上并全部反映到接收器中,因而会加大通信误码率,但却最大限度降低了通信成本。

② 采用点对点通信,只用一对收发设备完成通信工作,其驱动器负载为 3~7 kΩ。

③ 公用地线,即所有信号线公用一条信号地线,在短距离通信时有效地抑制了噪声干扰;但不同信号线间会通过公用地线产生干扰。

(2) 电气参数

电气连接方式决定了其电气参数。电气参数主要有:

① 引线信号状态。RS-232C 标准引线状态必须是以下三种之一,即 SPACE/MARK(空号/传号)、或 ON/OFF(通/断)、或逻辑 0/逻辑 1。

② 引线逻辑电平。在 RS-232C 标准中,规定用 $-3\sim-15$ V 表示逻辑 1;用 $+3\sim+15$ V 表示逻辑 0。可以看出,从逻辑 1 到逻辑 0 之间有 $-3\sim+3$ V(6 V)的过渡区,这说明即使信号线受到干扰,其信号逻辑也很难发生变化。此外,RS-232C 标准还规定发送端与接收端之间必须保证 2 V 的噪声容限。噪声容限是指发送端必须达到的逻辑电平绝对值下限与接收端识别输入所需绝对值下限之差。由于 RS-232C 接收绝对值下限为 $|-3|=3$ V,噪声容限为 2 V,则发送端下限绝对值必须为 3 V+2 V=5 V。也就是说,在发送端,其逻辑电平分别为:$+5\sim+15$ V 表示逻辑 0;$-5\sim-15$ V 表示逻辑 1。

③ 旁路电容。RS-232C 终端一侧的旁路电容 C 小于 2500 pF。

④ 开路电压。RS-232C 的开路电压不能超过 25 V。

⑤ 短路抑制性能。RS-232C 的驱动电路必须能承受电缆中任何导线短路,而不至于损坏所连接的任何设备。

(3) 通信速率

RS-232C 标准的电气连接方式决定其通信速率不可能太高。非平衡连接及公用地线都会使信号质量下降,通信速率也因此受到限制(最高通信速率为 19200 bps)。除此之外,由于受噪声的影响,RS-232C 标准规定通信距离应小于 15 m。

3. RS-232C 总线的通信结构

RS-232C 的典型数据通信结构如图 3.9 所示。图 3.9a 是具有 MODEM 设备的远距离通信线路。数据终端设备 DTE, 如计算机、终端显示器, 通过 RS-232C 接口和数据通信设备 DCE (如调制解调器) 连接起来, 再通过电话线和远程设备进行通信。电话线的两端都有 MODEM 设备。MODEM 除具有调制和解调功能外, 还必须具有控制功能和反映状态的功能。这些控制功能用来完成与 RS-232C 接口以及电话线另一端的 MODEM 进行信息交换和联络控制。

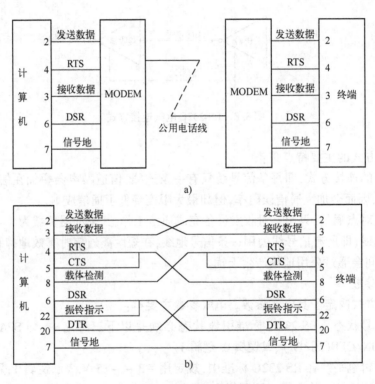

图 3.9 RS-232C 的典型数据通信结构

图 3.9a 使用了最常用的 5 根信号线,提供了两个方向的数据线(发送和接收数据)和一对控制数据传输的握手线 RTS 和 DSR。

图 3.9b 是不用 MODEM 的直接通信线路。在实际使用中,若进行近距离通信(即不通过电话线进行远距离通信),则不需要使用 DCE,而直接把 DTE 连接起来,称为零调制解调器连接,因为此时调制解调器已经退化成了一个线路交叉。两个 DTE 之间可以利用表列出的常用

9 根线进行通信双方的握手联络。

还有一种最简单的连接线路，如图 3.10 所示，仅用 3 根基本的数据传送线：发送数据线 2、接收数据线 3 和信号地线 7。一般近距离 CRT 终端与计算机之间的通信使用这 3 根线就足够了，例如 PC 机向单片机开发装置传送目标程序时，采用这种简单的连接线路即可。

图 3.10　最简单的 RS-232C 数据通信

4. RS-232C 总线的接口电路

一般 CRT 终端和计算机采用 TTL 输入/输出电平，为了满足 RS-232C 信号电平，采用集成电路 MC1488 发送器和 MC1489 接收器，进行 TTL 电平与 RS-232C 电平的相互转换，如图 3.11 所示。

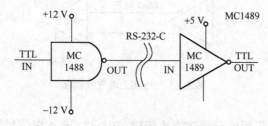

图 3.11　RS-232C 发送和接收电路

由于采用单端输入和公共信号地线，容易引进干扰。为了保证数据传输的正确性，RS-232C 总线规定 DTC 与 DCE 之间的通信距离不大于 15 m，传送信号速率不大于 20 kbit/s。全双工通信的接口电路如图 3.12 所示，每个信号使用一根导线，DTE 与 DCE 之间公用一根信号地线。由于采用单端输入公共信号地线，所以容易引进干扰。

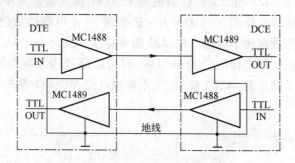

图 3.12　RS-232C 的接口电路示例

3.3.3　RS-422 和 RS-485 总线

RS-232C 虽然应用很广，但因其推出较早，在现代网络通信中已暴露出明显的缺点，如数据传输速率慢、通信距离短、未规定标准的连接器、接口处各信号间易产生串扰等。鉴于这些原因，EIA 先后推出了 RS-449、RS-422 以及 RS-485 等新的总线标准。这些标准除了与 RS-232C 兼容外，在加快传输速率、增大传输距离、改进电气性能等方面都有了明显提高。

1. RS-422A 标准接口

RS-422 由 RS-232C 发展而来。为改进 RS-232C 通信距离短、速度低的缺点，RS-422 定义了一种平衡通信接口，将传输速率提高到 10 Mbit/s。在此速率下电缆允许长度为 120 m，并允许在一条平衡总线上连接最多 10 个接收器。如果采用较低传输速率，如 9000 bit/s 时，最大距离可达 1200 m。RS-422 是一种单机发送、多机接收的单向、平衡传输的总线标准。

RS-422 标准规定了双端电气接口形式，使用双端线传送信号。它通过传输线驱动器，把逻辑电平变换成电位差，完成始端的信息传送；通过传输线接收器，把电位差转变成逻辑电平，实现终端的信息接收，如图 3.13 所示。在电路中规定只能有一个发送器，可以有多个接收器，可以支持点对多的通信方式。该标准允许驱动器输出为 ±2 ~ ±6 V，接收器可以检测到的输入信号电平可低到 200 mV。

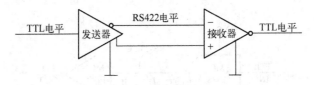

图 3.13 RS-422 电气连接图

RS-422 的数据信号采用差分传输方式传输。RS-422 有 4 根信号线，两根发送、两根接收，RS-422 的收与发是分开的，支持全双工的通信方式。由于接收器采用高输入阻抗，以及发送驱动器比 RS232 更强的驱动能力，故允许在相同传输线上连接多个接收节点，最多可接 10 个节点。一个为主设备(Master)，其余为从设备(Salve)，从设备之间不能通信，所以 RS-422 支持点对多的双向通信。RS-422 四线接口由于采用单独的发送和接收通道，因此不必控制数据方向，各装置之间任何必需的信号交换均可以按软件方式(XON/XOFF 握手)或硬件方式(一对单独的双绞线)实现。RS-422 的最大传输距离为 1200 m，最大传输速率为 10 Mbit/s。其平衡双绞线的长度与传输速率成反比，在 100 kbit/s 速率以下，才可能达到最大传输距离。只有在很短的距离下才能获得最高速率传输。RS-422 需要连接一个终端电阻，要求其阻值约等于传输电缆的特性阻抗。在短距离传输(300 m 以内)时可不需连接终端电阻，终端电阻需接在传输电缆的最远端。为了满足 RS-422A 标准，采用集成电路 MC3487 发送器和 MC3486 接收器，如图 3.14 所示。

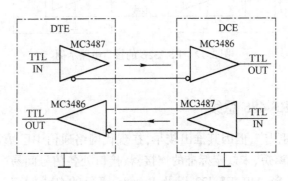

图 3.14 RS-422A 接口电路示意图

2. RS-485 标准接口

RS-485 是一种多发送器的电路标准,它是 RS-422A 性能的扩展,是真正意义上的总线标准。它允许在两根导线(总线)上挂接 32 台 RS-485 负载设备。负载设备可以是发送器、被动发送器、接收器或组合收发器(发送器和接收器的组合)。图 3.15 给出了 RS-485 的接口示意图,从图中可以看出,它也是差分驱动(发送器)电路,在发送控制允许(高电平)的情况下,TXD 端的 TTL 电平经发送器转换成 RS-485 标准的差分信号,送至 RS-485 总线。同样 RS-485 总线上的差分信号,在接收允许(低电平)的情况下,经接收器转换后变成 TTL 电平信号,供计算机或设备接收。

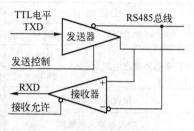

图 3.15　RS-485 接口示意图

RS-485 具有以下特点:

① RS-485 的电气特性。逻辑"1"以两线间的电压差为 +2 V ~ +6 V 表示;逻辑"0"以两线间的电压差为 −2 V ~ −6 V 表示。接口信号电平比 RS-232C 降低了,就不易损坏接口电路的芯片,且该电平与 TTL 电平兼容,可方便与 TTL 电路连接。

② RS-485 的数据最高传输速率为 10 Mbit/s。

③ RS-485 接口是采用平衡驱动器和差分接收器的组合,抗共模干扰能力增强。

④ RS-485 接口的最大传输距离为 1200 m,在总线上允许连接多达 128 个收发器,即具有多站能力和多机通信功能,这样用户可以利用单一的 RS-485 接口方便地建立起半双工通信网络。可以说 RS-485 是一个真正意义上的总线标准。

RS-485 接口具有良好的抗噪声干扰性、长的传输距离和多站能力,上述优点使其成为首选的串行接口。RS-485 接口组成的网络,一般只需两根连线,所以 RS-485 接口均采用屏蔽双绞线传输。

RS-485 与 RS-422 的区别在于:

① 硬件线路上,RS-422 至少需要 4 根通信线,而 RS-485 仅需 2 根;RS-422 不能采用总线方式通信,但可以采用环路方式通信,而 RS-485 两者均可。

② 通信方式上,RS-422 可以全双工,而 RS-485 只能半双工。

③ 两者的其他差异如表 3.4 所示。

表 3.4　RS-485 与 RS-422 比较

比较项目		RS-422	RS-485
驱动方式		平衡	平衡
可连接的台数		L 台驱动器,10 台接收器	32 台驱动器,32 台接收器
最大传输距离		1200 m	1200 m
最大传输速率	12 m	10 Mbit/s	10 Mbit/s
	120 m	1 Mbit/s	1 Mbit/s
	1200 m	100 kbit/s	100 kbit/s
驱动器输出电压	无负载时	±5 V	±5 V
	有负载时	±2 V	±1.5 V

比 较 项 目		RS-422	RS-485
驱动器负载电阻	100 Ω	54 Ω	
驱动器输出电流	上电	无规定	±100 μA 最大（ −7 V ≤ V_{com} ≤12 V）
	断电	±100 μA 最大（ −0.25 V ≤ V_{com} ≤6 V）	±100 μA 最大
接收器输入电压		−7 ~ +12 V	−7 ~ +12 V
接收器输入灵敏度		±200 mV	±200 mV
接收器输入电阻		>12 kΩ	>12 kΩ

3.3.4 串行总线协议转换器

在计算机控制系统中,主机通常提供 RS-232C 标准接口。但在控制系统分布较远的情况下,单独由 RS-232C 不能实现远距离的通信任务,这时需要进行与 RS-485 或 RS-422 的转换。完成这种转换的器件很多,分为有源和无源两种,有源转换器须提供标准电源,无源转换器利用 RS-232C 内部的电源信号供电。下面以一种型号为 JMW1801 的 RS-232/RS-485 转换器为例说明其使用。

JMW1801 无源转换器支持半双工通信,利用串口窃电技术供电,无须外供电源;支持远程通信(大于 1.2 km)和多机通信(128 接点),DB9/DB9 结构,速率:0 ~ 115.2 kbit/s 自适应。

利用 JMW1801 可以方便地实现 RS-232C 与 RS-485 的转换,并搭建起 RS-485 通信网络,如图 3.16 所示。

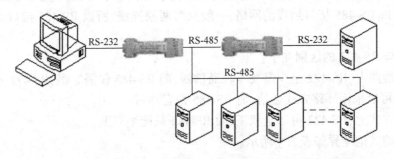

图 3.16　由 RS-232C/RS-485 协议转换器实现的串行通信结构

3.3.5 通用串行总线(USB)

通用串行总线 USB 的规范是由 IBM、Compaq、Intel、Microsoft、NEC 等多家公司联合制定的。先后推出了 USB1.0、USB1.1、USB2.0 和 USB On-The-Go(OTG)总线标准。现在最为流行的是 USB1.1 和 USB2.0 标准。在 USB 1.1 版本中定义了两种速率的传输工作模式——低速(Low Speed)模式和全速(Full Speed)模式。低速模式下数据传输速率为 1.5 Mbit/s,全速模式下 USB 的传输速率峰值达到了 12 Mbit/s。在 USB2.0 版本中推出了高速(High Speed)模式将 USB 总线的传输速率提高到了 480 Mbit/s 的水平。

1. USB 设备的主要特点

目前,USB 协议已经得到广泛应用,计算机系统的外设几乎都已经支持 USB 协议,PC 机、服务器、数码类产品几乎都把 USB 接口作为其基本配置,这主要得益于 USB 本身所具有的特点。采用 USB 接口的设备支持热拔插,使用户在开机状态时即可将设备连接到主机上,免除了使用户感到厌烦的重新启动过程。USB 接口可以同时连接 127 台 USB 设备。速率方面,USB 1.1 总线规范定义了 12 Mbit/s 的带宽,足以满足大多数(诸如键盘、鼠标、Modem、游戏手柄以及摄像头等)设备的要求,而 USB2.0 所提供的 480 Mbit/s 的传输速率,更是满足了硬盘、音像等需要高速数据传输的场合。同时总线能够提供 500 mA 的电流,可以免除一些耗电量比较小的设备连接外接电源。表 3.5 给出了 USB 协议提供的三种速率及其适用范围。

表 3.5   USB 传输速率及其适用范围

传输模式	速率	适用类别	特性	应用
低速	10 kbit/s ~ 1.5 Mbit/s	交互设备	低价格、热拔插、易用性	键盘、鼠标、游戏杆
全速	500 kbit/s ~ 12 Mbit/s	电话、音频、压缩视频	低价格、易用性、热拔插、限定带宽和延迟	ISDN、PBX、POTS
高速	25 Mbit/s ~ 480 Mbit/s	视频、磁盘	高带宽、限定延迟、易用性	音视频处理、磁盘

2. USB 设备及其体系结构

USB 总线是一种串行总线,支持在主机与各式各样即插即用的外设之间进行数据传输。它由主机预定传输数据的标准协议,在总线上的各种外设上分享 USB 总线带宽。当总线上的外设和主机在运行时,允许自由添加、设置、使用以及拆除一个或多个外设。

USB 总线系统中的设备可以分为三种类型。一是 USB 主机,在任何 USB 总线系统中,只能有一个主机。主机系统中提供 USB 总线接口驱动的模块,称作 USB 总线主机控制器。二是 USB 集线器(HUB),类似于网络集线器,实现多个 USB 设备的互连,主机系统中一般整合有 USB 总线的根(节点)集线器,可以通过次级的集线器连接更多的外设。三是 USB 总线的设备,又称 USB 功能外设,是 USB 体系结构中的 USB 最终设备,如打印机、扫描仪等,接受 USB 系统的服务。

USB 总线连接外设和主机时,利用菊花链的形式对端点加以扩展,形成了如图 3.17 所示的金字塔型的外设连接方法,最多可以连接 7 层,127 台设备,有效地避免了 PC 机上插槽数量对扩充外设的限制,减少了 PC 机 I/O 接口的数量。

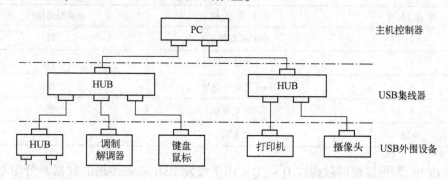

图 3.17   基于 USB 总线的外设连接

3. USB 的传输方式

针对设备对系统资源需求的不同,在 USB 规范中规定了四种不同的数据传输方式。

(1) 控制(Control)传输方式

该方式用来配置和控制主机到 USB 设备的数据传输方式和类型。设备控制指令、设备状态查询及确认命令均采用这种传输方式。当 USB 设备收到这些数据和命令后,将依据先进先出的原则处理到达的数据。

(2) 中断(Interrupt)传输方式

虽然该方式传送的数据量很小,但这些数据需要及时处理,以达到实时效果。此方式主要用在键盘、鼠标以及操纵杆等设备上。

(3) 同步(Isochronous)传输方式

该方式用来连接需要连续传输数据且对数据的正确性要求不高,而对时间极为敏感的外部设备,如麦克风、喇叭以及电话等。同步传输方式以固定的传输速率,连续不断地在主机与 USB 设备之间传输数据,在传送数据发生错误时,USB 并不处理这些错误,而是继续进行新数据的传送。

(4) 批(Bulk)传输方式

该方式用来传输要求正确无误的大批量的数据。通常打印机、扫描仪和数码相机以这种方式与主机连接。

4. USB 设备的电气连接

USB 连接分为上行连接和下行连接。所有 USB 外设都有一个上行的连接,上行连接采用 A 型接口,而下行连接一般则采用 B 型接口,这两种接口不可简单地互换,这样就避免了集线器之间循环往复的非法连接。一般情况下,USB 集线器输出连接口为 A 型口,而外设

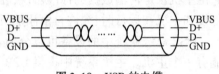

图 3.18　USB 的电缆

及 HUB 的输入口均为 B 型口。所以 USB 电缆一般采用一端 A 口、一端 B 口的形式。USB 电缆中有四根导线:一对互相绞缠的标准规格线,用于传输差分信号 D + 和 D –,另有一对符合标准的电源线 VBUS 和 GND,用于给设备提供 + 5 V 电源。USB 连接线具有屏蔽层,以避免外界干扰。USB 电缆如图 3.18 所示,USB 连接线定义见表 3.6。

表 3.6　USB 连接线定义

连接序号	信号名称	典型连接线
1	VBUS(电源正)	红
2	D –(负差分信号)	白
3	D +(正差分信号)	绿
4	GND(电源地)	黑
外层	屏蔽层	–

图 3.19 中,两根双绞的数据线 D +、D – 用于收发 USB 总线传输的数据差分信号。低速模式和全速模式可在用同一 USB 总线传输的情况下自动地动态切换。数据传输时,调制后的时钟与差分数据一起通过数据线 D +、D – 传输出去,信号在传输时被转换成 NRZI 码(不归零

反向码)。为保证转换的连续性,在编码的同时还要进行位插入操作,这些数据被打包成有固定时间间隔的数据包,每一数据包中附有同步信号,使得收方可还原出总线时钟信号。USB 对电缆长度有一定的要求,最长可为 5 m。终端设备位于电缆的尾部,在集线器的每个端口都可检测终端是否连接或分离,并区分出高速或低速设备。

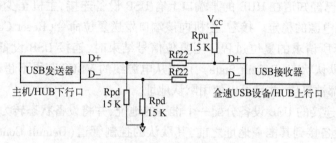

图 3.19　全速 USB 总线设备连接

图 3.19 和图 3.20 分别给出了 USB1.1 中全速 USB 设备、低速 USB 设备与 USB 主机的连接方法。全速和低速连接方法的主要区别在于设备端。全速连接法需要在 D + 上接一个 1.5 kΩ 的上拉电阻,而低速接法是将此电阻接到 D − 上。在进行信息传输之前,数据无论是发送给 USB 设备还是来自给定的 USB 设备,主机软件首先都必须检测 USB 设备是否存在,同时还要检测该设备是一个全速设备还是一个低速设备。USB 集线器通过监视差分数据线来检测设备是否已连接到集线器的端口上,当没有设备连接到 USB 端口时,D + 和 D − 通过下拉电阻 Rpd 电平都是近地的。而 USB 设备必须至少在 D + 和 D − 线的任意一条上有一个上拉电阻 Rpu,由于 Rpu 的阻值为 1.5 kΩ,Rpd 的阻值为 15 kΩ,所以当 USB 设备连接到集线器上时,数据线上会有90%的 V_{cc} 电压,当集线器检测到一条数据线电压接近 V_{cc} 的时候,而另一条保持近地电压,并且这种情况超过 2.5 μs 时,就认为设备已经连接到该端口上。集线器再通过检测是哪根数据线电压接近 V_{cc} 来判别是哪一类 USB 设备连接到其端口上,如果 D + 电平接近 V_{cc},D − 近地,则所连设备为全速设备,而如果 D − 电平接近 V_{cc},D + 近地,则所连设备为低速设备,当 D + 和 D − 的电压都降到 0.8 V 以下,并持续 2.5 μs 以上的话,就认为该设备已经断开连接。

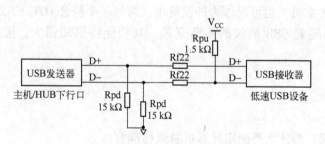

图 3.20　低速 USB 总线设备连接

5. USB 设备的总线枚举(Bus Enumeration)

当有 USB 设备从 USB 总线上连接或拆除时,USB 主机采用一种称为总线枚举的过程来识别和管理必要的设备状态改变。当 USB 设备连接到 USB 总线上,会执行以下的总线枚举过程：

① USB 设备连接到 HUB 上，HUB 通过其状态管道（Pipe）给主机发送一个状态改变事件。USB 设备此时处于供电状态（Powered Stare），此时其内部的端口地址处于无效状态。

② 主机通过查询（Query）HUB 来确定所连 USB 的属性。

③ 现在主机已经知道在 HUB 的某端口上有 USB 设备连接，主机至少等待 100ms 来完成该过程，并且达到电源的稳定。接着，主机向该端口发送复位命令（Reset Command）。

④ HUB 执行所请求的复位过程。当复位信号结束时，连接 USB 设备的端口就有效了。USB 设备便处于默认状态（Default State），可以从电源线的 VBUS 获得不超过 100 mA 的电流。它所有的寄存器都被复位，并且可以使用默认地址。

⑤ 主机对所连接的 USB 设备分配一个惟一的地址，并将设备状态转为地址状态。

⑥ 在 USB 设备接到其惟一地址之前，其默认的控制管道（Default Control Pipe）通过默认地址依然有效。主机读取设备描述符来决定 USB 设备默认管道能够使用的实际最大数据载荷。而在默认状态下，设备都是以低速进行通信，在设备配置完成后主机通过读取设备描述符，设置设备传输特性，如全速和高速。

⑦ 主机用几个毫秒的时间读取 USB 设备的配置信息。

⑧ 主机基于所获得的配置信息完成对 USB 设备的配置。USB 设备便进入了已配置状态（Configured State），该配置下其所有端点（Endpoint）都具有了其所描述的特性。USB 设备可以从 USB 总线的 VBUS 上获得其描述符所描述的电流，并且，可以按照描述符描述的速度进行与主机的通信。

6. USB 协议的发展

现在使用 USB 的外设越来越多，例如可移动硬盘、各种 U 盘、MP3 播放器、数码相机、数码摄像机、机顶盒、数码录音笔等，并且厂商对于 USB 硬件和软件的支持也越来越完备，现在开发一个 USB 外设产品，所需投入的时间和成本大为降低。但是，随着 USB 应用领域的扩大，人们对于 USB 的期望也越来越高。希望 USB 设备能够摆脱协议中居于核心地位的主机控制，直接进行两个 USB 设备的互连。鉴于这种需求，早在 2001 年就正式推出了 USB On-The-Go 协议 1.0 版本，简称 OTG1.0。USB OTG 协议是对 USB2.0 的补充协议，基本上符合 USB2.0 规范。与以前 USB 协议所不同的是符合 USB OTG 协议的设备完全抛开了 PC，既可以作为主机，也可以作为外设使用，与另一个符合 OTG 协议的设备直接实现点对点的通信。相信随着 USB 协议的不断完善，其功能将更加强大，应用领域也必将更加广阔。

习题

1. 什么叫总线？为什么要制定计算机总线标准？
2. 计算机总线可以分为哪些类型？
3. 评价总线的性能指标有哪些？
4. STD 总线有哪些特点？
5. 常用的 PC 总线有哪些？各有什么特点？
6. 简述 PCI 总线的性能特点。

7. 简述 IEEE-488 总线的工作过程。

8. 详述 RS-232C、RS-485 和 RS-422 总线的特点和性能。

9. RS-232C 总线常用的有哪些信号？如何通过该接口实现远程数据传送？

10. 什么是平衡方式和不平衡传输方式？试比较两种方式的性能。

11. USB 数据传输方式有哪几种？USB 协议中是如何区分高速设备和低速设备的？

12. 简述 USB 总线的枚举过程。

第4章 过程通道与人机接口

要实现计算机对生产过程的控制,需要设法给计算机提供生产过程的各种物理参数,这就需要有信号的输入通道;另外还需将计算机的控制命令作用于生产过程,这就需要有信号的输出通道。

过程通道是在计算机和生产过程之间设置的信息传送和转换的连接通道,它包括模拟量输入通道、模拟量输出通道、数字量(开关量)输入通道、数字量(开关量)输出通道。生产过程的各种参数通过模拟量输入通道或数字量输入通道送到计算机,计算机经过计算和处理之后将所得的结果通过模拟量输出通道或数字量输出通道送到生产过程,从而实现对生产过程的控制。

计算机和操作人员之间常常需要互通信息。比如,计算机实时地显示生产过程状况和控制信息,而操作人员为了配合计算机对生产过程的控制,往往根据生产状况及时地向计算机发出各种操作控制命令。为此,计算机和操作人员之间应设置显示器和操作器,其中一种是CRT显示器和键盘,另外一种是针对某个生产过程控制的特点而设计的操作控制台等。通常把上述两类设备简称为人机接口。其作用一是显示生产过程的状况,二是供操作人员操作,三是显示操作结果。

4.1 数字量输入输出通道

在过程控制系统中,需要处理一类最基本的输入输出信号,即数字量(开关量)信号,这些信号包括:开关的闭合与断开,指示灯的亮与灭,继电器或接触器的吸合与释放,电机的启动与停止,设备的安全状况等。这些信号的共同特征是以二进制的逻辑"1"和逻辑"0"出现。在过程控制系统中,对应的二进制数码的每一位都可以代表生产过程中一个状态,这些状态都被作为控制的依据。

4.1.1 数字量的种类

数字量的种类一般分为电平式和触点式,电平为高电平或低电平;触点式为触点闭合或触点断开。其中触点式一般又分为机械触点和电子触点,如按钮、旋钮、行程开关、继电器等触点是机械触点,晶体管输出型的接近开关和光电开关等的输出触点是电子触点。

4.1.2 数字量输入通道

数字量输入通道简称DI(Digital Input)通道,其任务是把外界生产过程的开关状态信号、或数字信号送至计算机或微处理器。

1. 数字量输入通道的结构

数字量输入通道主要由输入缓冲器、输入调理电路、输入口地址译码电路等组成,如图4.1所示。

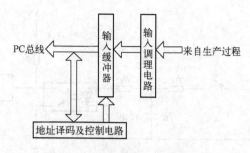

图 4.1　数字量输入通道结构

2. 输入调理电路

数字量输入通道的基本功能是接收外部装置或生产过程的状态信号。这些状态信号的形式可能是电压、电流、开关的触点等,因此会引起瞬时的高压、过低压、接触抖动等现象。为了将外部开关量引入到计算机,必须将现场输入的状态信号经转换、保护、滤波、隔离等措施转换成计算机能够接收的逻辑信号,这些功能称为信号调理。下面针对不同的情况分别介绍相应的信号调理技术。

（1）小功率输入调理电路

图 4.2 所示为从开关、继电器等触点输入信号的电路。它将触点的接通和断开动作转换成 TTL 电平与计算机相连。为了消除由于触点的机械抖动而产生的振荡信号,一般都加入有较长时间常数的积分电路来消除这种振荡。图 4.2a 所示为一种简单的、采用积分电路消除开关抖动的方法;图 4.2b 所示为 R-S 触发器消除开关抖动的方法。

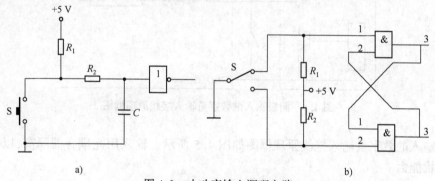

图 4.2　小功率输入调理电路
a）采用积分电路　b）采用 R-S 触发器

（2）大功率输入调理电路

在大功率系统中,需要从电磁离合器等大功率器件的接点输入信号。这种情况下,为了使接点工作可靠,接点两端至少要加 12 V 或 24 V 以上的直流电压。相对于交流来讲,直流电平的响应快,电路简单,因而被广泛采用。

这种电路,由于可能存在着干扰或不安全的因素,因此可用光耦合器进行隔离,以克服干扰并达到安全的目的,如图 4.3 所示。

3. 常用的几种数字量输入的接线方式

在工业现场中,经常用到的数字量输入有按钮、接近开关、光电开关、旋转编码器等。其中按钮是无源接点,晶体管输出型的接近开关、光电开关和旋转编码器等的输出有 NPN 和 PNP

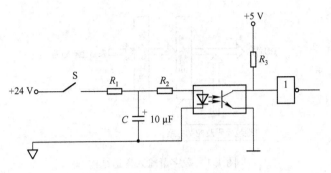

图 4.3 大功率输入调理电路

两种方式。下面分别以源极和漏极输入为例,来介绍工业中常见的几种数字量输入的接线方法。

漏极输入的数字量输入接线原理框图如图 4.4 所示。输入用光耦合器隔离,这是为防止混入输入接点的振动噪声和输入线的噪声引起误动作。

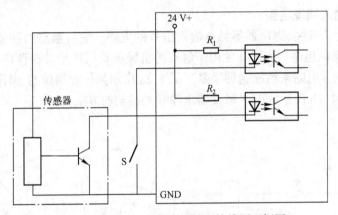

图 4.4 漏极输入的数字量输入接线原理框图

源极输入的数字量输入接线原理框图如图 4.5 所示。输入用光耦合器隔离,以便提高系统的抗干扰能力。

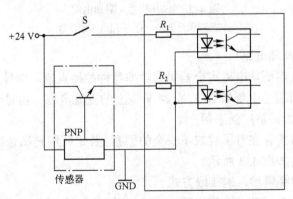

图 4.5 源极输入的数字量输入接线原理框图

4.1.3 数字量输出通道

数字量输出通道简称DO(Digital Output)通道,其任务是把计算机或微处理器送出的数字信号(或开关信号)传送给开关器件,如指示灯、继电器,以控制它们的通断、闭合或亮灭等。

1. 数字量输出通道的结构

数字量输出通道主要由输出锁存器、输出驱动电路、输出口地址译码电路等组成,如图4.6所示。

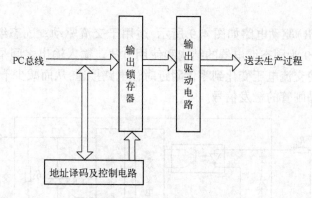

图4.6　数字量输出通道结构

2. 输出驱动电路

(1) 晶体管输出驱动电路

晶体管输出驱动电路如图4.7所示,适合于小功率直流驱动。输出锁存器后加光耦合器,光耦合器之后加一个晶体管,以增大驱动能力。采用光耦合器隔离,输出动作可以频繁通断,晶体管类型输出的响应时间在0.2 ms以下。

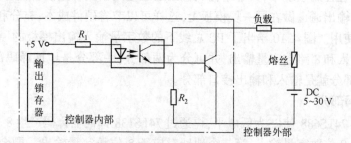

图4.7　晶体管输出驱动电路

(2) 继电器输出驱动电路

继电器输出驱动电路如图4.8所示,适用于交流或直流驱动。输出锁存器后用光耦合器隔离,之后加一级放大,然后驱动继电器线圈。隔离方式为机械隔离,由于机械触点的开关速度限制,所以输出变化速度慢,继电器类型输出的响应时间在10 ms以上,同时继电器输出型是有寿命的,开关次数有限。

(3) 固态继电器(SSR)驱动电路

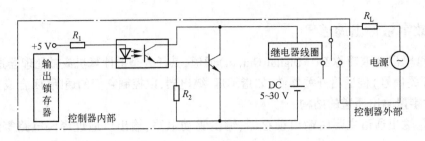

图 4.8　继电器输出驱动电路

固态继电器(SSR)驱动电路如图 4.9 所示,适用于交流驱动。固态继电器(SSR)是一种四端有源器件,图 4.9 为固态继电器的结构和使用方法。输入输出之间采用光耦合器进行隔离。零交叉电路可使交流电压变化到零伏附近时让电路接通,从而减少干扰。电路接通以后,由触发器电路给出晶闸管的触发信号。

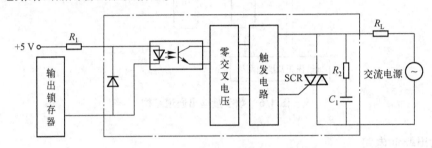

图 4.9　固态继电器的结构及用法

4.1.4　数字量输入输出通道的标准化设计

在计算机过程控制系统中,数字量输入输出通道使用极其普遍。在设计上,一般都将数字量的输入通道和输出通道做在同一块模板上,这样可以节省硬件成本,充分利用计算机的有限资源,方便用户使用。图 4.10 给出了 PC 总线下的数字量输入输出模板的原理图。该系统共有 8 路数字量输入和 8 路数字量输出,并可分为两部分:一部分是地址译码部分,用于选通相应的通道;第二部分就是输入和输出接口部分。

1. 地址译码部分

利用比较器 74LS688 使 $\overline{CS}$ 为低电平,再通过 74LS138 译码器译码产生 8 个连续的地址,第一个地址对应于 8 位数字量输入,第二个地址对应于 8 位数字量输出。剩余的六个地址可以作为其他芯片的片选,因此可实现 64 路数字量输入或输出。由于篇幅所限,图中设计的为 8位数字量输出和 8 位数字量输入。图中 AEN 信号接至 74LS688 的 $\overline{OE}$,表示此数字量输入输出模板不支持 DMA 传送,在 DMA 周期中不能访问此模板。

由于计算机中可能存在多个输入输出模板,所以模板的地址可能发生冲突,为了防止发生地址冲突,在该模板中设置了波段开关(SW1),通过改变波段开关的设置,可以改变模板的地址,这样该模板的地址是可变的,就不会和其他已存在的模板发生地址冲突。

2. 输入输出部分

输出采用 74LS273 输出锁存器,输入采用 74LS244 输入缓冲器。图中的 74LS245 是双向

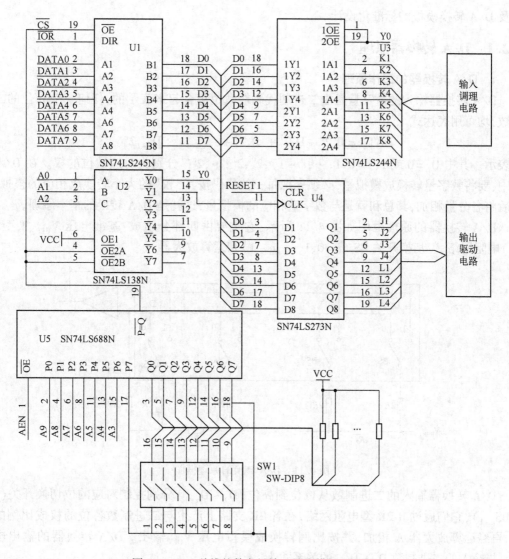

图 4.10　PC 总线的数字量输入输出模板原理图

三态数据缓冲器,通过 DIR 来控制数据的传输方向,把$\overline{IOR}$接至 74LS245 的 DIR,用$\overline{IOR}$信号来控制数据的流向。当$\overline{IOR} = 0$时,表示读信号有效,数据从 74LS245 的 B 口流向 A 口,如果译码电路产生的地址选通 U3(74LS244),则 8 位数字量输入到计算机。数字量输出过程类同,只要将"读"I/O 端口的地址改为"写"I/O 端口地址即可。

4.2　模拟量输出通道

在过程计算机控制系统中,模拟量输出通道是实现控制的关键,它的任务是把计算机输出的数字信号转换成模拟电压或电流信号,以控制调节阀或驱动相应的执行机构,达到计算机控制的目的。模拟量输出通道一般由接口电路、控制电路、数/模转换器和电压/电流(V/I)变换器构成,其核心是数/模转换器,简称 D/A 或 DAC。本节主要讨论 D/A 转换器及其接口技术,以及 D/A 转换模板的标准化设计。

4.2.1 D/A 转换器原理

1. D/A 转换器的工作原理

D/A 转换器输入的数字量是由二进制代码按数位组合起来表示的,任何一个 n 位的二进制数,均可用表达式

$$DATA = D_0 2^0 + D_1 2^1 + D_2 2^2 + \cdots + D_{n-1} 2^{n-1}$$

来表示。其中 $D_i = 0$ 或 $1(i = 0, 1, \cdots, n-1)$; $2^0, 2^1, \cdots, 2^{n-1}$ 分别为对应数位的权。在 D/A 转换中,要将数字量转换成模拟量,必须先把每一位代码按其"权"的大小转换成相应的模拟量,然后将各分量相加,其总和就是与数字量相应的模拟量,这就是 D/A 转换的基本原理。

D/A 转换器的原理框图如图 4.11 所示,它主要由四部分组成:基准电压 V_{REF}、T 型(R-2R)电阻网络、位切换开关 $BS_i(i = 0, 1, \cdots, n-1)$ 和运算放大器 A。

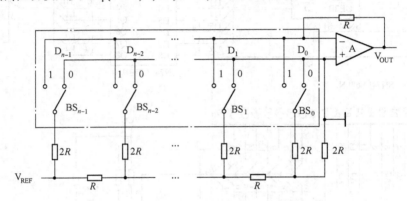

图 4.11　D/A 转换的原理框图

D/A 转换器输入的二进制数从低位到高位($D_0 \sim D_{n-1}$)分别控制对应的位切换开关($BS_0 \sim BS_{n-1}$),它们通过 R-2R 型电阻网络,在各 2R 支路上产生与二进制数各位的权成比例的电流,再经运算放大器 A 相加,并按比例转换成模拟电压 V_{OUT} 输出。D/A 转换器的输出电压 V_{OUT} 与输入的二进制数 $D_0 \sim D_{n-1}$ 的关系式为

$$V_{OUT} = -V_{REF}(D_0 2^0 + D_1 2^1 + D_2 2^2 + \cdots + D_{n-1} 2^{n-1})/2^n$$

其中,$D_i = 0$ 或 $1(i = 0, 1 \ldots n-1)$,n 表示 D/A 转换器的位数。

2. D/A 转换器的主要性能参数

(1) 分辨率

分辨率反映了 D/A 转换器对模拟量的分辨能力,定义为基准电压与 2^n 之比值,其中 n 为 D/A 转换器的位数,如 8 位、10 位、12 位等。例如,基准电压为 5 V,那么 8 位 D/A 转换器的分辨率为 5 V/256 = 19.53 mV,12 位 D/A 转换器的分辨率为 1.22 mV。它就是与输入二进制数最低有效位 LSB(Least Significant Bit)相当的输出模拟电压,简称 1LSB。在实际使用中,一般用输入数字量的位数来表示分辨率大小,分辨率取决于 D/A 转换器的位数。

(2) 稳定时间(又称转换时间)

稳定时间是指满量程时,D/A 转换器的输出达到离终值 ±1/2LSB 时所需要的时间。对于输出是电流的 D/A 转换器来说,稳定时间是很快的,约几微秒,而输出是电压的 D/A 转换

器,其稳定时间主要取决于运算放大器的响应时间。

（3）绝对误差

指在全量程范围内,D/A 转换器的实际输出值与理论值之间的最大偏差。该偏差用最低有效位 LSB 的分数来表示,如 ±1/2LSB 或 ±1LSB。

4.2.2　D/A 转换器芯片及接口电路

D/A 转换器的种类很多。按数字量输入方式分,可分为并行输入和串行输入两种;按模拟量输出方式分,可分为电流输出和电压输出两种;按 D/A 转换器的分辨率分,可分为低分辨率、中分辨率和高分辨率三种。下面仅从使用角度介绍两种常用的 D/A 转换器:8 位 D/A 转换器芯片 DAC0832、12 位 D/A 转换器芯片 DAC1210。

1.　8 位 D/A 转换器芯片 DAC0832

DAC0832 是 8 位数/模转换芯片,具有以下主要特点:

- 与 TTL 电平兼容;
- 分辨率为 8 位;
- 建立时间为 1 μs;
- 功耗为 20 mW;
- 电流输出型 D/A 转换器。

（1）DAC0832 结构框图及引脚说明

DAC0832 的结构框图如图 4.12 所示。

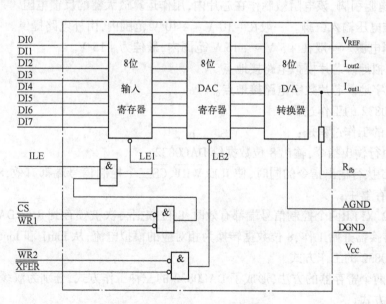

图 4.12　DAC0832 的结构框图

DAC0832 具有双缓冲功能,即输入数据可分别经过两个寄存器保存。第一个寄存器称为 8 位输入寄存器,数据输入端可直接连接到数据总线上;第二个寄存器为 8 位 DAC 寄存器。引脚说明如下:

DI0 ~ DI7：8 位数据输入端。

ILE：输入锁存允许信号，高电平有效。此信号是控制 8 位输入寄存器的数据是否能被锁存的控制信号之一。

$\overline{CS}$：片选信号，低电平有效。此信号与 ILE 信号一起用于控制$\overline{WR1}$信号能否起作用。

$\overline{WR1}$：写信号 1，低电平有效。在 ILE 和$\overline{CS}$有效的情况下，此信号用于控制将输入数据锁存于输入寄存器中。

ILE、$\overline{CS}$、$\overline{WR1}$是 8 位输入寄存器工作时的三个控制信号。

$\overline{WR2}$：写信号 2，低电平有效。在$\overline{XFER}$有效的情况下，此信号用于控制将输入寄存器中的数字传送到 8 位 DAC 寄存器中。

$\overline{XFER}$：传送控制信号，低电平有效。此信号和$\overline{WR2}$控制信号是决定 8 位 DAC 寄存器是否工作的控制信号。

8 位 D/A 转换器接收被 8 位 DAC 寄存器锁存的数据，并把该数据转换成相对应的模拟量，输出信号端如下：

Iout1：DAC 电流输出 1，它是逻辑电平为 1 的各位输出电流之和，此信号一般作为运算放大器的差动输入信号之一。

Iout2：DAC 电流输出 2，它是逻辑电平为 0 的各位输出电流之和，此信号一般作为运算放大器另一个差动输入信号。

为保证转换电压的范围、保证电流输出信号转换成电压输出信号、保证 DAC0832 的正常工作，应具有以下几个引线端：

R_{fb}：反馈电阻引脚，该电阻被制作在芯片内，用作运算放大器的反馈电阻。

V_{REF}：基准电压输入引脚。一般在 – 10 V ~ + 10 V 范围内，由外电路提供。

VCC：逻辑电源。一般在 + 5 V ~ + 15 V 范围内，最佳为 + 15 V。

AGND：模拟地。芯片模拟电路接地点。

DGND：数字地。芯片数字电路接地点。

（2）DAC0832 的工作过程

DAC0832 的工作过程是：

① CPU 执行输出指令，输出 8 位数据给 DAC0832；

② 在 CPU 执行输出指令的同时，使 ILE、$\overline{WR1}$、$\overline{CS}$三个控制信号端都有效，8 位数据锁存在 8 位输入寄存器中；

③ 当$\overline{WR2}$、$\overline{XFER}$两个控制信号端都有效时，8 位数据再次被锁存到 8 位 DAC 寄存器，这时 8 位 D/A 转换器开始工作，8 位数据转换为相对应的模拟电流，从 Iout1 和 Iout2 输出。

（3）DAC0832 的工作方式

针对使用两个寄存器的方法，形成了 DAC0832 的三种工作方式，分别为双缓冲方式、单缓冲方式和直通方式。

① 双缓冲方式：是指数据通过两个寄存器锁存后送入 D/A 转换电路，执行两次写操作才能完成一次 D/A 转换。这种方式特别适用于要求同时输出多个模拟量的场合。

② 单缓冲方式：是指两个寄存器中的一个处于直通状态，输入数据只经过一级缓冲送入 D/A 转换器电路。在这种方式下，只需执行一次写操作，即可完成 D/A 转换，可以提高 DAC 的数据吞吐量。

③ 直通方式:是指两个寄存器都处于直通状态,即 ILE、$\overline{\text{WR1}}$、$\overline{\text{CS}}$、$\overline{\text{WR2}}$ 和 $\overline{\text{XFER}}$ 都处于有效电平状态,数据直接送入 D/A 转换器电路进行 D/A 转换。

(4) DAC0832 接口电路

DAC0832 是 8 位的 D/A 转换器,可以连接数据总线为 8 位、16 位或更多位的 CPU。当连接 8 位 CPU 时,DAC0832 的数据线 DI0 ~ DI7 可以直接接到 CPU 的数据总线 D0 ~ D7;当连接 16 位或更多位的 CPU 时,DAC0832 的数据线 DI0 ~ DI7 接到 CPU 数据总线的低 8 位(D0 ~ D7)。为了提高数据总线的驱动能力,D0 ~ D7 可经过数据总线驱动器(如 74LS244),再接到 DAC0832 的数据输入端(DI0 ~ DI7)。

图 4.13 中所示电路为 DAC0832 与 CPU 之间的接口电路,CPU 数据总线(D0 ~ D7)经总线驱动器接至 DAC0832 的数据端,CPU 的地址总线经地址译码电路产生 DAC0832 芯片的片选信号;图中 DAC0832 工作在单缓冲方式,当进行 D/A 转换时,CPU 只需执行一条输出指令,就可以将被转换的 8 位数据通过 D0 ~ D7 经过总线驱动器传给 DAC0832 的数据输入端,并立即启动 D/A 转换,在运放输出端 Vout 输出对应的模拟电压。用汇编语言编写的程序如下:

```
MOV DX , ADDR        ;将端口地址赋给 DX 寄存器
OUT DX , AL          ;将累加器 AL 的内容送给 DAC0832,进行 D/A 转换
RET
```

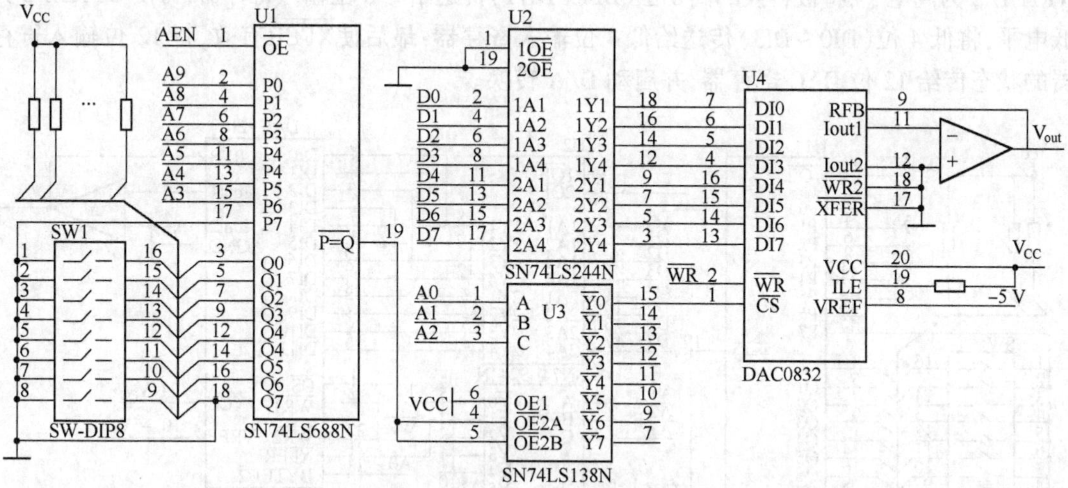

图 4.13　DAC0832 接口电路

2. 12 位 D/A 转换器 DAC1210 芯片

DAC1210 是 12 位 D/A 转换器芯片,内部原理框图如图 4.14 所示,其原理和控制信号($\overline{\text{CS}}$、$\overline{\text{WR1}}$、$\overline{\text{WR2}}$ 和 $\overline{\text{XFER}}$)的功能基本上与 DAC0832 相同,但有两点区别:一是它是 12 位的,有 12 条数据输入线(DI0 ~ DI11),其中 DI0 为最低位,DI11 为最高位,它比 DAC0832 多了 4 条数据输入线。二是可以用字节控制信号控制数据的输入,当该信号为高电平时,12 位数据(DI0 ~ DI11)同时存入第一级的两个输入寄存器;当该信号为低电平时,只将低四位数据(DI0 ~ DI3)存入低四位输入寄存器。

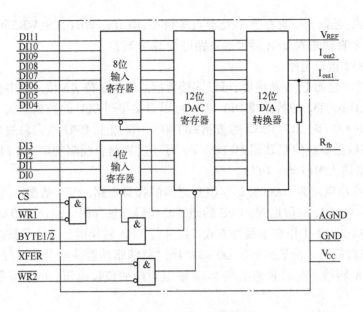

图 4.14　DAC1210 原理框图

图 4.15 所示为 12 位 D/A 转换器 DAC1210 与 8 位 CPU 的接口电路。为了用 8 位数据线（D0 ~ D7）来传送 12 位被转换数据（DI0 ~ DI11），CPU 须分两次传送被转换数据。首先使 BYTE1/$\overline{2}$ 为高电平，将被转换的高 8 位（DI4 ~ DI11）传送给高 8 位输入寄存器；再使 BYTE1/$\overline{2}$ 为低电平，将低 4 位（DI0 ~ DI3）传送给低 4 位输入寄存器；最后使$\overline{XFER}$有效，将 12 位输入寄存器的状态传给 12 位 DAC 寄存器，并启动 D/A 转换。

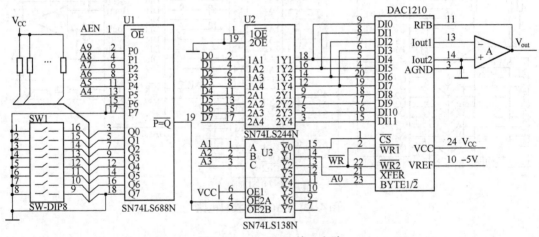

图 4.15　DAC1210 接口电路

选用 16 位或 16 位以上的 CPU 时，可以一次性的将 12 位数据送给 D/A 转换器。实现起来很方便，可以直接将 CPU 的数据线的低 12 位经过数据总线驱动器接到 DAC1210 的数据端（DI0 ~ DI11），此时引脚 BYTE1/$\overline{2}$ 为高电平。

4.2.3　D/A 转换器的输出

在计算机过程控制中，外部执行机构有电流控制的，也有电压控制的，因此根据不同的情

78

况,使用不同的输出方式。D/A 转换的结果若是与输入二进制码成比例的电流,则称为电流DAC;若是与输入二进制码成比例的电压,则称为电压 DAC。

1. 电压输出

常用的 D/A 转换芯片大多属于电流 DAC,然而在实际应用中,多数情况需要电压输出,这就需要把电流输出转换为电压输出,采取的措施是用电流 DAC 电路外加运算放大器。输出的电压可以是单极性电压,也可以是双极性电压。单极性电压输出原理图如图 4.16 所示。

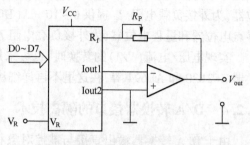

图 4.16 单极性电压输出原理图

输出电压为 $V_{out} = -i(R_f + R_p)$,其中 R_p 用于调整量程,输出电压的正负值视所加参考电压极性而定,可以有 $0 \sim +5 V$ 或 $0 \sim -5 V$,也可以有 $0 \sim +10 V$ 或 $0 \sim -10 V$ 等输出范围。若需双极性电压输出,可在单极性电压输出后再加一级运算放大器,如图 4.17 所示,输出范围有 $-5 \sim +5 V$ 和 $-10 \sim +10 V$。

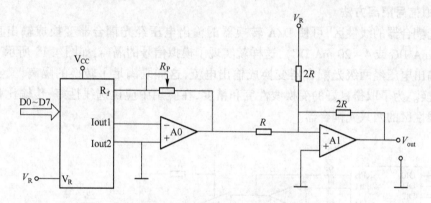

图 4.17 双极性电压输出原理图

2. 电流输出

当电流输出时,经常采用 $0 \sim 10 mA(DC)$ 或 $4 \sim 20 mA(DC)$ 电流输出,如图 4.18 所示。

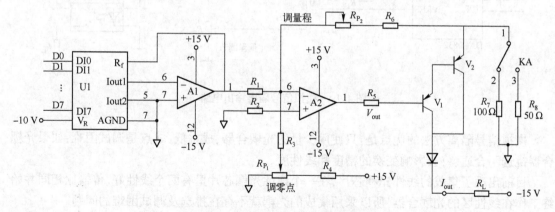

图 4.18 D/A 转换器的电流输出

79

该图中 D/A 转换器的输出电流经运算放大器 A1 和 A2 变换成输出电压 V_{out}，再经晶体管 V_1 和 V_2 变换成输出电流 I_{out}。当选择开关 KA 的 1-2 短接时，通过调整零点电位器和量程电位器，为外接负载电阻 R_L 提供 0~10 mA（DC）电流；当选择开关 KA 的 1-3 短接时，通过调整零点电位器和量程电位器，为外接负载电阻 R_L 提供 4~20 mA（DC）电流。

实现电压/电流(V/I)的转换时，也可采用集成的 V/I 转换电路来实现，如高精度 V/I 变换器 ZF2B20 和 AD694 等，在这里不再详细讲述，具体可参见芯片的用户手册。

4.2.4 D/A 转换器接口的隔离技术

由于 D/A 转换器输出直接与被控对象相连，容易通过公共地线引入干扰，因此要采取隔离措施。通常采用光耦合器，使控制器和被控对象只有光的联系，达到隔离的目的。光耦合器由发光二极管和光敏晶体管封装在同一管壳内组成，发光二极管的输入和光敏晶体管的输出具有类似于普通晶体管的输入-输出特性。一般有两种隔离方式：模拟信号隔离和数字信号隔离。

1. 模拟信号隔离方法

利用光耦合器的线性区，可使 D/A 转换器的输出电压经光耦合器变换成输出直流电流（如 0~10 mA DC 或 4~20 mA DC），这样就实现了模拟信号的隔离，如图 4.19 所示。该图中转换器的输出电压经两级光耦合器变换成输出电流，这样既满足了转换的隔离，又实现了电压/电流变换。为了取得良好的变换线性度和精度，在应用中应挑选线性好、传输比相同并始终工作在线性区的两只光耦合器。

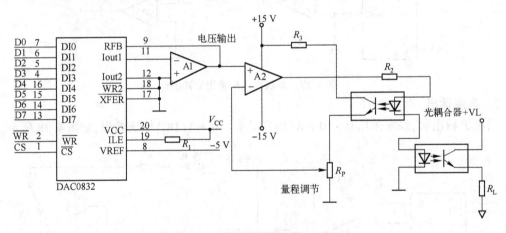

图 4.19 模拟信号隔离输出电路

模拟信号隔离方法的优点是：只使用少量的光耦合器，成本低；缺点是调试困难，如果光耦合器挑选不合适，将会影响变换的精度和线性度。

目前出现了集成的线性光耦芯片，在一个线性光耦芯片里有两个线性好、传输比相同并始终工作在线性区的光耦合器，所以采用集成的光耦就不存在挑选及调试困难的问题。

2. 数字信号隔离方法

利用光耦合器的开关特性，可以将转换器所需的数据信号和控制信号作为光耦合器的输入，其输出再接到 D/A 转换器上，实现数字信号的隔离，如图 4.20 所示。图中 CPU 的数据信号 D0～D7、控制信号 $\overline{WR}$ 和译码电路产生的片选信号都作为光耦合器的输入,光耦合器的输出接至 D/A 转换器,这样就实现了 CPU 和 D/A 转换器的隔离,同样也就实现了 CPU 和被控对象的隔离。

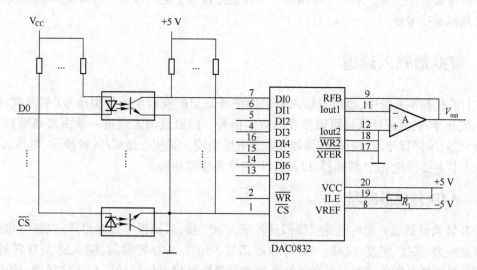

图 4.20　数字信号隔离输出电路

数字信号隔离的优点是调试简单,不影响转换的精度和线性度;缺点是使用较多的光耦合器,成本高。

4.2.5　D/A 转换模板的标准化设计

1. D/A 转换模板的设计原则

根据用户对 D/A 输出的具体要求,设计者应合理地选择 D/A 转换芯片及相关的外围电路,如 D/A 转换器的分辨率、稳定时间和绝对误差等。在设计中,一般没有复杂的电路参数计算,但需要掌握各类集成电路的性能指标及引脚功能,以及与 D/A 转换模板连接的 CPU 或计算机总线的功能、接口及其特点。在硬件设计的同时还须考虑软件的设计,并充分利用计算机的软件资源;原则上,不增加硬件成本就能实现的功能应由硬件来实现;需要通过增加硬件成本才能实现,同时软件也能实现的功能应由软件来实现。因此,只有做到硬件和软件的合理结合,才能在较少硬件投资的情况下,设计出同样功能的 D/A 转换模板。此外还应考虑以下几点:

① 安全可靠。尽量选用性能好的元器件,并采用光电隔离技术;

② 性能与经济的统一。一个好的设计不仅体现在性能上应达到预定的指标,还必须考虑设计的经济性,在选择集成电路芯片时,应综合考虑速度、精度、工作环境和经济性等因素。

③ 通用性。从通用性出发,在设计 D/A 转换器模板时应考虑以下三个方面:符合总线标准、用户可以任意选择口地址和输入方式。

2. D/A 转换模板的设计

D/A 转换器模板的设计步骤如下:确定性能指标、设计电路原理图、设计和制造电路板、焊接和调试电路板。首先按照设计原则和性能指标来设计和选择集成电路芯片。在设计电路板时，应注意数字电路和模拟电路分别排列走线，避免交叉，连线尽量短。模拟地（AGND）和数字地（DGND）分别走线，通常在总线引脚附近一点接地。如果采用光耦合器隔离，那么隔离前、后电源线和地线要独立。然后进行焊接，但在焊接前必须严格筛选元器件，并保证焊接质量。最后分步调试，一般是先调数字电路部分，再调模拟电路部分，并按性能指标逐项考核。

4.3 模拟量输入通道

在计算机控制系统中，模拟量输入通道的任务是把被控对象的模拟信号(如温度、压力、流量和成分等)转换成计算机可以接收的数字信号。模拟量输入通道一般由多路模拟开关、前置放大器、采样保持器、模/数转换器和控制电路组成。其核心是模/数转换器，简称 A/D 或ADC。本节主要讨论 A/D 转换器，以及 A/D 转换模板的结构。

4.3.1 A/D 转换器原理

A/D 转换器通过一定的电路将模拟量转变为数字量,模拟量可以是电压、电流等电信号,也可以是压力、温度、湿度、位移、声音等非电信号。但在 A/D 转换前,输入到 A/D 转换器的输入信号必须经各种传感器及变送器把各种物理量转换成电压信号。A/D 转换后,输出的数字信号可以有 8 位、10 位、12 位和 16 位等。

1. A/D 转换器的工作原理

实现 A/D 转换的方法很多,常用的有逐次逼近法、双积分法及电压频率转换法、Σ-Δ 法、并行 A/D 转换器、计时器 A/D 转换器等,在这里主要介绍前三种方法。

（1）逐次逼近法

逐次逼近式 A/D 是比较常见的一种 A/D 转换电路,转换的时间为微秒级。采用逐次逼近法的 A/D 转换器由一个比较器、D/A 转换器、缓冲寄存器及控制逻辑电路组成,如图 4.21所示。它的基本原理是从高位到低位逐位试探比较,好像用天平称物体,从重到轻逐级增减砝码进行试探。

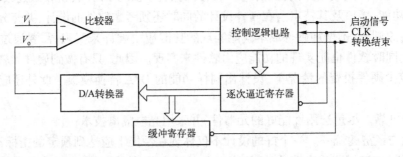

图 4.21 逐次逼近式 A/D 转换器原理框图

逐次逼近法转换过程是:初始化时将逐次逼近寄存器各位清零;转换开始时,先将逐次逼近寄存器最高位置 1,送入 D/A 转换器,经 D/A 转换后生成的模拟量送入比较器,称为 V_o,与送入比较器的待转换的模拟量 V_i 进行比较,若 $V_o < V_i$,该位 1 被保留,否则被清除。然后再置逐次逼近寄存器次高位为 1,将寄存器中新的数字量送 D/A 转换器,输出的 V_o 再与 V_i 比

较,若 $V_\text{o} < V_\text{i}$,该位 1 被保留,否则被清除。重复此过程,直至逼近寄存器最低位。转换结束后,将逐次逼近寄存器中的数字量送入缓冲寄存器,得到数字量的输出。逐次逼近的操作过程是在一个控制电路的控制下进行的。

（2）双积分法

采用双积分法的 A/D 转换器由电子开关、积分器、比较器和控制逻辑等部件组成,如图 4.22 所示。它的基本原理是将输入电压变换成与其平均值成正比的时间间隔,再把此时间间隔转换成数字量,属于间接转换。

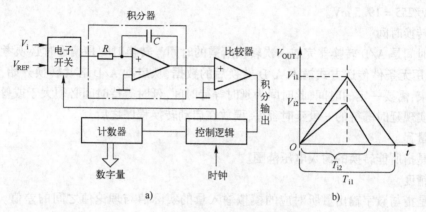

图 4.22　双积分式 A/D 转换的原理框图

a）原理框图　b）原理波形

双积分法 A/D 转换的过程是:先将开关接通待转换的模拟量 V_i,V_i 采样输入到积分器,积分器从零开始进行固定时间 T 的正向积分,时间 T 到后,开关再接通与 V_i 极性相反的基准电压 V_REF,将 V_REF 输入到积分器,进行反向积分,直到输出为 0 V 时停止积分。V_i 越大,积分器输出电压越大,反向积分时间也越长。计数器在反向积分时间内所计的数值,就是输入模拟电压 V_i 所对应的数字量,实现了 A/D 转换。

双积分式 A/D 每进行一次转换,都要进行一次固定时间的正向积分和一次积分时间与输入电压成正比的反向积分,故称为双积分。双积分式 A/D 转换器的转换时间较长,一般需要四五十毫秒。

由于双积分式 A/D 转换器具有器件少、使用方便、抗干扰能力强、数据稳定、价格便宜等优点,在计算机非快速过程控制系统中,经常选用此类 A/D 转换器。典型的双积分 A/D 转换芯片 ICL7135 与 CPU 定时器和计数器配合起来完成 A/D 转换功能。

（3）电压频率转换法

采用电压频率转换法的 A/D 转换器,由计数器、控制门及一个具有恒定时间的时钟门控制信号组成,如图 4.23 所示。它的工作原理是 V/F 转换电路把输入的模拟电压转换成与模拟电压成正比的脉冲信号。

采用电压频率转换法的工作过程是:当模拟电压 V_i 加到 V/F 的输入端时,便产生频率与 V_i 成正比的脉冲,在一定的时间内对该脉

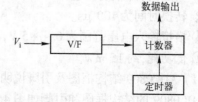

图 4.23　电压频率式 A/D 转换原理框图

冲信号计数,时间到,统计到计数器的计数值正比于输入电压 V_i,从而完成 A/D 转换。典型的 V/F 转换芯片 LM331 与微机的定时器和计数器配合起来完成 A/D 转换。

2. A/D 转换的主要性能参数

(1) 分辨率

分辨率是指 A/D 转换器能分辨的最小模拟输入量,通常用能转换成的数字量的位数来表示,如 8 位、10 位、12 位、16 位等。位数越高,分辨率越高。例如,对于 8 位 A/D 转换器,当输入电压满刻度为 5 V 时,其输出数字量的变化范围为 0 ~ 255,转换电路对输入模拟电压的分辨能力为 5 V/255 = 19.5 mV。

(2) 转换时间

转换时间是 A/D 转换器完成一次转换所需的时间。转换时间是编程时必须考虑的参数。若 CPU 采用无条件传送方式输入 A/D 转换后的数据,从启动 A/D 芯片转换开始,到 A/D 芯片转换结束,需要一定的时间,此时间为延时等待时间,延时等待时间必须大于或等于 A/D 转换时间。实现延时等待的一段延时程序,要放在启动转换程序之后。

(3) 量程

量程是指所能转换的输入电压范围。

(4) 精度

精度是指与数字输出量所对应的模拟输入量的实际值与理论值之间的差值。A/D 转换电路中与每一个数字量对应的模拟输入量并非是单一的数值,而是一个范围 Δ。例如对满刻度输入电压为 5 V 的 12 位 A/D 转换器,Δ = 5 V/FFFH = 1.22 mV,定义为数字量的最小有效位 LSB。

若理论上输入模拟量 A 时,产生数字量 D,而实际输入模拟量 $A \pm \Delta/2$ 仍然产生数字量 D,则称此转换器的精度为 ±0LSB。若模拟电压 $A + \Delta/2 + \Delta/4$ 和 $A - \Delta/2 - \Delta/4$ 产生同一数字量 D,则称该转换器精度为 ±1/4LSB。

目前常用的 A/D 转换器的精度为 (1/4 ~ 2)LSB。

4.3.2 A/D 转换器芯片及接口电路

A/D 转换器的种类很多。按分辨率有中分辨率和高分辨率之分;按电压输入有单极性电压输入和双极性电压输入之分;转换速度也有快、慢之分。下面从应用角度介绍两种常用的 8 位 A/D 转换器芯片 ADC0809 和 12 位 A/D 转换器芯片 AD574。学习中要掌握这两种芯片的外特性和引脚功能,以便正确地使用。

1. 8 位 A/D 转换器芯片 ADC0809

ADC0809 是 CMOS 单片型逐次逼近式 A/D 转换器,ADC0809 的主要特性如下:

① 它是具有 8 路模拟量输入、8 位数字量输出功能的 A/D 转换器。

② 转换时间为 100 μs。

③ 模拟输入电压范围为 0 ~ +5 V,不需零点和满刻度校准。

④ 低功耗,约 15 mW。

(1) ADC0809 结构框图及引脚说明

ADC0809 的结构框图和引脚如图 4.24 所示,主要包括以下几个部分:

① 通道选择开关。

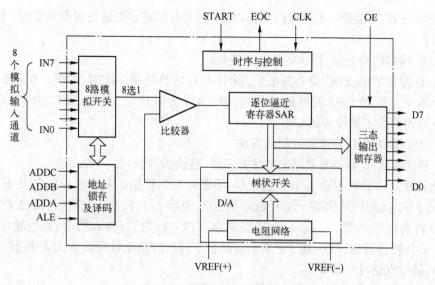

图 4.24 ADC0809 的结构框图和引脚

可采集 8 路模拟信号,通过多路转换开关,实现分时采集 8 路模拟信号。

IN0 ~ IN7:8 路模拟信号输入端。

② 通道地址锁存和译码。

用来控制通道选择开关。通过对 ADDA、ADDB、ADDC 三个地址选择端的译码,控制通道选择开关,接通某一路的模拟信号,采集并保持该路模拟信号,输入到 DAC0809 比较器的输入端。

ADDA、ADDB、ADDC:地址输入端,用于选通 8 路模拟输入中的一路。

ALE:地址锁存允许信号。输入,高电平有效。用来控制通道选择开关的打开与闭合。ALE 为 1 时,接通某一路的模拟信号;ALE 为 0 时,锁存该路的模拟信号。

③ 逐次逼近 A/D 转换器。

逐次逼近 A/D 转换器包括比较器、8 位树型开关 D/A 转换器、逐次逼近寄存器。

START:A/D 转换启动信号,输入,高电平有效。

EOC:A/D 转换结束信号,输出,高电平有效。

CLK:时钟脉冲输入端。要求时钟频率不高于 640 kHz。

VREF(+)、VREF(−):基准电压。 − VREF 为 0 V 或 − 5 V, + VREF 为 + 5 V 或 0 V。

④ 8 位锁存器和三态门。

经 A/D 转换后的数字量保存在 8 位锁存寄存器中,当输出允许信号 OE 有效时,打开三态门,转换后的数据通过数据总线传送到 CPU。由于 ADC0809 具有三态门输出功能,因而 ADC0809 数据线可直接挂在 CPU 数据总线上。

D0 ~ D7:8 位数字量输出端。

(2) ADC0809 的工作过程

对 ADC0809 的控制过程是:

① 首先确定 ADDA、ADDB、ADDC 三位地址,决定选择哪一路模拟信号;

② 使 ALE 端接受一正脉冲信号,使该路模拟信号经选择开关到达比较器的输入端;

③ 使 START 端接受一正脉冲信号,START 的上升沿将逐次逼近寄存器复位,下降沿启动 A/D 转换;

④ EOC 输出信号变低,指示转换正在进行;

⑤ A/D 转换结束,EOC 变为高电平,指示 A/D 转换结束。此时,数据已保存到 8 位三态输出锁存器中。此时 CPU 就可以通过使 OE 信号为高电平,打开 ADC0809 三态输出,由 ADC0809 输出的数字量传送到 CPU。

（3）CPU 读取 A/D 转换器数据的方法

CPU 要读取 A/D 转换器数据的方法有三种:查询法、定时法、中断法。

① 查询法。CPU 在启动 A/D 转换之后,不断地查询转换结束信号 EOC 的状态,即执行输入指令,读 EOC 并判断其状态。如果 EOC 为"0",表示 A/D 转换正在进行;反之 EOC 为"1",表示 A/D 转换已经结束。一旦 A/D 转换结束,CPU 立即执行输入指令,产生输出允许信号 OE,读取 A/D 转换数据(D0～D7)。查询法适合于转换时间比较短的 A/D 转换器。

优点:接口电路设计简单。

缺点:A/D 转换期间独占 CPU,致使 CPU 运行效率降低。

② 定时法。如果已知 A/D 转换器的转换时间为 T0,那么在 CPU 启动 A/D 转换之后,只需延时等待该段时间,就可以读取 A/D 转换的数据,延时等待的时间不能小于 A/D 转换器的转换时间。定时法适合于转换时间比较短的 A/D 转换器。

优点:接口电路设计比查询法简单,不必读取 EOC 的状态。

缺点:A/D 转换期间独占 CPU,致使 CPU 运行效率降低;另外还必须知道 A/D 转换器的转换时间。

③ 中断法。CPU 在启动 A/D 转换之后,就转去执行别的程序,一旦 A/D 转换结束,EOC 就变为高电平,EOC 信号可作为中断申请信号,通知 CPU 转换结束,可以读入经 A/D 转换后的数据。中断服务程序所要做的事情是:使 OE 信号变为高电平,打开 ADC0809 三态输出,由 ADC0809 输出的数字量传送到 CPU。中断法适合于转换时间比较长的 A/D 转换器。

优点:A/D 转换期间 CPU 可以处理其他程序,从而提高 CPU 的运行效率。

缺点:接口电路复杂。

（4）ADC0809 接口电路

图 4.25 为 ADC0809 和 PC 机系统总线的接线图。

ADC0809 的接口设计需考虑的问题如下:

① ADDA、ADDB、ADDC 三端可直接连接到 CPU 地址总线 A0、A1、A2 三端,但此种方法占用的 I/O 地址多。每一个模拟输入端对应一个口地址,8 个模拟输入端占用 8 个口地址,对于微机系统外设资源的占用太多,因而一般 ADDA、ADDB、ADDC 分别接在数据总线的 D0、D1、D2 端,通过数据线输出一个控制字作为模拟通道选择的控制信号。

② ALE 信号为启动 ADC0809 选择开关的控制信号,该控制信号可以和启动转换信号 START 同时有效。

③ ADC0809 芯片只占用一个 I/O 口地址,即启动转换用此口地址,输出数据也用此口地址,区别是启动转换还是输出数据用 $\overline{IOR}$,$\overline{IOW}$ 信号来区分。

［例4.1］利用图4.25,采用无条件传送方式,编写一段程序,实现轮流从 IN0～IN7 采集 8 路模拟信号,并把采集到的数字量存入 0100H 开始的 8 个单元内。

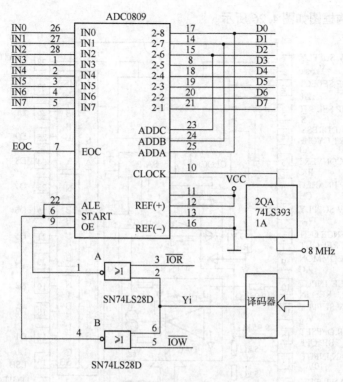

图 4.25　ADC0809 接口电路

程序如下：

```
        MOV DI, 0100H; 设置存放数据的首址
        MOV BL,08H; 采集 8 次计数器
        MOV AH,00H; 选 0 通道
AA1:    MOV AL, AH
        MOV DX, ADPORT; 设置 ADC0809 芯片地址
        OUT DX, AL; 使 ALE、START 有效,选择模拟通道
        MOV CX, 0050H
WAIT:   LOOP WAIT; 延时, 等待 A/D 转换
        IN AL,DX; 使 OE 有效, 输入数据, 见图 4.25
        MOV [DI],AL; 保存数据
        INC AH; 换下一个模拟通道
        INC DI; 修改数据区指针
        DEC BL
        JNZ AA1
```

2. 12 位 A/D 转换器 AD574

AD574 是美国模拟器件公司的产品,是先进的高集成度、低价格的逐次逼近式转换器。

（1）AD574 的结构框图及引脚说明

AD574 由两片大规模集成电路构成。一片为 D/A 转换器 AD565,另一片集成了逐次逼近寄存器 SAR、转换控制电路、时钟电路、总线接口电路和高分辨比较器电路。

AD574 的结构框图如图 4.26 所示。

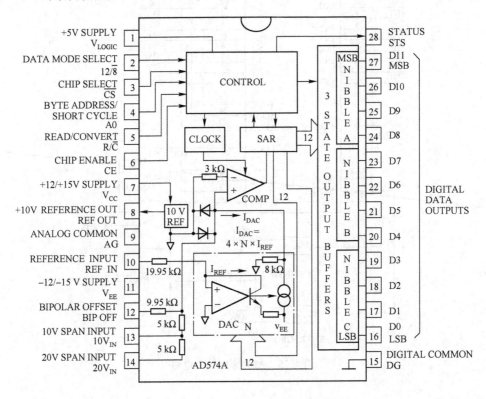

图 4.26　AD574 的结构框图

引脚信号说明如下：

$12/\overline{8}$：数据输出方式选择信号,高电平时输出 12 位数据,低电平时与 A0 信号配合输出高 8 位或低 4 位数据。$12/\overline{8}$ 信号不能用 TTL 电平控制,必须直接接至 +5 V 或数字地。

A0：转换数据长度选择控制信号。在转换状态,A0 为低电平时可使 AD574 进行 12 位转换,A0 为高电平时可使 AD574 进行 8 位转换。在读数状态,如果 $12/\overline{8}$ 为低电平,当 A0 为低电平时,则输出高 8 位数据,而 A0 为高电平时,则输出低 4 位数据;如果 $12/\overline{8}$ 为高电平,则 A0 的状态不起作用。

$\overline{CS}$：片选信号。

$R/\overline{C}$：读出或转换控制选择信号。当为低电平时,启动转换,当为高电平时,可将转换后的数据读出。

CE：芯片允许信号。该信号与$\overline{CS}$信号一起有效时,AD574 才可以进行转换或从 AD574 输出转换后的数据。

V_{CC}：正电源,其范围为 0 ~ +16.5 V。

REF IN：参考电压输入。

REF OUT：+10 V 参考电压输出,具有 1.5 mA 的带负载能力。

AG：模拟地。

DG：数字地。

V_{EE}：负电源,可选 −11.4 ~ −16.5 V 之间的电压。

10 V_{IN}:单极性输入,输入电压范围 0 ~ +10 V;双极性输入,输入电压范围 -5 ~ +5 V。

20 V_{IN}:单极性输入,输入电压范围 0 ~ +20 V;双极性输入,输入电压范围 -10 ~ +10 V。

STS:状态输出信号,转换时为高电平,转换结束为低电平。

D0 ~ D11:输出转换的数据线。

（2）AD574 的工作过程

AD574 的工作过程分为启动转换和转换结束后读出数据两个过程。启动转换时,首先使 $\overline{CS}$、CE 信号有效,AD574 处于转换工作状态,且 A0 为 1 或为 0,根据所需转换的位数确定,然后使 R/$\overline{C}$ =0,启动 AD574 开始转换。$\overline{CS}$ 视为选中 AD574 的片选信号,R/$\overline{C}$ 为启动转换的控制信号。转换结束,STS 由高电平变为低电平。可通过查询法,读入 STS 线端的状态,判断转换是否结束。

输出数据时,首先根据输出数据的方式(即是 12 位并行输出,还是分两次输出),以确定 12/$\overline{8}$ 是接高电平还是接低电平;然后在 CE = 1、$\overline{CS}$ =0、R/$\overline{C}$ =1 的条件下,确定 A0 的电平。若为 12 位并行输出,A0 端输入电平信号可高可低;若分两次输出 12 位数据,A0 = 0,输出 12 位数据的高 8 位,A0 = 1,输出 12 位数据的低 4 位。由于 AD574 输出端有三态缓冲器,所以 D0 ~D11 数据输出线可直接接在 CPU 数据总线上。

（3）AD574 接口电路

图 4.27 为 12 位 AD574 与 8088CPU 的接口电路图。

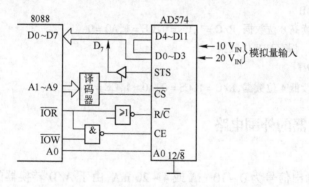

图 4.27 12 位 AD574 与 8088CPU 的接口电路图

AD574 的接口设计应考虑以下几个方面:

① 因 AD574 是 12 位 A/D 转换器,若 CPU 的数据线是 8 位,则 AD574 的 12 位数据要分两次输出到 CPU,先输出高 8 位,再输出低 4 位。因而 AD574 的输出端 D11 ~ D4 接 CPU 系统总线的 D7 ~ D0,D3 ~ D0 接 CPU 系统总线的 D7 ~ D4。

若 CPU 有 16 位数据线,则 AD574 的 D0 ~ D11 可直接接在 CPU 数据总线 D0 ~ D11 位上,执行一次输入指令,即可把 12 位 A/D 转换结果输入到 CPU 中。

② 12/$\overline{8}$ 引脚的电平要求。在转换时,12/$\overline{8}$ 的电平可高可低。在输出数据时,可根据 12 位数据输出是一次输出还是两次输出确定电平高低。当 12 位数据一次输出时,12/$\overline{8}$ 引脚接高电平;当 12 位数据分两次输出时,12/$\overline{8}$ 引脚接低电平。在图 4.27 中设计为两次输出,所以 12/$\overline{8}$ 接一个固定低电平。

③ 根据前面所讲述 AD574 的工作过程可知,无论是转换过程还是输出数据,AD574 的控

制引脚都为$\overline{CS}=0$、CE = 1,因而在图 4.27 中利用译码器的输出作为$\overline{CS}$引脚的控制信号,读、写信号经与非逻辑输出后的信号作为 CE 的控制信号,即无论是读还是写,CE 信号都有效。

④ STS 信号是由 AD574 芯片本身产生的一个状态信号,该信号反映转换过程是否结束。因而该信号可以连接到 CPU 的中断申请 INTR 端,利用中断方式判断 A/D 转换是否结束;也可以通过查询方式,把 STS 线连接到数据总线的某一根数据线上,查询该根数据线的高低电平,判断转换是否结束。

需要注意的是,STS 线不可直接连接到数据总线上,要经过一个三态门再连接到数据总线上,此三态门的开启可通过一个地址线进行控制。

AD574 的地址分配需考虑的是:第一,取高 8 位数据,启动转换要使 A0 = 0,地址值选为 278H;第二,取低 4 位数据,要使 A0 = 1,所以地址值为 279H;第三,为打开 STS 状态信号的通路,三态门的地址可选为 27AH。

启动 A/D 转换并采用查询方式,采集数据的程序如下:

```
MOV DX,278H
OUT DX,AL;启动转换,R/C = 0、CS = 0、CE = 1,A0 = 0
MOV DX,27AH;设置三态门地址
AA1:IN AL,DX;读取 STS 状态
TEST AL,80H;测试 STS 电平
JNE AA1;STS = 1 等待,STS = 0 向下执行
MOV DX,278H
IN AL,DX;读高 8 位数据,R/C = 1,CS = 0,CE = 1,A0 = 0
MOV AH,AL;保存高 8 位数据
MOV DX,279H
IN AL,DX;读低 4 位数据,R/C = 1,CS = 0,A0 = 1,CE = 1
```

4.3.3 A/D 转换器的外围电路

1. I/V 变换

很多变送器的输出信号为 0 ~ 10 mA 或 4 ~ 20 mA,由于 A/D 转换器的输入信号只能是电压信号,所以如果模拟信号是电流时,必须先把电流变成电压才能进行 A/D 转换。这样就需要 I/V 变换电路。下面讨论一下 I/V 变换的实现方法。

（1）无源 I/V 变换

无源 I/V 变换主要是利用无源器件电阻来实现,并加滤波和输出限幅等保护措施,如图 4.28 所示。对于 0 ~ 10 mA 输入信号,可取 $R_1 = 100\ \Omega$,$R_2 = 500\ \Omega$,且 R_2 为精密电阻,这样当输入为 0 ~ 10 mA 电流时,输出电压为 0 ~ 5 V;对于 4 ~ 20 mA 输入信号,可取 $R_1 = 100\ \Omega$,$R_2 = 250\ \Omega$,且 R_2 为精密电阻,这样当输入电流为 4 ~ 20 mA 时,输出电压为 1 ~ 5 V。

（2）有源 I/V 转换

有源 I/V 转换主要是利用有源器件运算放大器、电阻来实现,如图 4.29 所示。若取 $R_3 = 100\ \text{k}\Omega$,$R_4 = 150\ \text{k}\Omega$,$R_1 = 200\ \Omega$,则 0 ~ 10 mA 输入对应于 0 ~ 5 V 的电压输出。若取 $R_3 = 100\ \text{k}\Omega$,$R_4 = 25\ \text{k}\Omega$,$R_1 = 200\ \Omega$,则 4 ~ 20 mA 输入对应于 1 ~ 5 V 的电压输出。

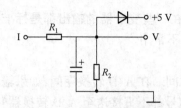

图 4.28　无源 I/V 变换电路

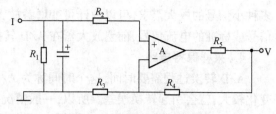

图 4.29　有源 I/V 变换电路

2. 多路模拟开关

在过程计算机控制中,往往是几路或几十路被测信号共用一只 A/D 转换器。因此常利用多路模拟开关轮流切换被测信号,采用分时 A/D 转换方式。为了提高过程参数的测量精度,对多路模拟开关提出了较高的要求。理想的多路模拟开关其开路电阻无穷大,接通时的导通电阻为零。此外还希望切换速度快、噪声小、寿命长、工作可靠。

常用的多路模拟开关 CD4501 的结构和引脚如图 4.30 所示,它根据三根地址线(A、B、C)及控制线($\overline{\mathrm{EN}}$)的状态来选择 8 个通道 S0 ~ S7 之一,其真值表见表 4.1。

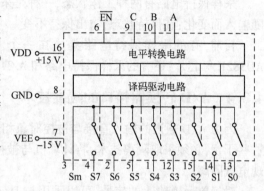

图 4.30　CD4501 的结构和引脚图

表 4.1　CD4501 真值表

输入状态				ON
$\overline{\mathrm{EN}}$	C	B	A	
0	0	0	0	0
0	0	0	1	1
0	0	1	0	2
0	0	1	1	3
0	1	0	0	4
0	1	0	1	5
0	1	1	0	6
0	1	1	1	7
1	x	x	x	None

CD4501 是八选一的多路模拟开关。除了 CD4501 外,还有很多种多路模拟开关,常见的有 AD7501、LF13508 等。它们的基本原理相同,在具体的参数上有所区别,如开关切换的速度、导通电阻、模拟开关的路数等。

3. 前置放大器

前置放大器的任务是将模拟输入的小信号放大到 A/D 转换的量程范围之内,为了能适应多种小信号的放大需求,可以设计可变增益放大器。现在一些变送器的输出都是标准的电压信号或标准的电流信号,前置放大器在 A/D 转换电路中不常用。

4. 采样保持电路

A/D 转换过程需要时间,这个时间称为 A/D 转换时间。在 A/D 转换期间,如果输入信号变化较大,就会引起转换误差。所以,一般情况下采样信号都不直接送至 A/D 转换器转换,还需增加采样保持器作信号保持,采样保持器把采样值保持到 A/D 转换结束。采样保持器主要应用于逐次逼近式 A/D 转换器,双积分的 A/D 转换器可以不加采样保持器。

采样保持电路有两种工作状态,一种是采样状态,另一种是保持状态。在采样状态,输出随输入而变化;在保持状态,输出保持不变。

目前,有的采样保持电路集成在一个芯片中,为专用的采样保持芯片,如 AD583K、AD582K 等芯片;还有的采样保持电路和 A/D 转换芯片集成在一起,如 12 位 AD1674 芯片。

4.3.4　A/D 转换器接口的隔离技术

因为 A/D 通道的输入直接与被控对象相连,所以容易通过公共地线引入干扰。为了克服这些干扰,必须采取隔离技术,将计算机与被控对象之间、多通道输入时每个输入通道之间实现电气隔离。

对于单通道输入的信号,可以采用与 D/A 隔离技术相一致的隔离方法来实现,这里不再重复。对于多通道输入,若仅要求被控对象与计算机隔离,同样可以采用前面的隔离方法。若要求通道与通道之间隔离,可以采用以下两种方法:

① 每个通道使用一个独立的 A/D 转换器件,然后采用单通道隔离技术,实现通道与通道之间、通道与计算机之间的完全隔离。

② 选用特殊的切换开关,如松下公司的光电隔离器件 AQW214,它相当于半导体继电器,控制端为一发光二极管,输入电流为 3 ~ 50 mA,输出端为一对触点,与控制端电气隔离,隔离电压交直流均大于 400 V,触电容量电流 130 mA,输出端间的电容典型值为 3.9 pF,导通电阻典型值为 9.8 Ω,闭合时间为 0.2 ms,恢复时间为 0.08 ms。该器件完全可以满足模拟切换开关的要求,并在电气上实现了点与点的隔离。

4.3.5　A/D 转换器模板的标准化设计

A/D 转换器模板设计中应考虑的内容很多,大致有以下几个部分:

1. 采样保持器

当所采集的信号变化很快时,为了保证数据不发生误码,一定要用采样保持器;当多个输入通道要同步采样时,也应采用采样保持器。

2. 输入跟随或信号放大处理

当信号源的负载能力较差时,如来的信号是安全栅的输出,建议在 A/D 器件以前加一级运放跟随来提高 A/D 转换通道的输入阻抗。当有小信号输入时,如毫伏或微伏信号,则需加放大电路,而且在设计放大电路时,还应考虑运放的输入失调电压等指标。

3. 多路模拟信号的切换技术

当有多路模拟信号输入时,应考虑选用何种模拟开关进行切换,并考虑模拟开关的导通电阻、开路电阻对信号源是否有影响。

4. 隔离技术

对可靠性要求很高,或环境很恶劣的应用场所,均应考虑信号的隔离技术。

5. A/D 的转换精度和速度

在设计 A/D 转换模板时,A/D 的转换精度必须满足系统指标的要求,同时转换速度也必须满足要求,宁快勿慢。

6. 参考基准电压

大多数 A/D 转换器件需外接基准电压。而基准电压的选取,直接关系到 A/D 转换的精度,它应与 A/D 的转换精度一起考虑,如温度系数、长期稳定性等。

4.4 人机接口

在过程计算机控制系统中,操作人员与计算机之间常常需要互通信息,操作人员需要了解过程中的工作参数、指标、结果等。在必要时,还要人工干预计算机的某些控制过程,如修改某些控制指标,选择控制算法,对过程重新组态等等。人-机接口是指操作人员与计算机之间互相交换信息的接口,通过这些接口,可以显示生产过程的状况,以供操作人员操作和显示操作结果。

4.4.1 键盘接口

键盘是一组按键或开关的集合,键盘接口向计算机提供被按键的代码。常用的键盘有两种:一种是编码键盘,自动提供被按键的编码(比如 ASCII 码或二进制编码);另一种是非编码键盘,仅仅简单地提供按键的通或断状态("0"或"1"),而按键的扫描和识别则由用户的键盘程序来实现。前者使用方便,但结构复杂,成本高;后者电路简单,便于用户自行设计。

1. 独立连接式键盘

这是最简单的一种键盘,每个键互相独立地接通一条数据线,也就是每个按键都作为一个独立数字量(开关量)输入。如图 4.31 所示,其中 K0～K3 为开关,K4～K7 为点动按钮,本书统称按键。任何一只键被按下,与之相连的输入数据线被置"0"(低电平);反之,断开键,该线为"1"(高电平)。采用并行输入方式,可利用位处理指令识别该键是否闭合。

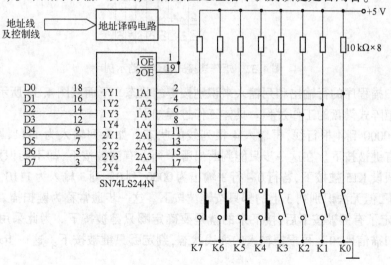

图 4.31 独立连接式键盘电路示例

常用的机械式按键,由于弹性触点的振动,按键闭合或断开时,将会产生抖动干扰。抖动干扰将会引起键盘扫描程序的误判断。为此,必须采用硬件或软件的方法来消除抖动干扰。硬件方法一般采用单稳态触发器或滤波器来消振,软件方法一般采用软件延时或重复扫描的方法,若多次扫描的状态皆相同,则认为此按键状态已稳定。

独立连接式键盘的优点是电路简单,因此适用于按键数较少的情况。其缺点是浪费电路,对于按键数较多的情况,应采用矩阵连接式键盘。

2. 矩阵连接式键盘

为了减少按键的输入线和简化电路,可将按键排列成矩阵式,如图4.32所示。在每条行线和列线的交义处,并不直接相连,而是通过一只按键来接通。采用这种矩阵结构只需 M 条行输出线和 N 条列输入线,就可以连接 MN 只按键。按照一个字节的输出和输入线,最多可以连接 8×8 只按键,为简便起见,图4.32仅画出了 4×4 只按键。

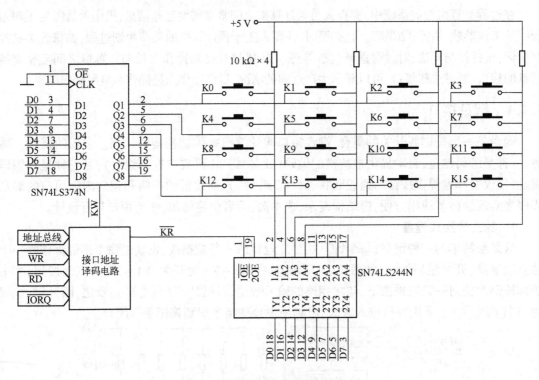

图4.32 矩阵连接式键盘电路示例

由键盘扫描程序的行输出和列输入来识别按键的状态。下面以图4.32所示的 4×4 键盘为例来说明矩阵式键盘的工作过程。具体工作过程如下:

① 输出 0000 到 4 根行线,再输入 4 根列线的状态。如果列输入为 1111,则无一键被按下;否则,则有键被按下。在这一步只能判断出哪个列上有键被按下,却不能识别具体是哪只键被按下。假设 K15 被按下,若行 0 ~ 行 3 输出为 0000,列 0 ~ 列 3 输入为 1110,只能判断列 3 上有键被按下,但无法识别列 3 上的哪只按键被按下。这一步通常称为键扫描。

② 在确定了有键被按下后,接下来的就是要确定哪只键被按下。为此采用行扫描法,即逐行输出行扫描信号"0",再根据输入的列线状态,判定哪只键被按下。这一步通常称为键识别。

行扫描过程如下：首先行 0 ~ 行 3 输出 0111，扫描行 0，此时输入列 0 ~ 列 3 的状态为 1111，表示被按键不在行 0；第二次行 0 ~ 行 3 输出 1011，扫描行 1，输入列 0 ~ 列 3 的状态仍为 1111；第三次行 0 ~ 行 3 输出 1101，扫描行 2，输入列 0 ~ 列 3 的状态仍为 1111；第四次行 0 ~ 行 3 输出 1110，扫描行 3，输入列 0 ~ 列 3 的状态为 1110；表示被按键在行 3 列 3 上，即按键 K15 被按下。

③ 确定被按键后，再根据该键的功能进行相应的处理，这一步通常称为键处理。

为了消除按键抖动干扰，可采用软件延时法来消除。在键盘扫描周期，每行重复扫描 n 次，如果 n 次的列输入状态相同，则表示按键已稳定。

3. 二进制编码键盘

二进制编码键盘是编码键盘的一种，二进制编码键盘的按键状态对应二进制数。二进制编码键盘可以通过优先级编码器来完成。

4. 智能式键盘

智能式键盘的特点是：在键盘的内部装有专门的微处理器，如 Intel8048 等，由这些微处理器来完成键盘开关矩阵的扫描、键盘扫描值的读取和键盘扫描值的发送。这样，键盘作为一个独立的输入设备就可以和主机脱离，仅仅依靠传输线（一般采用 5 芯电缆）和主机进行通信。下面以微机系统中增强型 101 键的扩展键盘为例，介绍智能式键盘的结构以及键盘扫描的发送。

（1）增强型扩展键盘的结构

增强型 101 键的扩展键盘被广泛应用于各种微机系统中，成为目前键盘的主流。它的按键开关均为无触电式的电容开关，属于非编码式键盘，即不是由硬件电路直接输出按键的编码，而是通过固化在单片机内的键盘扫描程序（用行列扫描法）来周期性地扫描键盘开关矩阵，识别出按键的位置，然后向系统的键盘接口电路发送该键的扫描码。

（2）键盘扫描码的发送

对智能式键盘来说，键盘内部的单片机根据按键的位置向主机接口发送的仅是该按键位置对应的键扫描码。当键按下时，输出的数据成为接通扫描码；当键松开时，输出的数据成为断开扫描码。

不同的键盘结构，其按键的接通扫描码和断开扫描码的格式是不同的。当用户对键盘操作时，按下某键又松开，则单片机先发送该键的接通扫描码，然后发送该键的断开扫描码。如对"J"键，则先发送 3BH，然后发送 F0H（断开扫描码的前缀字节），3BH。单片机发送的扫描码是从 DATA OUT 端输出到五芯插头的第 2 脚，并由 CLOCK OUT 端输出位同步时钟信号，此信号送到五芯插头的第 1 脚。安装在主板上的键盘接口电路即可按照这两个脚的信号同步串行接收数据。值得注意的是，这两个脚上的信号还可以来自主机，分别通过 REO IN 和 DATA IN 进入单片机，它们起到的作用主要是控制主机和键盘之间的通信。当键盘准备好发送数据时，首先检查 1 与 2 脚上的信号。如果 1 脚为低即禁止传送，这时单片机就把数据送键盘缓冲区内。这是一个先进先出的缓冲区，在单片机内，最多可存储 20 个字节数据。如果 1 脚为高但 2 脚为低，说明主机要向键盘发送数据，则单片机也要把数据存入键盘缓冲区，准备接收来自主机的数据。这些数据都是一些命令信息，包括复位、重新发送、启动、设置拍发速率、设置默认位、空操作等。只有在 1 脚和 2 脚均为高电平时，单片机才能发送数据。

五芯插头的第 4 脚和第 5 脚分别来自主机的地线和 + 5 V 电源线，而第 3 脚为复位信号

（有的键盘此引脚为空）。

4.4.2　显示器接口

在计算机系统中,显示器是人机信息交换的主要窗口。键盘输入的指令、程序和运算结果等都要通过它来显示。在实际工业控制计算机系统中,一般需要将计算机采集或处理中的信息动态地显示出来。常用的显示技术有指示灯方式、LED 方式、LCD（液晶显示）方式、模拟屏显示方式、图文显示方式,以及最近发展起来的新型薄膜晶体管 TFT 方式等。

1.　图形显示方式

常用的图形显示器有两种,CRT 显示器和平面显示器。CRT 显示方式是目前在工业控制计算机系统中应用最多,也是技术最成熟的图形显示技术。它由一个图形监视器和相应的控制电路组成。在工业计算机中,最常用的方式是插入一块 TVGA 图形控制卡来实现很强的图形显示功能。这种方式的特点是技术成熟、支持软件丰富、价格低廉,可以满足大部分工业控制现场的一般性需要。

当用户要求显示系统的分辨率很高,或者要求显示速度很快时,一般的 VGA/TVGA 卡就不能满足需要了。这时,应采用高性能的智能图形控制卡,加上高分辨率的显示器来实现。

智能图形卡含有图形显示控制器 GDC,它不同于 VGA/TVGA 用软件作图,而是接收处理机送来的图形命令并利用硬件完成作图任务。它具有丰富的画图命令,如点、线、矩形、多边形、圆、弧以及区域填充、拷贝、裁剪等操作。画图命令可直接使用 X-Y 坐标,画线、画图、填充的速度也大为提高,还有窗口功能等。智能图形卡一般可直接插入 PC 扩展槽中使用。

工业的智能图形终端一般设计指标很高,所以可以适应恶劣的工作环境。它本身是一个完整的计算机系统,带有自己的系统处理器、高性能的智能图形控制器和存储器,可以直接接收作图命令。它具有功能齐全的图形编辑功能,采用硬件作图方式,所以作图速度快,但终端与主机系统的接口是串口通信方式,通信速率低,限制了其性能的进一步发挥。由于智能图形终端的价格较高,一般用于专门的应用场合。

CRT 显示技术是目前使用最广泛的一种显示技术,监视器的尺寸可大可小,一般由用户根据需要进行选择,尺寸在 14～28 in 之间。由于工业 PC 机的兼容性,在图形电路方面,最常用的方法是在机箱插槽里插上一块 VGA/TVGA 卡来进行图形显示控制。在有特殊使用要求的情况下,可进一步采用专用的智能图形控制卡或专用图形终端设备。与其他显示方式相比,CRT 显示技术具有如下优点:

① 屏幕显示尺寸大;

② 图像分辨率高（一般达到 1024×1024 分辨率,最高可达到 2000×2000 或更高）;

③ 显示颜色丰富、逼真（基色 256 种,可扩展至 5600 种组合或更多）;

④ 显示和刷新速度快;

⑤ 图形清晰且亮度高;

⑥ 允许工作温度范围广（-10～+50℃）。

其缺点是体积与功耗较大,易受振动和冲击,容易受辐射线、磁场干扰,在恶劣工作场合需要采用特殊加固和屏蔽措施。

为了克服 CRT 显示器的一些缺点,近年来,新型的工业控制机中也成功地使用了 TFT（Thin Film Transistor）LCD 技术,做成高性能的平面显示一体机型。这种显示技术具有如下的特点：

① 体积小巧,耗电省;

② 可靠性高,寿命长;

③ 不易受振动、冲击和射线的干扰;

④ 操作温度范围为 0 ~ +45℃,相对湿度范围为 20% ~ 90%;

⑤ 颜色为 256 种基色,可扩展至 25600 种组合,一般光线情况下清晰度可满足要求。

这种平面显示型终端的分辨率一般为 1024 × 768,平面尺寸一般为 3.5 ~ 14.1 in。随着 TFT 技术的进一步发展,它的性能价格比会进一步提高,将会越来越多地被运用到工业控制计算机系统中。

2. 其他数字显示方式

对于一些专用系统,如小型的采集或控制监视系统,还会用到其他一些显示装置。常用的有 LED 八段显示器,可用来显示数字,其中七段构成一个"8"字形,通过点亮不同的字段来表示不同的数字,另一段用于表示小数点。这样,用多个八段显示器就可以实现多个数字组合;颜色有红、黄、绿等几种颜色可供选择。这种器件目前已形成系统化,具有体积小、可靠性高、亮度清晰等特点,已得到广泛应用。

液晶显示器(LCD)是一种显示器件,它是利用晶体分子受电场作用而影响照射在其上面的光线的散射方向,易形成各种图形或数字的原理制成的,其优点是工作电压和功耗低,结构简单。其最大缺点是显示清晰度和对比度与视角关系很大,在强光下显示亮度不够,影响了推广使用。

此外,还可利用 LED、指示灯和其他附属装置构成的大屏幕模拟显示等显示手段进行显示。

4.4.3 打印机接口

打印机是计算机系统中最常用的输出设备之一。打印机的种类很多,从它与计算机的连接方式来分,有并行接口打印机和串行接口打印机两种;从它的打印原理来分,有点阵式打印机、喷墨式打印机、激光式打印机、热敏式打印机、墨点式打印机、液晶快门式打印机和磁式打印机共七种;从打印的色彩分,有单色、双色、彩色打印机三种。在工业控制系统中已广泛采用了各种型号的打印机。除了打印生产过程中的各种记录数据和汇总报表供分析、保存之外,另外一个相当重要的作用是用于打印事故追忆信息。当发生报警时,也需要同时启动打印机,将报警信息打印出来供操作人员作事故分析之用。

目前,市场上可供选用的打印机品种很多。价格贵的高档彩色打印输出设备,可打印出颜色鲜艳、像素均匀的各种复杂图像来。点阵式打印机的价格一般较低,缺点是打印质量欠佳,噪声大;喷墨式打印机靠喷墨技术产生字符和图像,打印质量高,工作噪声低;激光式打印机的打印质量更高,成本也稍高;液晶快门式打印机的图像精度最高,是目前最先进的打印机。

4.4.4 其他人机接口

在计算机使用过程中,输入接口技术具有特殊的地位,因为操作者需要向计算机输入各种数据和操作命令,包括各种字符、数字和汉字。输入方式的不断改进,推动了计算机的不断普及使用。可以毫不夸张地说,正是输入技术的进步,特别是汉字输入技术的提高,才使我国的计算机使用得到了空前的推广。可见输入技术在人-机联系中的重要性,因此这方面的技术投入量很大,已有多种实用的输入手段投入市场。比较常用的有:键盘输入、光笔输入、光学字符扫描输入、声音识别输入和图像数字化输入等方式,以及各种触摸屏方式和鼠标点入方式。

在工业控制计算机系统中,最常用的输入方式还是以键盘、鼠标(轨迹球)和大有前途的触摸屏方式为主。键盘前面已经介绍过,现着重介绍鼠标和触摸屏。

1. 鼠标(轨迹球)

鼠标是近几年应用越来越广泛的输入设备之一。它有机械式、半光电式、光电式之分,具有操作简单、方便等优点。在图形输入、操作项目选择方面它比键盘输入更快捷和直观,特别在 Windows 环境下的应用软件,几乎都需要使用鼠标作为输入工具。因此,鼠标已成为与键盘并用的基本的输入手段。在工业控制计算机系统中,目前也已广泛使用。在过程检测报警、动态流程监测、画面显示、故障追踪等方面,使用鼠标(轨迹球)作为人-机交互工具是最方便不过的了。

2. 触摸屏

触摸屏输入技术是近年来发展起来的一种新技术。它是用户利用手指或其他介质直接与屏幕接触,进行相应的信息选择,并向计算机输入信息的一种输入设备。目前的主要产品可分为监视器与触摸屏一体式和分离式两种类型。系统由触摸检测装置和触摸屏控制卡两部分组成。触摸屏控制卡上有自己的 CPU 及固化的监控程序,它将触摸检测装置送来的位置信息转换成相关的坐标信息并传送给计算机,接收和执行计算机的指令。

从工作原理来分,触摸屏有五类产品。

(1) 电阻式触摸屏

触摸屏表面是一层胶,底层是玻璃,当中是两片导体,导体之间填满绝缘物。当电阻式触摸屏受到触碰时,其间的绝缘物被压力推开而导电。由于触碰点的电阻值发生了变化,使感测信号的电压值也随之变化,并将电压值转换成接触点的坐标值,使计算机能根据坐标来确定用户输入的信息是何种信息。这类触摸屏的优点是承受环境干扰能力强,缺点是透光性和手感较差。

(2) 电容式触摸屏

它是在一片玻璃表面贴上一层透明的特殊金属导电物质,当有导体触碰时就改变了四周的电容值,从而检测出触摸点的位置。这种触摸屏要求触碰介质必须是导电物质。由于电容量会随着接地、绝缘率的变化而变化,所以这类触摸屏的稳定性较差。

(3) 红外线式触摸屏

这类触摸屏的外框四周是红外线发射的接收感测元件,这些元件形成一个小型红外线探测网。任何物体伸入网区内都将使接触点的红外线特性发生改变,从而探测出触点的位置。这种触摸屏的响应速度快,不易受电流、电压、静电的干扰,比较适合在某些恶劣的环境中使用。但它要求使用时尽可能使触摸介质与触摸屏保持垂直,否则容易引起误判和误操作。

(4) 表面声波式触摸屏

它由计算机监视器发送一种高频声波跨越触摸屏表面,当手指触及屏幕时,屏幕表面上特定区域内的声波被阻止,从而引起声波衰减,依此来确定点坐标。这类装置的缺点是对气候变化十分敏感。

(5) 遥控力感式触摸屏

这类触摸屏由两块平行板和平行板间的多个传感器组成。传感器是由两片平行片组成的电容器。当屏幕上某位置被触摸时,传感器之间的距离会发生变化,从而引起平行片电容的变化,由电容量的变化值可确定触点的坐标值。遥控力感式触摸屏是最新的成果之一,它对触摸介质和环境因素均无限制,是一种较理想的方式,但目前的造价较高。

目前,国外在触摸屏方面发展较快,并已渗透到工业控制的各个领域。前面所介绍的一体化工控机 PANEL-PC 机已可与触摸屏相配套使用。

与传统的计算机输入技术相比,使用触摸屏对操作人员不需要进行任何培训,并有如下特点:

① 人机界面友好。在图形技术的支持下,可以设计出非常漂亮的触摸屏画面。与现在工业控制系统中广泛使用的标准键盘和触摸式键盘相比,触摸屏能根据操作人员输入的不同信息,变换不同的控制信息界面,使人机对话更加明了和直接,更容易被操作人员,尤其是未经培训的使用者所接受。

② 简化信息输入设备。目前在生产配料、生产流程控制方面大多使用键盘和控制台作为人机对话的工具。使用触摸屏可以简化信息输入设备。一个庞大的工业控制台,经过适当的改造以后,仅用一台触摸屏即可代替。

③ 便于系统维护和改造。对传统的计算机控制台方式来说,如需对系统进行某些功能方面的改造,就需同时改造控制台。然而,触摸屏只需根据系统的改变进行相应的界面调整。此外,触摸屏采用标准的接口,维护也很方便。

目前,触摸屏在可靠性方面还有待进一步改进,所以现在还难以在气候条件恶劣的环境下使用,还只能在环境条件相对稳定的控制室或办公室环境中使用。另外,现今的触摸屏还难以做到标准键盘那样的定位输入,所以也不适合于用作绘图程序的输入设备。但目前触摸屏在美观、实用、操作简单方面的优势已十分明显,反应速度也能满足要求。此外,触摸屏在简化控制设备方面的潜力也是很大的。随着触摸屏技术及其制造工艺的不断进步,其可靠性必定会得到迅速提高,在工业控制领域中的应用也必会得到进一步普及。

习题

1. 什么是过程通道? 过程通道由哪几部分组成?
2. 画出数字量输入输出通道的结构。
3. 在数字量输入调理电路中,采用积分电容或 RS 触发器是如何消除按键抖动的?
4. 数字量输出驱动电路有哪三种形式? 各有什么特点?
5. 画出 D/A 转换器原理框图,并说明 D/A 转换的原理。
6. D/A 转换器接口的隔离技术有哪两种? 说明每种隔离技术的特点。
7. 列出三种 A/D 转换器的实现方法,并加以说明。
8. A/D 转换器的外围电路有哪些? 并说明每种电路的功能。
9. 说明矩阵式键盘的工作原理。

第5章　数据处理与控制策略

计算机控制系统的设计,是指在给定系统性能指标的条件下,设计出控制器的控制规律和相应的数字控制算法。对数字控制器的设计一般有连续化设计和离散化设计两类。

计算机控制系统在工业现场使用时,通过输入通道采集的各种生产过程参数可能混杂了干扰噪声,这些噪声会影响系统的运行,导致控制失灵。计算机系统的抗干扰不可能完全依靠硬件解决,一般需要进行数字滤波,并且还需根据实际需要用数据处理技术对数据进行预处理。

数控技术和运动控制装备是制造工业现代化的重要基础。这个基础是否牢固直接影响到一个国家的经济发展和综合国力,关系到一个国家的战略地位。目前世界上各工业发达国家均采取重大措施来发展自己的数控技术及其相关产业。

计算机控制系统中的控制策略是指基于控制理论、在被控对象数学模型或操作人员的先验知识基础上设计并用计算机软件实现的数字控制器或某种控制算法。早期的工业过程控制系统受经典控制理论和常规仪表的限制,难以处理工业过程中存在的时变、非线性、强耦合和不确定性等复杂情况,一般采用常规 PID 控制器进行控制,其控制目标是保证生产的基本平稳和安全运行。随着工业现代化发展中提出的高效益、高柔性控制的综合要求,常规控制已不能满足新的控制要求,各种新型的过程控制策略(Advanced Process Control,简称 APC)应运而生,在工业过程控制中得到许多成功的应用。

5.1　数字控制器的设计技术

大多数计算机控制系统是由处理数字信号的过程控制计算机和连续的被控过程组成的数字信号与连续信号并存的"混合系统",由此产生了下面两种对过程计算机控制系统的数字控制器的分析和设计方法。

5.1.1　数字控制器的连续化设计技术

数字控制器的连续化设计是指忽略控制回路中所有的零阶保持器和采样器,在 S 域中按连续系统进行设计,然后通过某种近似将连续控制器离散化为数字控制器,并由计算机来实现。

在图 5.1 所示的计算机控制系统中,$G(s)$ 是被控对象的传递函数,$H(s)$ 是零阶保持器,$D(z)$ 是数字控制器。现在的设计问题是:如何根据已知的系统性能指标和 $G(s)$ 来设计出数字控制器 $D(z)$。

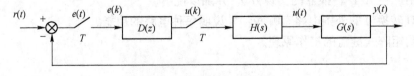

图 5.1　计算机控制系统结构图

下面介绍数字控制器的连续化设计步骤。

1. 设计假想的连续控制器

采用连续系统的设计方法(如频率特性法、根轨迹法等)设计出假想的连续控制器 $D(s)$,如图5.2所示。

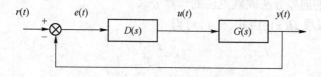

图5.2 假想的连续控制系统结构图

2. 选择采样周期 T

根据采样定理,采样周期 $T \leq \pi / \omega_{max}$。由于被控对象的物理过程及参数的变化比较复杂,致使模拟信号的最高角频率 ω_{max} 很难确定。采样定理仅从理论上给出了采样周期的上限,实际采样周期的选择要受到多方面因素的制约。

① 从系统控制品质的要求来看,希望采样周期取得小些,这样接近于连续控制,不仅控制效果好,而且可采用模拟PID控制参数的整定方法;

② 从执行机构的特性来看,由于执行机构的响应速度较低,如果采样周期过短,执行机构来不及响应,所以采样周期不能过短;

③ 从控制系统抗干扰和快速响应的要求出发,采样周期应尽量短;

④ 从计算工作量来看,则希望采样周期长些;

⑤ 从计算机的成本考虑,采样周期应尽量长;

⑥ 采样周期的选取,还应考虑控制对象的时间常数 T_p 和纯滞后时间 τ,当 $\tau < 0.5T_p$ 时,可选 $T = 0.1 \sim 0.2T_p$;当 $\tau > 0.5T_p$ 时,可选 $T = \tau$。

由上述分析可知,采样周期的选择,应全面考虑。

3. 将 $D(s)$ 离散化为 $D(z)$

将连续系统离散化的方法有很多,如双线性变换法、后向差分法、前向差分法、冲击响应不变法、零极点匹配法、零阶保持法等。在这里,主要介绍常用的双线性变换法、后向差分法和前向差分法。

(1)双线性变换法

由 Z 变换的定义可知,$z = e^{sT}$,利用级数展开可得

$$z = e^{sT} = \frac{e^{\frac{sT}{2}}}{e^{-\frac{sT}{2}}} = \frac{1 + \frac{sT}{2} + \cdots}{1 - \frac{sT}{2} + \cdots} \approx \frac{1 + \frac{sT}{2}}{1 - \frac{sT}{2}} \qquad (5.1)$$

式(5.1)称为双线性变换或塔斯廷(Tustin)近似。

为了由 $D(s)$ 求解 $D(z)$,由式(5.1)得

$$s = \frac{2z - 2}{Tz + T} \qquad (5.2)$$

且有

$$D(z) = D(s) \Big|_{s = \frac{2z-2}{Tz+T}} \qquad (5.3)$$

式(5.3)就是利用双线性变换法由 $D(s)$ 求取 $D(z)$ 的计算公式。

(2) 前向差分法

利用级数展开可将 $z = e^{sT}$ 写成以下形式：

$$z = e^{sT} = 1 + sT + \cdots \approx 1 + sT \tag{5.4}$$

式(5.4)称为前向差分法或欧拉法的计算公式。

为了由 $D(s)$ 求取 $D(z)$，由式(5.4)可得

$$s = \frac{z-1}{T} \tag{5.5}$$

且

$$D(z) = D(s) \Big|_{s = \frac{z-1}{T}} \tag{5.6}$$

式(5.6)便是前向差分法由 $D(s)$ 求取 $D(z)$ 的计算公式。

(3) 后向差分法

利用级数展开可将 $z = e^{sT}$ 写成以下形式：

$$z = e^{sT} = \frac{1}{e^{-sT}} \approx \frac{1}{1 - sT} \tag{5.7}$$

为了由 $D(s)$ 求取 $D(z)$，由上式可得

$$s = \frac{z-1}{Tz} \tag{5.8}$$

且

$$D(z) = D(s) \Big|_{s = \frac{z-1}{Tz}} \tag{5.9}$$

式(5.9)便是后向差分法由 $D(s)$ 求取 $D(z)$ 的计算公式。

4. 设计由计算机实现的控制算法

设数字控制器 $D(z)$ 的一般形式为

$$D(z) = \frac{u(z)}{E(z)} = \frac{b_0 + b_1 z^{-1} + \cdots + b_m z^{-m}}{1 + a_1 z^{-1} + \cdots + a_n z^{-n}} \tag{5.10}$$

式中 $n \geqslant m$，各系数 a_i, b_i 为实数，且有 n 个极点和 m 个零点。

式(5.10)可改写为

$$u(z) = (-a_1 z^{-1} - a_2 z^{-2} - \cdots - a_n z^{-n})u(z) + (b_0 + b_1 z^{-1} + \cdots + b_m z^{-m})E(z)$$

上式用时域表示为

$$u(k) = -a_1 u(k-1) - a_2 u(k-2) - \cdots - a_n u(k-n) + b_0 e(k) + b_1 e(k-1) + \cdots + b_m e(k-m)$$
$$\tag{5.11}$$

利用式(5.11)即可实现计算机编程，因此式(5.11)称为数字控制器 $D(z)$ 的控制算法。

5. 校验

控制器 $D(z)$ 设计完成并求出控制算法后，需要检验其闭环特性是否符合设计要求，可采用数字仿真来验证，若满足设计要求，设计结束，否则应修改设计。

5.1.2 数字控制器的离散化设计技术

数字控制器的连续化设计，是立足于连续控制系统控制器，然后在计算机上进行数字模拟

来实现的一种设计技术。在被控对象的特性不太清楚的情况下，人们可以充分利用技术成熟的连续化设计技术（如 PID 控制器设计技术），以达到满意的控制效果。但是连续化设计技术要求相当短的采样周期，因此只能实现较简单的控制算法。由于控制任务的需要，当所选择的采样周期比较大或对控制质量要求比较高时，必须从被控对象的特性出发，直接根据计算机控制理论（采样控制理论）来设计数字控制器，这类方法称为离散化设计方法。离散化设计技术比连续化设计技术更具有一般意义，它完全是根据采样控制系统的特点进行分析和综合，并导出相应的控制规律和算法。

在图 5.1 所示的计算机控制系统框图中，$G(s)$ 是被控对象的连续传递函数，$D(z)$ 是数字控制器的脉冲传递函数，$H(s)$ 是零阶保持器的传递函数，T 是采样周期。

在图中，定义广义对象的脉冲传递函数为

$$G(z) = \frac{B(z)}{A(z)} Z[H(s)G(s)] = Z\left[\frac{1 - \mathrm{e}^{-Ts}}{S} G(s)\right] \tag{5.12}$$

可得图 5.1 对应的闭环脉冲传递函数为

$$\Phi(z) = \frac{D(z)G(z)}{1 + D(z)G(z)} \tag{5.13}$$

由上式求得

$$D(z) = \frac{1}{G(z)} \cdot \frac{\Phi(z)}{1 - \Phi(z)} \tag{5.14}$$

若已知 $G_c(s)$ 且可根据控制系统性能指标要求构造 $\Phi(z)$，则可由式（5.12）和式（5.14）求得 $D(z)$。由此可得出数字控制器的离散化设计步骤如下：

① 根据控制系统性能指标要求和其他约束条件，确定所需闭环脉冲传递函数 $\Phi(z)$；

② 根据式（5.12）求广义对象的脉冲传递函数 $G(z)$；

③ 根据式（5.14）求数字控制器的脉冲传递函数 $D(z)$；

④ 根据 $D(z)$ 求取控制算法的递推计算公式。

由 $D(z)$ 求取控制算法可按以下方法实现：

设数字控制器 $D(z)$ 的一般形式为

$$D(z) = \frac{U(z)}{E(z)} = \frac{\sum\limits_{i=0}^{m} b_i z^{-i}}{1 + \sum\limits_{i=0}^{n} a_i z^{-i}} \quad (n \geqslant m) \tag{5.15}$$

数字控制器的输出 $U(z)$ 为

$$U(z) = \sum\limits_{i=0}^{m} b_i z^{-i} E(Z) - \sum\limits_{i=0}^{n} a_i Z^{-i} U(z) \tag{5.16}$$

因此，数字控制器 $D(z)$ 的计算机控制算法为

$$u(k) = \sum\limits_{i=0}^{m} b_i e(k-i) - \sum\limits_{i=0}^{n} a_i u(k-i) \tag{5.17}$$

按照式（5.17）就可编写出控制算法程序。

需要指出的是，不管是按连续系统进行控制系统设计还是按离散系统进行控制系统设计，都可采用基于经典控制理论的常规控制策略或基于现代控制理论的先进控制策略，采用哪种控制策略往往与被控对象的过程特点、得到的数学模型以及对系统的控制精度要求有关，与采

用哪种方法无直接关系。

5.2　数字滤波和数据处理

在计算机控制系统中,由于被控对象所处的环境比较恶劣,常存在各种干扰源,如环境温度、电场、磁场等,这些干扰源可能会使测量信号偏离真实值;另外计算机控制系统信号的输入是每隔一个采样周期断续地进行的,如将事物的温度、压力、流量等属性通过一定的转换技术将其转换为电信号,然后再将电信号转换为数字化的数据,在多次转换中由于转换技术的客观原因或主观原因造成采样数据中掺杂了少量的噪声数据,影响了最终数据的准确性。

为了减小噪声对数据结果的影响,除了采用更加科学的采样技术外,我们还要采用一些必要的技术手段对原始数据进行整理、统计,数字滤波技术是最基本的处理方法,它可以剔除数据中的噪声,提高数据的代表性。

数字滤波是指在计算机中利用某种计算方法对原始输入数据进行数学处理,去掉原始数据中掺杂的噪声数据,提高信号的真实性,获得最具有代表性的数据集合。随着数字化技术的发展,数字滤波技术已成为数字化仪表和计算机在数据采集中的关键性技术。

通过数字滤波得到的比较真实的被测参数,有时不能直接使用,还需要做某些处理。例如合理性判别、孔板流量计差压信号进行开平方运算、流量信号的温度和压力补偿、热电偶信号的线性化处理等。

5.2.1　数字滤波

这里所说的数字滤波技术是指在软件中对采集到的数据进行消除干扰的处理。一般来说,除了在硬件中对信号采取抗干扰措施之外,还要在软件中进行数字滤波的处理,以进一步消除附加在数据中的各式各样的干扰,使采集到的数据能够真实地反映现场的工艺实际情况。

采用数字滤波的优点一是不需要增加硬件设备,只需在计算机得到采样数据之后,执行一段根据预定滤波算法编制的程序即可达到滤波的目的;优点二是数字滤波稳定性好,一种滤波程序可以反复调用,使用方便灵活。因此,数字滤波技术在计算机控制系统获得了广泛应用。这里介绍几种常用的数字滤波方法。

1. 平均值滤波法

（1）算术平均值滤波

算术平均值滤波就是对某一被测参数连续采样多次,计算其算术平均值作为该点采样结果。这种方法可以减少系统的随机干扰对采集结果的影响。实质是对采样数据 $y(i)$ 的 m 次测量值进行算术平均,作为时刻 kT 的有效输出采样值 $\overline{y(k)}$,即

$$\overline{y(k)} = \frac{1}{m} \sum_{i=0}^{m-1} y(k-i) \tag{5.18}$$

m 值决定了信号平滑度和灵敏度。随着 m 的增大,平滑度提高,灵敏度降低。应视具体情况选取 m,以便得到满意的滤波效果。为方便求平均值,m 值一般取 2、4、8、16 之类的 2 的整数幂,以使用移位来代替除法。通常流量信号取 8 项或 16 项,压力取 4 项或 8 项,温度、成分等缓慢变化的信号取 2 项。

这种方法可以有效地消除周期性的干扰。同样这种方法可以进行推广,为连续几个周期

进行平均。为提高运算速度,可以利用上次运算结果$\overline{y(k)}$,通过递推平均滤波算式

$$\overline{y(k)} = \overline{y(k-1)} + \frac{y(k)}{m} - \frac{y(k-m)}{m} \tag{5.19}$$

得到当前采样时刻的递推平均值。

(2)加权平均值滤波

由(5.18)式可以看出,算术平均值滤波法对每次采样值给出相同的加权系数,即$1/m$,实际上有些场合需要增加新采样值在平均值中的比例,这时可采用加权平均值滤波法,其算式为

$$\overline{y(k)} = \sum_{i=0}^{m-1} a_i y(k-i) \tag{5.20}$$

式中,a_i为加权系数,且满足$0 \leqslant a_i \leqslant 1$,$\sum_{i=0}^{m-1} a_i = 1$。加权系数体现了各次采样值在平均值中所占的比例,可以根据具体情况决定,一般采样次数越靠后,取得的数越大,通过合理地选择a_i,可以获得更好的滤波效果。

这种滤波方法可以根据需要突出信号的某一部分,抑制信号的另一部分,适用于纯滞后较大、采样周期短的过程。为了提高运算速度,也可以改进为加权递推平均值滤波方法。

平均值滤波方法主要用于对压力、流量等周期性的采样值进行平滑加工,但对偶然出现的脉冲性干扰的平滑作用尚不理想,因而不适用于脉冲性干扰比较严重的场合。

2. 中值滤波法

所谓中值滤波,就是对某一参数连续采样n次(一般取n为奇数),然后把n次的采样值从小到大或从大到小排队,再取中间值作为本次采样值。

中值滤波对于去掉由于偶然因素引起的波动或采样器不稳定造成的误差所引起的脉动干扰比较有效。若变量变化比较慢,则采用中值滤波效果比较好,但对快速变化的参数(如流量),则不宜采用。

在实际使用时,n的值要选择适当。n过小,可能起不到去除干扰的作用;n过大,会造成采样数据的时延过大,造成系统性能变差。一般取n为3~5次。

如果将平均值滤波和中值滤波结合起来使用,滤波效果会更好。方法是连续采样n次,并按大小排序,从首尾各舍掉1/3个大数和小数,再将剩余的1/3个大小居中的数据进行算术平均,作为本次采样的有效数据;亦可去掉采样值中的最大值和最小值,将余下$(n-2)$个采样值算术平均。

3. 惯性滤波法

前面介绍的方法基本上属于静态滤波,主要适用于变化过程比较快的参数,如压力、流量等。对于慢速随机变量,则采用短时间内连续采样取平均值的方法,其滤波效果不够理想。

为提高滤波效果,可以仿照模拟系统RC低通滤波器的方法,将普通硬件RC低通滤波器的微分方程用差分方程来表示,用软件算法来模拟硬件滤波器的功能。

典型RC低通滤波器的动态方程为

$$T_{\mathrm{f}} \frac{\mathrm{d}y}{\mathrm{d}t} + y = x \tag{5.21}$$

式中,$T_{\mathrm{f}} = RC$,称为滤波器时间常数,x是测量值,y是经滤波后的测量值。式(5.21)离散化可得低通滤波算法为

$$y(k) = ay(k-1) + (1-a)x(k) \tag{5.22}$$

式中,$a = T_f / (T_f + T)$,且 $0 < a < 1$,称为滤波系数。当 $a \to 1$ 时,相当于不采用当前测量值,当前输出等于前一步输出值,新测量信号完全滤掉;当 $a \to 0$ 时,当前输出值 $y(k)$ 等于测量值 $x(k)$,相当于不滤波。通常选择 $0 < a < 1$,滤波后的数值与当前测量值及前一步滤波值有关。

该种滤波方法模拟了具有较大惯性的低通滤波功能,主要适用于高频和低频的干扰信号。

4. 程序判断滤波

经验说明,许多物理量的变化都需要一定的时间,相邻两次采样值之间的变化有一定的限度。程序判断滤波的方法是:根据生产经验,确定两次采样输入信号可能出现的最大偏差 Δy。若超过此偏差值,则表明该输入信号是干扰信号,应该去掉;如小于此偏差值,则可以将信号作为本次采样值。

程序判断滤波适用于采样信号由于随机干扰,如大功率用电设备启动或停止,造成电流的尖峰干扰或误检测的情况。也适用于变送器不稳定而引起严重失真,使得采样数据偏离实际值较远的情况。程序判断滤波一般分两种。

(1) 限幅滤波

限幅滤波是把两次相邻的采样值相减,求出其增量(以绝对值表示),然后与两次采样允许的最大偏差 Δy_0 比较,若小于或等于 Δy_0 取本次采样值,若大于 Δy_0 仍取上次采样值。即

$$|y(k) - y(k-1)| \begin{cases} \leq \Delta y_0, & \text{则 } y(k) = y(k) \\ > \Delta y_0, & \text{则 } y(k) = y(k-1) \end{cases} \tag{5.23}$$

Δy_0 是可供选择的常数,应视被调量变化速度而定,一般按输入信号最大可能变化速度 V_f 及采样周期 T 来决定,即 $\Delta y_0 = V_f T$。因此,一定要按照实际情况来确定 Δy_0,否则非但达不到滤波效果,反而会降低控制品质。

(2) 限速滤波

限幅滤波是用两次采样值来决定采样的结果,而限速滤波最多可用三次采样值来决定采样结果。其方法是:当 $|y(k) - y(k-1)| > \Delta y_0$ 时,不是像限幅滤波那样,用 $y(k-1)$ 作为本次采样值,而是再采样一次,取得 $y(k+1)$,然后根据 $|y(k+1) - y(k)|$ 与 Δy 的大小关系来决定本次采样值。具体判别如下:

$$|y(k) - y(k-1)| \begin{cases} \leq \Delta y_0, \text{则 } y(k) = y(k) \\ > \Delta y_0, \text{取样 } y(k+1) \end{cases}$$

取得 $y(k+1)$ 后,再进行判别,即

$$|y(k+1) - y(k)| \begin{cases} \leq \Delta y_0, \text{则 } y(k+1) = y(k+1) \\ > \Delta y_0, \text{则 } y(k+1) = \dfrac{y(k) + y(k+1)}{2} \end{cases} \tag{5.24}$$

限速滤波是一种折衷的方法,既照顾了采样的实时性,又顾及了采样值变化的连续性。

各种数字化滤波算法各有优缺点,在实际应用中要根据情况将其有机地结合起来,为数据处理选择一种最优的滤波算法,保证数据准确、快速地反映被检测对象的实际,为生产管理提供有效的数据。

在实际使用时,可能不仅仅使用一种方法,而是综合运用上述的方法,比如在中值滤波法中,加入平均值滤波,借以提高滤波的性能。总而言之,要根据现场的情况,灵活选用。

在计算机应用高度普及的今天不断有许多新的滤波方法出现,如众数滤波、移动滤波、复

合滤波等,限于篇幅,本书不作详细介绍。

5.2.2　数据处理

在数据采集和处理系统中,计算机通过数字滤波方法可以获得有关现场的比较真实的被测参数,但此信号有时不能直接使用,需要进一步数学处理或给用户特别提示。

1. 线性化处理

计算机从模拟量输入通道得到的检测信号与该信号所代表的物理量之间不一定成线性关系。例如,差压变送器输出的孔板差压信号同实际的流量之间成平方根关系;热电偶的热电势与其所测温度之间是非线性关系等。而希望计算机内部参与运算与控制的二进制数与被测参数之间成线性关系,这样既便于运算又便于数字显示,因此还须对数据做线性化处理。

在常规自动化仪表中,常引入"线性化器"来补偿其他环节的非线性,如二极管阵列、运算放大器等,都属于硬件补偿,这些补偿方法一般精度不太高。在计算机数据处理系统中,用计算机进行非线性补偿,方法灵活,精度高。常用的补偿方法有计算法、插值法、折线法。

(1) 计算法

当参数间的非线性关系可以用数学方程来表示时,计算机可按公式进行计算,完成非线性补偿。在过程控制中较为常见的两个非线性关系是差压与流量、温度与热电势。

用孔板测量气体或液体流量,差压变送器输出的孔板差压信号 ΔP 同实际流量 F 之间呈平方根关系,即

$$F = k \sqrt{\Delta P} \tag{5.25}$$

式中,k 是流量系数。

用数值分析方法计算平方根,可采用牛顿迭代法,设 $y = \sqrt{x}(x > 0)$,则

$$y(k) = \frac{1}{2}\left[y(k-1) + \frac{x}{y(k-1)}\right] \tag{5.26}$$

热电偶的热电势同所测温度之间也是非线性关系。例如,镍铬 - 镍铝热电偶在 $400 \sim 1000℃$ 范围内,可按下式求温度

$$T = a_4 E^4 + a_3 E^3 + a_2 E^2 + a_1 E + a_0 \tag{5.27}$$

式中,E 为热电势(单位 mV),T 为温度(单位℃),$a_0 = -2.4707112 \times 10$,$a_1 = 2.9465633 \times 10$,$a_2 = -23.1332620 \times 10^{-1}$,$a_3 = 6.507517 \times 10^{-3}$,$a_4 = -3.9663834 \times 10^{-5}$。

式(5.27)可以写成

$$T = \{[(a_4 E + a_3)E + a_2]E + a_1\}E + a_0 \tag{5.28}$$

可用上式将非线性化的关系分成多个线性化的式子来实现。

(2) 插值法

计算机非线性处理应用最多的方法就是插值法。其实质是找出一种简单的、便于计算处理的近似表达式代替非线性参数。用这种方法得到的公式叫做插值公式。常用的插值公式有多项式插值公式、拉格朗日插值公式、线性插值公式等,这里只介绍第一种。

假设已知函数 $y = f(x)$ 在 $n + 1$ 各相异点 $a < X_0 < X_1 < \cdots < X_n = b$ 处的函数值为

$$f(X_0) = f_0, f(X_1) = f_1, \cdots, f(X_n) = f_n$$

希望找到一种插值函数 $P_n(X)$,使其最大限度地逼近 $f(x)$,并且在 $X_i (i = 0 \sim n)$ 处与 $f(X_i)$ 相等,则函数 $P_n(X)$ 被称为 $f(X)$ 的插值函数,X_i 被称为插值点。

插值函数 $P_n(X)$ 可用一个 n 次多项式来表示,即

$$P_n(X) = C_n X^n + C_{n-1} X^{n-1} + \cdots + C_1 X + C_0 \qquad (5.29)$$

作为所求的近似表达式,使其满足条件:$P_n(X_i) = f_i, i = 0, 1, 2, \cdots, n$。

多项式系数 $C_0, C_1, \cdots, C_n$ 应满足下列方程组:

$$\begin{cases} C_n X_0^n + C_{n-1} X_0^{n-1} + \cdots + C_0 = f_0 \\ C_n X_1^n + C_{n-1} X_1^{n-1} + \cdots + C_0 = f_1 \\ \vdots \\ C_n X_n^n + C_{n-1} X_n^{n-1} + \cdots + C_0 = f_n \end{cases} \qquad (5.30)$$

由式(5.30)可以求解系数 $C_0, C_1, \cdots, C_n$,将其回代入式(5.29)即可求出近似值。式(5.29)称为函数 $f(X)$ 以 $X_0, X_1, \cdots, X_n$ 为基点的插值多项式。

(3) 折线法

上述两种方法都可能会带来大量运算,对于小型工控机来说,占用内存比较大,为简单起见,可以分段进行线性化,即用多段折线代替曲线。

线性化过程是:首先判断测量数据处于哪一折线段内,然后按相应段的线性化公式计算出线性值。折线段的分法并不是惟一的,可以视具体情况和要求来定。当然,折线段数越多,线性化精度越高,软件的开销也就相应增加。

此外,还可将非线性关系转化为表格形式存在计算机内,在线的工作量仅仅是根据采样值查表获得相应结果。

2. 校正运算

有时来自被控对象的某些检测信号与真实值有偏差,这时需要对这些检测信号进行补偿,力求补偿后的检测值能反映真实情况。

例如,用孔板测量气体的体积流量,当被测气体的温度和压力与设计的基准温度和基准压力不同时,必须对式(5.25)计算出的流量 F 进行温度、压力补偿。一种简单的补偿公式为

$$F_0 = F \sqrt{\frac{T_0 P_1}{T_1 P_0}} \qquad (5.31)$$

式中,T_0 为设计孔板的基准绝对温度,P_0 为设计孔板的基准绝对压力,T_1 为被测气体的实际绝对温度,P_1 为被测气体的实际绝对压力。

3. 标度变换

在计算机控制系统中,生产中的各个参数都有不同的数值和量纲,如压力的单位为 Pa,流量的单位为 m^3/h,温度的单位为 $^\circ C$ 等等。这些参数都经过变送器转换成 A/D 转换器能接收的 $0 \sim 5V$ 电压信号,又由 A/D 转换成 $00 \sim FFH$(8 位)的数字量,它们不再是带量纲的参数值,而是仅代表参数值的相对大小。为方便操作人员操作以及满足一些运算、显示和打印的要求,必须把这些数字量转换成带有量纲的数值,这就是所谓的标度变换。标度变换有不同的类型,它取决于被测参数传感器的类型,设计时应根据实际情况选择适当的标度变换方法。

(1) 线性参数标度变换

所谓线性参数,指一次仪表测量值与 A/D 转换结果具有线性关系,或者说一次仪表是线性刻度的。其标度变换公式为:

$$A_x = A_0 + (A_m - A_0) \frac{N_x - N_0}{N_m - N_0} \qquad (5.32)$$

式中,A_0 为一次测量仪表的下限,A_m 为一次测量仪表的上限,A_x 为实际测量值(工程量),N_0 为仪表下限对应的数字量,N_m 为仪表上限对应的数字量,N_x 为测量值所对应的数字量。

其中,A_0,A_m,N_0,N_m 对于某一个固定的被测参数来说是常数,不同的参数有不同的值。为使程序简单,一般把被测参数的起点 A_0(输入信号为 0)所对应的 A/D 输出值为 0,即 $N_0 = 0$,这样式(5.32)可化为

$$A_x = \frac{N_x}{N_m}(A_m - A_0) + A_0 \tag{5.33}$$

有时,工程量的实际值还需经过一次变换,如电压测量值是电压互感器的二次测量的电压,与一次测量的电压还有一个互感器的变比问题,这时上式应再乘上一个比例系数:

$$A_x = k\left[\frac{N_x}{N_m}(A_m - A_0) + A_0\right] \tag{5.34}$$

例如,某热处理炉温度测量仪表的量程为 $200 \sim 1000\,^\circ\!\text{C}$,在某一时刻计算机采样并经数字滤波后的数字量为 0CDH,设仪表量程为线性的,可以按照上述方法求出此时的温度值。

由前叙述可知,$A_0 = 200\,^\circ\!\text{C}$,$A_m = 1000\,^\circ\!\text{C}$,$N_x = \text{0CDH} = (205)_D$,$N_m = \text{0FFH} = (255)_D$,根据式(5.33)可得此时温度为:

$$A_x = \frac{N_x}{N_m}(A_m - A_0) + A_0 = \left[\frac{205}{255}(1000 - 200) + 200\right]\,^\circ\!\text{C} = 843\,^\circ\!\text{C}$$

在计算机控制系统中,为了实现上述转换,可把它设计成专门的子程序,把各个不同参数所对应的 A_0,A_m,N_0,N_m 存放在存储器中,然后当某一参数要进行标度变换时,只要调用标度变换子程序即可。

(2)非线性参数标度变换

在过程控制中,最常见的非线性关系是差压变送器信号 ΔP 与流量 F 的关系,见式(5.25),据此,可得测量流量时的标度变换式为

$$\frac{G_x - G_0}{G_m - G_0} = \frac{k\sqrt{N_x} - k\sqrt{N_0}}{k\sqrt{N_m} - k\sqrt{N_0}}$$

即

$$G_x = \frac{\sqrt{N_x} - \sqrt{N_0}}{\sqrt{N_m} - \sqrt{N_0}}(G_m - G_0) + G_0 \tag{5.35}$$

式中,G_0 为流量仪表下限值,G_m 为流量仪表上限值,G_x 为被测量的流量值,N_0 为差压变送器下限所对应的数字量,N_m 为差压变送器上限所对应的数字量,N_x 为差压变送器所测得的差压值(数字量)。

4. 越限报警处理

在计算机控制系统中,为了安全生产,对于一些重要的参数或系统部位,都设有上、下限检查及报警系统,以便提醒操作人员注意或采取相应的措施。其方法就是把计算机采集的数据经计算机进行数据处理、数字滤波、标度变换之后,与该参数上、下限给定值进行比较。如果高于(或低于)上限(或下限),则进行报警,否则就作为采样的正常值,以便进行显示和控制。例如,锅炉水位自动调节系统中,水位的高低是非常重要的参数,水位太高将影响蒸汽的产量,水位太低则有爆炸的危险,所以要作越限报警处理。

报警系统一般为声光报警信号,灯光多采用发光二极管(LED)或白炽灯光等,声响则多为

电铃、电笛等。有些地方也采用闪光报警的方法,即使报警的灯光(或声音)按一定的频率闪烁(或发声)。在某些系统中还需要增加一些功能,如记下报警的参数、时间、打印输出、自动处理(自动切换到手动、切断阀门、打开阀门)等。

报警程序的设计方法主要有两种。一种是全软件报警程序,这种方法的基本做法是把被测参数,如温度、压力、流量、速度、成分等,经传感器、变送器、A/D 转换器送入计算机后,再与规定的上、下限值进行比较,根据比较的结果进行报警或处理,整个过程都由软件实现。另一种是直接报警程序,这种方法是采用硬件申请中断的方法,直接将报警模型送到报警口中。这种报警方法的前提条件是被测参数与给定值的比较是在传感器中进行的。

5. 死区处理

从工业现场采集到的信号往往会在一定的范围内不断地波动,或者说有频率较高、能量不大的干扰叠加在信号上,这种情况往往出现在应用工控板卡的场合,此时采集到的数据有效值的最后一位不停地波动,难以稳定。这种情况下可以把不停波动的值进行死区处理,只有当变化超出某值时才认为该值发生了变化。比如编程时可以先对数据除以 10,然后取整,去掉波动项。

上面介绍的只是一些有关计算机控制系统中数据处理的最常用的知识,在实际应用中,还必须根据具体情况作具体的分析和应用。

5.3 数控技术基础

数控技术和数控设备是制造工业现代化的重要基础。因此,世界上各工业发达国家均采取重大措施来发展自己的数控技术及其产业。在我国,数控技术与装备的发展亦得到了高度重视。特别是在通用微机数控领域,以 PC 平台为基础的国产数控系统,已经走在了世界前列。但是,我国在数控技术研究和产业发展方面也存在不少问题,特别是在技术创新能力、商品化进程、市场占有率等方面尤为突出。如何有效解决这些问题,是数控研究开发部门和生产厂家所面临的重要任务。

5.3.1 概述

数字控制(Numerical Control,NC)是近代发展起来的一种自动控制技术,国家标准(GB 8129—1987)定义为"用数字化信号对机床运动及其加工过程进行控制的一种方法"。采用数控技术的控制系统称为数控系统,采用了数控系统的设备称为数控设备,以计算机为核心的数控系统称为计算机数控系统(Computerized Numerical Control,CNC)。

数控机床是一种典型的数控设备,由于数控技术是与机床控制密切结合发展起来的,因此以往讲数控即指机床数控。世界上第一台数控机床是 1952 年美国麻省理工学院(MIT)伺服机构实验室开发出来,当时的主要动机是为了满足高精度和高效率加工复杂零件的需要。随着数控技术的发展,它的应用范围越来越广阔,在机械、纺织、印刷、包装等众多行业中都出现了许多数控设备。

数控设备中的构成如图 5.3 所示。图中计算机数控系统 CNC 是数控设备的核心,它的功能是

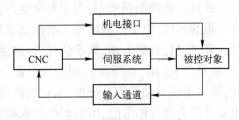

图 5.3 数控设备的组成

接受输入的控制信息,完成数控计算、逻辑判断、输入输出控制等功能。被控对象可以是机床、雕刻机、焊接机、机械手、绘图仪、套色印刷机械、包装机械等。CNC 通过输入通道获得被控对象的各种反馈信息,如工作机构的当前位置、某一部件是否到位、润滑系统的压力是否符合要求等。

5.3.2 数控原理

首先根据图 5.4 所示的平面曲线图形,分析如何用计算机在绘图仪或数控加工机床上将该图形重现,以此来简要说明数字控制的基本原理。

① 将图 5.4 所示的曲线分割成若干段,可以是直线段,也可以是曲线段,图中分割成了三段,即 $\overline{ab}$、$\overline{bc}$ 和 $\overset{\frown}{cd}$,然后把 a、b、c、d 四点坐标记下来并送给计算机。图形分割的原则应保证线段所连的曲线(或折线)与原图形的误差在允许范围之内。由图可见,显然采用 $\overline{ab}$、$\overline{bc}$ 和 $\overset{\frown}{cd}$ 比 $\overline{ab}$、$\overline{bc}$ 和 $\overline{cd}$ 要精确得多。

② 当给定 a、b、c、d 各点坐标 x 和 y 值之后,需要确定各坐标值之间的中间值,我们把求得这些中间值的数值计算方法称为插值或插补。插补计算的宗旨是通过给定的基点坐标,以一定的速度连续定出一系列中间点,而这些中间点的坐标值是以一定的精度逼近给定线段的。从理论上讲,插补的形式可用任意函数形式,但为了简化插补运算过程和加快插补速度,常用的是直线插补和二次曲线插补两种形式。所谓直线插补是指在给定的两个基点之间用一条近似直线来逼近,也就是由此定出中间点连接起来的折线近似于一条直线,而并不是真正的直线。所谓二次曲线插补是指在给定的两个基点之间用一条近似曲线来逼近,也就是实际的中间点连线是一条近似于曲线的折线弧。常用的二次曲线有圆弧、抛物线和双曲线等。对图 5.4 所示的曲线来说,显然 ab 和 bc 段用直接插补,cd 段用圆弧插补是合理的。

③ 把插补运算过程中定出的各中间点,以脉冲信号形式去控制 x、y 方向上的步进电动机,带动绘图笔、刀具等,从而绘出图形或加工出所要求的轮廓来。这里的每一个脉冲信号代表步进电动机走一步,即绘图笔或刀具在 x 或 y 方向移动一个位置。我们把对应于每个脉冲移动的相对位置称为脉冲当量,又称为步长,常用如 Δx 和 Δy 来表示,一般取 $\Delta x = \Delta y$。

图 5.5 是一段用折线逼近直线的直线插补线段,其中 (x_0, y_0) 代表该线段的起点坐标值,(x_e, y_e) 代表终点坐标值,则 x 方向和 y 方向应移动的总步数 N_x 和 N_y,分别为

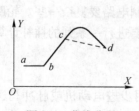

图 5.4 曲线分段

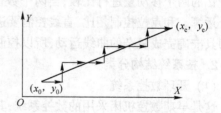

图 5.5 用折线逼近直线段

$$N_x = \frac{x_e - x_0}{\Delta x}, \ N_y = \frac{y_e - y_0}{\Delta y} \tag{5.36}$$

如果把 Δx 和 Δy 定义为坐标增量值,即 x_0、y_0、x_e、y_e 均是以脉冲当量定义的坐标值,则

$$N_x = x_e - x_0, \ N_y = y_e - y_0 \tag{5.37}$$

所以,插补运算就是如何分配 x 和 y 方向上的脉冲数,使实际的中间点轨迹尽可能地逼近理想轨迹。实际的中间点连接线是一条由 Δx 和 Δy 的增量值组成的折线,只是由于实际的 Δx 和 Δy 的值很小,眼睛分辨不出来,看起来似乎和直线一样而已。显然,Δx 和 Δy 的增量值越小,就越逼近理想的直线段,图中均以"→"代表 Δx 和 Δy 的长度。

实现直线插补和二次曲线插补的方法有很多,常见的有逐点比较法(又称富士通法或醉步法)、数字积分法(又称数字微分分析器,即 DDA 法)、数字脉冲乘法器(又称 MIT 法,由麻省理工学院首先使用)等,其中又以逐点比较法使用最广。

5.3.3 数控系统分类

数控技术现已广泛应用于各类机床及非金属切削机床上,如绘图仪、弯管机等,品种繁多。但就其控制原理及主要性能看,可按下列几种原则进行分类。

1. 按控制方式分类

(1) 点位控制数控系统

一些数控机床,如坐标钻床、坐标磨床、数控冲床等,控制上只要求获得准确的孔系坐标位置,而从一个孔到另一个孔是按什么轨迹移动则没有要求,此时可以采用点位控制数控系统。这种系统,为了保证定位的准确性,根据其运动速度和定位精度要求,可采用多级减速处理。

(2) 直线控制数控系统

对一些数控机床,如数控车床、数控镗铣床、加工中心等,不仅要求准的定位功能,而且要求从一点到另一点之间直线移动,并能控制位移速度,以适应不同刀具及材料的加工。

(3) 轮廓控制数控系统

现代数控机床绝大多数都具有两坐标或两坐标以上的联动功能,即可以加工曲线或曲面的零件。这类数控系统的控制特点是能够控制刀具沿工件轮廓曲线不断运动,并在运动过程中将工件加工成某一形状。这种方式借助于插补器进行,插补器根据加工的工件轮廓向每一坐标轴分配速度指令,以获得图纸坐标点之间的中间点。这类数控系统主要用于铣床、车床、磨床、齿轮加工机床等。

上述三种控制方式中以点位控制最简单,因为它的运动轨迹没有特殊要求,运动时又不加工,所以它的控制电路只要具有记忆(记下刀具应走的移动量和已走过的移动量)和比较(将所记忆的两个移动量进行比较,当两个数值的差为零时,刀具立即停止)的功能即可,不需要插补运算。和点位控制相比,直线控制要进行直线加工,控制电路要复杂一些。轮廓控制要控制刀具准确完成复杂的曲线运动,所以控制电路复杂,且需要进行一系列的插补计算和判断。

2. 按系统结构分类

(1) 开环数控系统

这是早期数控机床采用的数控系统,其执行机构多采用步进电动机或脉冲马达。数控系统将零件程序处理后,输出指令脉冲信号,驱动步进电动机,控制机床工作台移动,进行加工。图 5.6 给出了开环数控系统的结构图。

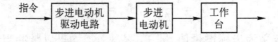

图 5.6 开环数控系统结构图

这种驱动方式不设置检测元件,指令脉冲送出后,没有反馈信息,因此称为开环控制。这类控制系统容易掌握,调试方便,维修方便,但控制精度和速度受到限制。

(2) 全闭环数控系统

与开环控制系统不同,这种系统不仅接受数控系统的驱动指令,同时还接受由工作台上检测元件测出的实际位置反馈信息,将两者进行比较,并根据其差值及时进行修正,这样可以消除因传动系统误差而引起的误差。图 5.7 为全闭环数控系统的结构图。

采用全闭环数控系统,可以获得很高的加工精度,但是由于包含了很多机械传动环节,会直接影响伺服系统的调节参数。因此全闭环系统的设计和调整都有较大的困难,处理不好会造成系统不稳定。全闭环系统主要用于高精度机床。

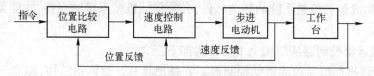

图 5.7　全闭环数控系统结构图

(3) 半闭环数控系统

将测量元件从工作台移到执行机构端就构成了半闭环数控系统。由于工作台不在控制环里,测量元件安装在执行机构端,环路短,刚性好,容易获得稳定的控制特性,广泛应用于各类连续控制的数控机床上。图 5.8 为半闭环控制系统结构图。

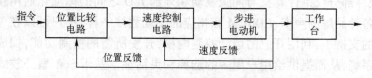

图 5.8　半闭环数控系统结构图

5.3.4　运动控制系统

1. 运动控制起源

运动控制起源于早期的伺服机构(Servomechanism)。简单地说,运动控制就是对机械运动部件的位置、速度等进行实时的控制管理,使其按照预期的运动轨迹和规定的运动参数进行运动。早期的运动控制技术主要是伴随着数控(CNC)技术、机器人技术(Robotics)和工厂自动化技术的发展而发展的。早期的运动控制器实际上是可以独立运行的专用控制器,往往无需另外的处理器和操作系统支持,可以独立完成运动控制功能、工艺技术要求的其他功能和人机交互功能。这类控制器可以成为独立运行(Stand-alone)的运动控制器。这类控制器主要针对专门的数控机械和其他自动化设备而设计,往往已根据应用行业的工艺要求设计了相关的功能,用户只需要按照其协议要求编写应用加工代码文件,利用 RS232 或者 DNC 方式传输到控制器,控制器即可完成相关的动作。这类控制器往往不能离开其特定的工艺要求而跨行业应用,控制器的开放性仅仅依赖于控制器的加工代码协议,用户不能根据应用要求而重组自己的运动控制系统。通用运动控制器的发展成为市场的必然需求。

2. 通用运动控制技术

通用运动控制技术作为自动化技术的一个重要分支,在20世纪90年代,国际上发达国家,例如美国,进入快速发展的阶段。由于有强劲市场需求的推动,通用运动控制技术发展迅速,应用广泛。近年来,随着运动控制技术的不断进步和完善,通用运动控制器作为一个独立的工业自动化控制类产品,已经被越来越多的产业领域接受。

一个典型的运动控制系统主要由运动部件、传动机构、执行机构、驱动器和运动控制器构成,整个系统的运动指令由运动控制器给出,因此运动控制器是整个运动控制系统的灵魂。用户必须使用通用运动控制器提供的标准功能进行二次开发,根据自己的应用系统的工艺条件,应用运动控制器的相关功能,开发出集成了自己的工艺特点和行业经验的应用系统。同时,用户还需要了解构成运动控制系统的其他部件,必须保证机械系统的完备,才能集成出高质量的运动控制系统。

目前,通用运动控制器从结构上主要分为如下三大类:

① 基于计算机标准总线的运动控制器。它是把具有开放体系结构,独立于计算机的运动控制器与计算机相结合构成。这种运动控制器大多采用DSP或微机芯片作为CPU,可完成运动规划、高速实时插补、伺服滤波控制和伺服驱动、外部I/O之间的标准化通用接口功能,它开放的函数库可供用户根据不同的需求,在DOS或Windows等平台下自行开发应用软件,组成各种控制系统。目前这种运动控制器是市场上的主流产品。

② Soft型开放式运动控制器。它提供给用户最大的灵活性,它的运动控制软件全部装在计算机中,而硬件部分仅是计算机与伺服驱动和外部I/O之间的标准化通用接口。就像计算机中可以安装各种品牌的声卡、CDROM和相应的驱动程序一样,用户可以在Windows平台和其他操作系统的支持下,利用开放的运动控制内核,开发所需的控制功能,构成各种类型的高性能运动控制系统,从而提供给用户更多的选择和灵活性。基于Soft型开放式运动控制器开发的典型产品有美国MDSI公司的Open CNC、德国PA(Power Automation)公司的PA8000NT、美国Soft SERVO公司的基于网络的运动控制器和固高科技(深圳)有限公司的GO系列运动控制器产品等。Soft型开放式运动控制的特点是开发、制造成本相对较低,能够给予系统集成商和开发商更加个性化的开发平台。

③ 嵌入式结构的运动控制器。这种运动控制器是把计算机嵌入到运动控制器中的一种产品,它能够独立运行。运动控制器与计算机之间的通信依然是靠计算机总线,实质上是基于总线结构的运动控制器的一种变种。对于标准总线的计算机模块,这种产品采用了更加可靠的总线连接方式(采用针式连接器),更加适合工业应用。在使用中,采用如工业以太网、RS485、SERCOS、PROFIBUS等现场网络通信接口联接上级计算机或控制面板。嵌入式的运动控制器也可配置软盘和硬盘驱动器,甚至可以通过Internet进行远程诊断。例如美国ADEPT公司的SmartController、固高科技公司的GU嵌入式运动控制平台系列产品等。

基于PC总线的开放式运动控制器是目前自动化领域应用最广、功能最强的运动控制器,并且在全球范围内得到了广泛的应用。一个基于PC总线的运动控制系统的典型构成如图5.9所示。

这种开放式结构的运动控制系统能充分利用PC机的资源,可以利用第三方软件资源完成用户应用程序开发,将生成的应用程序指令通过总线传输给运动控制器。基于PC总线的运动控制器是整个控制系统的核心,它接受来自上位PC机的应用程序命令,按照设定的运动

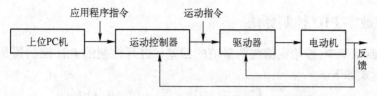

图 5.9　基于 PC 总线的运动控制系统的典型构成

模式,完成相应的实时运动规划(点位运动、多轴插补协调运动或多轴同步协调运动),向驱动器发出相应的运动指令。

随着工业现场网络总线技术的发展,基于网络的运动控制器获得了极大的发展,并已经开始应用于多轴同步控制中。越来越多的传统的系统开始采用网络运动控制器控制的电机轴控制,这样可以减少系统维护和增加系统柔性。

根据运动控制的特点和应用可将运动控制器分为以下三种:点位控制运动控制器、连续轨迹控制运动控制器和同步控制运动控制器。下面介绍其相应的典型应用范围。

- 点位控制:PCB 钻床、SMT、晶片自动输送、IC 插装机、引线焊接机、纸板运送机驱动、包装系统、码垛机、激光内雕机、激光划片机、坐标检验、激光测量与逆向工程、键盘测试、来料检验、显微仪、定位控制、PCB 测试、焊点超生扫描检测、自动织袋机、地毯编织机、定长剪切,折弯机控制。
- 连续轨迹控制:数控车/铣床、雕刻机、激光切割机、激光焊接机、激光雕刻机、数控冲压机床、快速成型机、超声焊接机、火焰切割机、等离子切割机、水射流切割机、电路板特型铣、晶片切割机。
- 同步控制:套色印刷、包装机械、纺织机械、飞剪、拉丝机、造纸机械、钢板展平、钢板延压、纵剪分条等。

运动控制技术已经成为现代化的"制器之技",运动控制器不但在传统的机械数控行业有着广泛的应用,而且在新兴的电子制造和信息产品的制造业中同样起着不可替代的作用。通用运动控制技术已逐步发展成为一种高度集成化的技术,不但包含通用的多轴速度、位置控制技术,而且与应用系统的工艺条件和技术要求紧密相关。事实上,应用系统的技术要求,特别是一个行业的工艺技术要求也促进了运动控制器的功能发展。通用运动控制器的许多功能都是同工艺技术要求密切相关的,通用运动控制器的应用不但简化了机械结构,甚至会简化生产工艺。

5.4　数字 PID 控制算法

在工业过程控制中,按偏差的比例(P)、积分(I)和微分(D)进行控制的 PID 控制具有原理简单、易于实现、适用面较宽等优点,多年来一直是应用最广泛的一种控制器,技术人员和操作人员对它也最为熟悉。在计算机用于工业控制之前,气动、液动和电动的 PID 模拟调节器在过程控制中占有垄断地位。在计算机用于过程控制之后,虽然出现了许多只能用计算机才能实现的先进控制策略,但有资料表明,采用 PID 的计算机控制回路(包括 DDC 控制回路)仍占 85% 以上。当然,许多计算机控制系统中的 PID 控制算法并非只是简单地重现模拟 PID 控制器的功能,而是已经在算法中结合了计算机控制的特点,根据各种具体情况,增加了许多功能模块,使传统的 PID 控制更加灵活多样,以更好满足生产过程的需要。

5.4.1 标准数字 PID 控制算法

在模拟控制系统中,按给定值与测量值的偏差 e 进行控制的 PID 控制器是一种线性调节器,其 PID 表达式如下:

$$u(t) = K_c \left[e(t) + \frac{1}{T_i} \int_0^t e(t) \mathrm{d}t + T_d \frac{\mathrm{d}e(t)}{\mathrm{d}t} \right] + u_0 \qquad (5.38)$$

式中的 K_c、T_i、T_d 分别为模拟调节器的比例增益、积分时间和微分时间,u_0 为偏差 $e=0$ 时的调节器输出,常称之为稳态工作点。

由于计算机控制系统是时间离散系统,控制器每隔一个控制周期进行一次控制量的计算并输出到执行机构(该控制周期与前面数据处理中提到的采样周期往往不同,一般要更大一些,但在不会引起混淆的情况下,这两者又常常不加以仔细区分,本章下面也不再细分)。因此,要实现式(5.38)所示的 PID 控制规律,就要将其离散化。设控制周期为 T,则在控制器的采样时刻 $t = kT$ 时,通过下述差分方程

$$\int e \mathrm{d}t \approx \sum_{j=0}^{k} T e(j), \quad \frac{\mathrm{d}e(t)}{\mathrm{d}t} \approx \frac{e(k) - e(k-1)}{T}$$

可得到式(5.38)的数学算式为

$$u(k) = K_c \left\{ e(k) + \frac{T}{T_i} \sum_{j=0}^{k} e(j) + \frac{T_d}{T} [e(k) - e(k-1)] \right\} + u_0 \qquad (5.39\text{A})$$

或写成

$$u(k) = K_c e(k) + K_i \sum_{j=0}^{k} e(j) + K_d [e(k) - e(k-1)] + u_0 \qquad (5.39\text{B})$$

式中的 $u(k)$ 是采样时刻 $t = kT$ 时的计算输出,$K_i = \dfrac{K_c T}{T_i}$ 称为积分系数;$K_d = \dfrac{K_c T_d}{T}$ 称为微分系数。式(5.39A)和(5.39B)给出的是执行机构在采样时刻 kT 的位置或控制阀门的开度,所以被称为位置型 PID 算法。

从式(5.39A)和(5.39B)可看出,式中的积分项 $\sum_{j=1}^{k} e(j)$ 需要保留所有 kT 时刻之前的偏差值,计算繁琐,占用很大内存,实际使用也不方便,所以在工业过程控制中常采用另一种被称为增量型 PID 控制算法的算式。采用这种控制算法得到的计算机输出是执行机构的增量值,其表达式为

$$\Delta u(k) = u(k) - u(k-1)$$

$$= K_c \left\{ [e(k) - e(k-1)] + \frac{T}{T_i} e(k) + \frac{T_d}{T} [e(k) - 2e(k-1) + e(k-2)] \right\} \qquad (5.40)$$

或写为

$$\Delta u(k) = K_c [e(k) - e(k-1)] + K_i e(k) + K_d [e(k) - 2e(k-1) + e(k-2)] \qquad (5.41)$$

可见,除当前偏差值 $e(k)$ 外,采用增量式 PID 算法只需保留前两个采样周期的偏差,即 $e(k-2)$ 和 $e(k-1)$,在程序中简单地采用平移法即可保存,免去了保存所有偏差的麻烦。增量 PID 算法的优点是编程简单,数据可以递推使用,占用内存少,运算快。更进一步,为了编程方便起见,式(5.41)还可写成

$$\Delta u(k) = (K_c + K_i + K_d) e(k) - (K_c + 2K_d) e(k-1) + K_d e(k-2)]$$

$$= Ae(k) - Be(k-1) + Ce(k-2) \tag{5.42}$$

但此式中的系数 A、B、C 已不能直观地反映比例、积分和微分的作用和物理意义,只反映了各次采样偏差对控制作用的影响,故又称之为偏差系数控制算法。

由增量 PID 算法得到 k 采样时刻计算机的实际输出控制量为

$$u(k) = u(k-1) + \Delta u(k) \tag{5.43}$$

5.4.2　数字 PID 控制算法的改进

在计算机控制系统中,PID 控制规律是由软件来实现的,因此它的灵活性很大。一些原来在模拟 PID 控制器中无法实现的问题,在计算机控制系统中都可以得到解决,于是产生了一系列的改进算法,以满足不同被控对象的要求。下面介绍几种常用的数字 PID 改进算法。

1. 实际微分 PID 控制算法

PID 控制中,微分的作用是扩大稳定域,改善动态性能,近似地补偿被控对象的一个极点,因此一般不轻易去掉微分作用。从前面的推导可知,标准的模拟 PID 算式(5.38)与数字 PID 算式(5.39)~式(5.42)中的微分作用是理想的,故它们被称为是理想微分的 PID 算法。而模拟调节器由于反馈电路硬件的限制,实际上实现的是带一阶滞后环节的微分作用。计算机控制虽可方便地实现理想微分的差分形式,但实际表明,理想微分的 PID 控制效果并不理想。尤其是对具有高频扰动的生产过程,若微分作用响应过于灵敏,容易引起控制过程振荡。另外,在 DDC 系统中,计算机对每个控制回路输出的时间很短暂,驱动执行机构动作需要一定时间,如果输出较大,执行机构一下子达不到应有的相应开度,输出将失真。因此,在计算机控制系统中,常常是采用类似模拟调节器的微分作用,称为实际微分作用。

图 5.10 是标准 PID 控制算法与实际微分 PID 控制算法在单位阶跃输入时,输出的控制作用。从图中可以看出,理想微分作用只能维持一个采样周期,且作用很强,当偏差较大时,受工业执行机构限制,这种算法不能充分发挥微分作用。而实际微分作用能缓慢地保持多个采样周期,使工业执行机构能较好地跟踪微分作用输出。另一方面,由于实际微分 PID 控制算法中的一阶惯性环节,使得它具有一定的数字滤波能力,因此,抗干扰能力也较强。

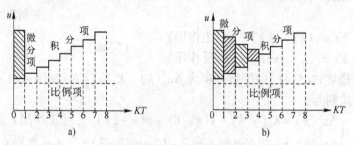

图 5.10　数字 PID 控制算法的单位阶跃响应示意图
a) 理想微分 PID　b) 实际微分 PID

理想微分 PID 与实际微分 PID 算式的区别主要在于后者比前者多了个一阶惯性环节,如图 5.11 所示。

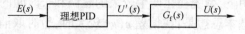

图 5.11　实际微分 PID 控制算法示意框图

图中
$$G_f(s) = \frac{1}{T_f s + 1} \tag{5.44}$$

$$u'(t) = K_c \left[e(t) + \frac{1}{T_i} \int_0^t e(t) \, \mathrm{d}t + T_d \frac{\mathrm{d}e(t)}{\mathrm{d}t} \right]$$

所以
$$T_f \frac{\mathrm{d}u}{\mathrm{d}t} + u(t) = u'(t)$$

$$T_f \frac{\mathrm{d}u}{\mathrm{d}t} + u(t) = K_c \left[e(t) + \frac{1}{T_i} \int_0^t e(t) \, \mathrm{d}t + T_d \frac{\mathrm{d}e(t)}{\mathrm{d}t} \right] \tag{5.45}$$

将式(5.45)离散化,可得实际微分位置型控制算式

$$u(k) = au(k-1) + (1-a)u'(k) \tag{5.46}$$

式中, $a = \dfrac{T_f}{(T + T_f)}$, $u'(t) = K_c \left\{ e(k) + \dfrac{1}{T_i} \int_0^t e(t) \, \mathrm{d}t + T_d \dfrac{\mathrm{d}e(t)}{\mathrm{d}t} \right\}$

其增量型控制算式为

$$\Delta u(k) = a\Delta u(k-1) + (1-a)\Delta u'(k) \tag{5.47}$$

式中, $\Delta u'(k) = K_c \left\{ \Delta e(k) + \dfrac{T}{T_i} e(k) + \dfrac{T_d}{T} [\Delta e(k) - \Delta e(k-1)] \right\}$

实际微分还可以有其他形式的算式,如图5.11中的一阶惯性环节改为一阶超前/一阶滞后环节,或将理想微分作用改为微分/一阶惯性环节。

2. 微分先行 PID 控制算法

当控制系统的给定值发生阶跃变化时,微分动作将使控制量 u 大幅度变化,这样不利于生产的稳定操作。为了避免因给定值变化给控制系统带来超调量过大、调节阀动作剧烈的冲击,可采用如图 5.12 所示的方案。

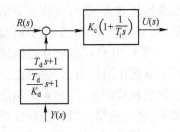

这种方案的特点是只对测量值(被控量)进行微分,而不对偏差微分,即对给定值无微分作用。这种方案称之为"微分先行"或"测量值微分"。考虑正反作用的不同,偏差的计算方法也不同,即

图 5.12 微分先行 PID
控制算法示意框图

$$\begin{cases} e(k) = y(k) - r(k) & \text{(正作用)} \\ e(k) = r(k) - y(k) & \text{(反作用)} \end{cases} \tag{5.48}$$

标准 PID 增量算式(5.41)中的微分项为 $\Delta u_d(k) = K_d[e(k) - 2e(k-1) + e(k-2)]$,改进后的微分作用算式则为

$$\begin{cases} \Delta u_d(k) = K_d[y(k) - y(k-1) + y(k-2)] & \text{(正作用)} \\ \Delta u_d(k) = -K_d[y(k) - y(k-1) + y(k-2)] & \text{(反作用)} \end{cases} \tag{5.49}$$

但要注意,对串级控制的副回路而言,由于给定值是由主回路提供的,仅对测量值进行微分的这种方法不适用,仍应按原微分算式对偏差进行微分。

3. 积分分离 PID 算法

采用标准的 PID 算法时,扰动较大或给定值大幅度变化会造成较大的偏差,加上系统本身的惯性及滞后,在积分作用下,系统往往产生较大的超调和长时间的振荡。为克服这种不良影响,积分分离 PID 算法的基本思想是:在偏差 $e(k)$ 较大时,暂时取消积分作用;当偏差 $e(k)$ 小于某一设定值 A 时,才将积分作用投入,即

当$|e(k)| > A$时,用 P 或 PD 控制;

当$|e(k)| \leqslant A$时,用 PI 或 PID 控制。

上式中的 A 值需要适当选取,A 过大,起不到积分分离的作用;若 A 过小,即偏差 $e(k)$ 一直在积分区域之外,长期只有 P 或 PD 控制,系统将存在余差。

为保证引入积分作用后的系统稳定性不变,在投入积分作用的同时,比例增益 K_c 应相应减少,即在编制 PID 控制软件时,比例增益 K_c 应根据积分作用是否起作用而变化,显然这是轻而易举可以实现的。

4. 遇限切除积分 PID 算法

在实际工业过程控制中,控制变量因受到执行机构机械性能与物理性能的约束,其输出大小和输出的速率总是限制在一个有限的范围内,例如,$u_{min} \leqslant u \leqslant u_{max}$(绝对值);$|\dot{u}| \leqslant \dot{u}$(速率)。

但由于长期存在偏差或偏差较大时,计算出的控制量有可能溢出或小于零,即计算机运算出的控制量 $u(k)$ 超过 D/A 所能表示的数值范围。如果将 D/A 的极限数值对应于执行机构的动作范围(如 8 位 D/A 的 FFH 对应于调节阀全开,00H 对应于调节阀全关),当执行机构已到了极限位置,仍然不能消除偏差时,由于积分作用存在,虽然 PID 的运算结果继续增大或减少,但执行机构已没有相应的动作,这种现象称为积分饱和。控制量超过极限的区域称为饱和区。积分饱和的出现将使超调量增加,控制品质变坏。遇限切除积分的 PID 算法是抑制积分饱和的方法之一。其基本思想是:一旦计算出的控制量 $u(k)$ 进入饱和区,一方面对控制量输出值限幅,令 $u(k)$ 为极限值;另一方面增加判别程序,在 PID 算法中只执行消弱积分饱和项的积分运算,而停止进行增大积分饱和项的运算。

5. 提高积分项积分的精度

在 PID 控制算法中,积分项的作用是消除余差。为提高其积分项的运算精度,可将前面数字 PID 算式中积分的差分方程取为$\int_0^t e(t)\mathrm{d}t = \sum_{j=0}^{k} \frac{e(j) + e(j+1)}{2} \cdot T$,即用梯形替代原来的矩形计算。

5.4.3 数字 PID 参数整定

数字 PID 控制系统和模拟 PID 控制系统一样,需要通过参数整定才能正常运行。随着计算机技术的发展,一般可以选择较短的采样周期 T,它相对于被控对象的时间常数 T_p 来说也就更短了。所以数字 PID 控制参数的整定过程是,首先按模拟 PID 控制参数的整定方法来选择,然后再适当调整,并考虑采样周期对整定参数的影响。

1. 稳定边界法(临界比例度法)

选用纯比例控制,给定值 r 作阶跃扰动,从较大的比例带开始,逐渐减小,直到被控变量出现临界振荡为止,记下临界周期 T_u 和临界比例 K_u。然后,按表 5.1 经验公式计算 K_c、T_i 和 T_d。

表 5.1 稳定边界法整定 PID 参数

控制规律	K_c	T_i	T_d
P	$0.50K_u$	—	—
PI	$0.46K_u$	$0.85T_u$	—
PID	$0.63K_u$	$0.50T_u$	$0.13T_u$

2. 动态特性法(响应曲线法)

在系统处于开环的情况下,首先做被控对象的阶跃曲线,如图 5.13 所示,从该曲线上求得对象的纯滞后时间 τ、时间常数 T_τ 和放大系数 K。然后再按表 5.2 经验公式计算 K_c、T_i 和 T_d。

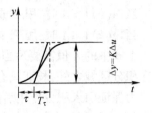

图 5.13　被控对象阶跃响应曲线

表 5.2　动态特性法整定 PID 参数

控制规律	$\tau/T_\tau \leqslant 0.2$			$0.2 \leqslant \tau/T_\tau \leqslant 1.5$		
	δ	T_i	T_d	δ	T_i	T_d
P	$K\tau/T_\tau$	—	—	$2.6K\dfrac{\dfrac{\tau}{T_c}-0.08}{\dfrac{\tau}{T_c}+0.7}$	—	—
PI	$1.1K\tau/T_\tau$	3.3τ	—	$2.6K\dfrac{\dfrac{\tau}{T_c}-0.08}{\dfrac{\tau}{T_c}+0.6}$	$0.8T_c$	—
PID	$0.85K\tau/T_\tau$	2τ	0.5τ	$2.6K\dfrac{\dfrac{\tau}{T_c}-0.15}{\dfrac{\tau}{T_c}+0.88}$	$0.81T_c+0.19\tau$	$0.25T_i$

3. 基于偏差积分指标最小的整定参数法

由于计算机的运算速度快,这就为使用偏差积分指标整定 PID 控制参数提供了可能,常用以下三种指标:

$$ISE = \int_0^\infty e^2(t)\,\mathrm{d}t \tag{5.50}$$

$$IAE = \int_0^\infty |e(t)|\,\mathrm{d}t \tag{5.51}$$

$$ITAE = \int_0^\infty t\,|e(t)|\,\mathrm{d}t \tag{5.52}$$

最佳整定参数应使这些积分指标最小,不同积分指标所对应的系统输出被控变量响应曲线稍有差别。一般情况下,ISE 指标的超调量大,上升时间快;IAE 指标的超调量适中,上升时间稍快;$ITAE$ 指标的超调量小,调整时间也短。

4. 试凑法

在实际工程中,常常采用试凑法进行参数整定。

增大比例系数 K_c 一般将加快系统的响应,使系统的稳定性变差。

减小积分时间 T_i 将使系统的稳定性变差,使余差(静差)消除加快。

增大微分时间 T_d 将使系统的响应加快,但对扰动有敏感的响应,可使系统稳定性变差。

在试凑时,可参考上述参数对控制过程的影响趋势,对参数实行先比例、后积分、最后微分的整定步骤。

① 首先只整定比例部分。使比例系数由小变大,观察相应的响应,直到得到反应较快、超调较小的响应曲线。若系统的静差较小,在满足要求的条件下可采用纯比例控制。

② 如果采用纯比例控制,有较大的余差时,则需要加入积分作用。同样,积分时间从大变小,同时调整比例增益,使系统保持良好的动态性能,反复调整比例增益和积分时间,以得到满意的动态性能。

③ 若使用比例积分控制,反复调整仍达不到满意效果时,则可加入微分环节。在整定时,微分时间从小变大,相应调整比例增益和积分时间,逐步试凑,以得到满意的动态性能。

5.5　常规控制方案

前面讨论了单回路的数字 PID 控制系统,在一般情况下,单回路的 PID 系统已经能够满足工业过程对控制的要求,因此它是一种应用最基本和最广泛的控制系统。但在实际生产过程中,还有相当一部分的被控对象由于本身的动态特性或工艺操作条件等原因,对控制系统提出一些特殊要求,这时需要在单回路 PID 控制的基础上,组成多回路的控制系统。对于计算机控制系统而言,在基本的数字 PID 控制回路基础上实现多回路控制,并不增加多少工作量,但控制功能和效果却有显著提高。下面介绍最常用的串级控制系统、前馈控制系统和纯滞后补偿等多回路控制系统。

5.5.1　串级控制系统

当被控系统中同时有几个干扰因素影响同一个被控量时,如果仍采用单回路控制系统,只控制其中一个变量,将难以满足系统的控制性能。串级控制系统是指在原来单回路控制的基础上,增加一个或多个控制内回路,用以控制可能引起被控量变化的其他因素,从而抑制被控对象的时滞特性,提高系统动态响应的快速性。一个通用的计算机串级控制系统框图如图 5.14 所示。

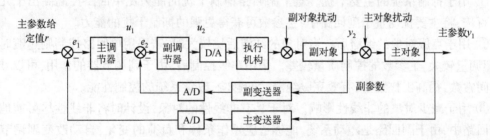

图 5.14　通用的计算机串级控制系统示意框图

从图中可以看出,通用的串级系统在结构上形成了两个闭环。其中外面的闭环称为主环或主回路,用于最终保证被控量满足工艺要求;里面的闭环称为副环或副回路,用于克服被控对象所受到的主要干扰。系统中有两个调节器,其中主调节器具有自己独立的给定值,其输出作为副调节器的给定值,副调节器的输出则送到执行机构去控制生产过程。由于整个闭环副回路可以作为一个等效对象来考虑,主回路的设计便与一般单回路控制系统没有什么大的区别。而副参数的选择应使副回路的时间常数较小,调节通道短,反应灵敏。当然,副回路还可以根据情况选择多个,形成多串级系统。

在串级控制系统中,主、副调节器的选型很重要。对于主调节器,因为要减少稳态误差,提高控制精度,同时使系统反应灵敏,最终保证被控量满足工艺要求,所以一般宜采用 PID 控制;对于副调节器,在控制系统中通常是承担着"粗调"的控制任务,故一般采用 P 或 PI 即可。在计算机控制系统中,不管串级控制多少级,计算的顺序总是从最外面的回路向内回路进行。如图 5.14 所示的双回路串级控制系统在每个采样周期的计算顺序为(设主调节器采用 PID,副调节器采用 PI):

① 计算主回路的偏差 $e_1(k)$

$$e_1(k) = r_1(k) - y_1(k) \tag{5.53}$$

② 计算主回路 PID 控制器的输出 $u_1(k)$

$$u_1(k) = u_1(k-1) + \Delta u_1(k) \tag{5.54}$$

$$\Delta u_1(k) = K_{e1}[e_1(k) - e_1(k-1)] + k_{i1}e_1(k) + k_{d1}[e_1(k) - 2e_1(k-1) + e_1(k-2)] \tag{5.55}$$

③ 计算副回路的偏差 $e_2(k)$

$$e_2(k) = u_1(k) - y_2(k) \tag{5.56}$$

④ 计算副回路 PID 控制器的输出 $u_2(k)$

$$u_2(k) = u_2(k-1) + \Delta u_2(k) \tag{5.57}$$

$$\Delta u_2(k) = K_{e2}[e_2(k) - e_2(k-1)] + k_{i2}e_2(k) \tag{5.58}$$

串级控制系统的控制方式有两种:一种是异步采样控制,即主回路的采样控制周期 T_1 是副回路采样控制周期 T_2 的整数倍。这是考虑到一般串级系统中主对象的响应速度慢,副对象的响应速度快的缘故。另一种是同步采样控制,即主、副回路的采样控制周期相同,但因为副对象的响应速度较快,故应以副回路为准。

从控制原理的角度看,串级控制系统较单回路控制系统有更好的控制性能,因此串级控制系统通常适用于下列几种情况:

① 用于抑制系统的主要干扰。通常副回路抑制干扰的能力比单回路控制高出十几倍乃至上百倍,将主要扰动置于副回路中,主参数可获得更强的抑制干扰的能力。

② 用于克服对象的纯滞后。当对象的纯滞后比较大时,若采用单回路控制则过渡时间较长,超调量较大,主参数的控制质量较差。采用串级控制后,由于副调节器的作用,可以减少等效时间常数,提高工作频率,有效克服纯滞后的影响,改善系统的控制性能。

③ 用于减少对象的非线性影响。对于具有非线性的对象,设计时将非线性尽可能地包含在副回路中,由于副回路是随动系统,能够适应操作条件和负荷的变化,自动改变副调节器的给定值,因此具有一定的自适应能力。

5.5.2 前馈控制系统

反馈控制的前提是被控量在某种干扰的作用下先偏离给定值,产生偏差之后,对偏差进行控制,以抑制干扰的影响。如果干扰不断地作用,则系统将出现波动,尤其是被控对象滞后大时,波动就更为严重。不同于反馈控制的思想,前馈控制是按某个干扰量进行控制器的设计,一旦测量到有干扰,即对它直接产生校正作用,使得它在影响到被控对象之前已被抵消。前馈控制是一种开环控制系统,在控制算法与参数选择适当的情况下,可以取得很好的控制效果。

在实际生产过程控制中,由于前馈控制是开环控制,且只能针对某一特定的干扰实施控制作用,因此很少单独被采用。通常是采用前馈、反馈控制相结合的方案,其典型结构如图 5.15

所示。

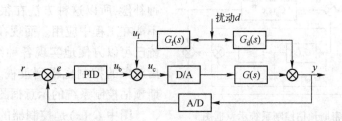

图 5.15 典型的前馈-反馈计算机控制系统示意框图

图中的 $G_f(s)$ 是前馈控制器的传递函数，$G_d(s)$ 为对象干扰通道的传递函数，$G(s)$ 是对象控制通道的传递函数，PID 为反馈控制系统的控制器。按照前馈控制的原理，要使前馈作用完全补偿干扰的影响，则应使干扰引起的被控量变化为零。由此可推出，前馈控制器的传递函数应为

$$G_f(s) = -\frac{G_d(s)}{G(s)} \tag{5.59}$$

计算机前馈-反馈控制算法的流程如下：

① 计算反馈控制的偏差 $e(k)$

$$e(k) = r(k) - y(k) \tag{5.60}$$

② 计算反馈控制器（PID）的输出 $u_b(k)$

$$u_b(k) = u_b(k-1) + \Delta u_b(k) \tag{5.61}$$

③ 计算前馈控制器 $G_f(s)$ 的输出 $u_f(k)$

$$u_f(k) = u_f(k-1) + \Delta u_f(k) \tag{5.62}$$

④ 计算前馈-反馈控制的输出 $u_c(k)$

$$u_c(k) = u_b(k) + u_f(k) \tag{5.63}$$

在前馈-反馈控制回路中，前馈控制是快速的，有一定智能的和敏感的，但它的控制是针对具体的干扰所设计的，对整个系统而言是不准确的；反馈控制是慢速的然而却是准确的，而且在负荷条件不明及干扰无法测量的条件下还有控制能力。因此，这两种回路的相互补充、相互适应就既发挥了前馈控制作用及时的优点，又保持了反馈控制能克服多个干扰和具有对被控量实行反馈检验的长处，是过程控制中一种十分有效的控制方式。有时，为了得到更好的控制效果，也采取前馈-串级控制。

5.5.3 纯滞后补偿控制系统

在工业过程控制中，由于物料或能量的传输延迟，许多被控对象具有纯滞后。由于纯滞后的存在，被控量不能及时反映系统所受到的干扰影响，即使测量信号已到达调节器，执行机构接受调节信号后迅速作用于对象，也需要经过纯滞后时间 τ 以后才能影响到被控量，使之发生变化。在这样一个调节过程中，必然会产生较明显的超调或振荡以及较长的调节时间。因而，具有纯滞后的对象被公认为是过程控制的难点之一。

早在 20 世纪 50 年代末，史密斯（Smith）就提出了一种纯滞后控制器，常被称为史密斯预估器或史密斯补偿器。其基本思想是按照过程的动态特性建立一个模型加入到反馈控制系中，使被延迟了 τ 的被控量超前反映到调节器，让调节器提前动作，从而可明显地减少超调量

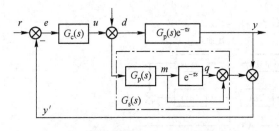

图 5.16　史密斯预估控制系统示意框图

和加快调节过程。由于模拟仪表很难实现这种补偿,所以这种方法在很长一段时间里并不能在工程中应用。而现在用计算机控制系统已可以方便地实现各种纯滞后补偿,纯滞后对象的控制也得到重视。图 5.16 是史密斯预估控制系统的示意框图。

图中 $G_c(s)$ 是控制器的传递函数, $G_p(s)$ 为被控对象中不含纯滞后 $e^{-\tau s}$ 部分的传递函数。图中点划线框即为史密斯预估器,其等效传递函数 $G_s(s)$ 为

$$G_s(s) = G_p(s)(1 - e^{-\tau s}) \tag{5.64}$$

经推导,史密斯预估控制系统的闭环传递函数为

$$G(s) = \frac{G_c(s) G_p(s)}{1 + G_c(s) G_p(s)} e^{-\tau s} \tag{5.65}$$

这说明,经补偿后,系统已消除了纯滞后对系统的影响,纯滞后 $e^{-\tau s}$ 已在闭环控制回路之外,它将不会影响系统的稳定性。拉氏变换的位移定理说明, $e^{-\tau s}$ 仅是将控制作用在时间坐标上推移了一个时间 τ ,控制系统的过渡过程及其他性能指标都与被控对象特性为 $G_p(s)$ (即没有纯滞后)时完全相同。因而,控制器可以按无纯滞后的对象进行设计。

史密斯预估器是实现这种控制方案的关键。设采样周期为 T ,则由于纯滞后 τ 的存在,信号要延迟 $N(N = \tau/T)$ 个周期。为此,要在内存中专门设定 N 个单元存放信号 $m(k)$ 的历史数据。实施时,在每个采样周期,把新得到的 $m(k)$ 存入 0 号单元,同时把 0 号单元原来存放的数据移到 1 号单元,1 号单元原来存放的数据移到 2 号单元,依次类推,N 号单元里的内容即为 $m(k)$ 滞后 N 个采样周期后的信号 $q[q = m(k - N)]$ 。

① 计算反馈回路的偏差 $e(k)$

$$e(k) = r(k) - y'(k) = r(k) - y(k) - \hat{y}(k) \tag{5.66}$$

② 计算控制器的输出 $u(k)$

$$u(k) = u(k - 1) + \Delta u(k) \tag{5.67}$$

③ 史密斯预估器的输出

$$\hat{y} = m(k) - m(k - N) \tag{5.68}$$

式中,$m(k)$ 根据被控对象的数学模型 $G_p(s)$ 的差分形式和控制器的输出 $u(k)$ 计算得到。

假设被控对象可以用一阶惯性环节加纯滞后的串联(许多工业过程可用此模型来近似)模型来表示,即

$$G(s) = G_p(s) e^{-\tau s} = \frac{K_p}{1 + T_p s} e^{-\tau s} \tag{5.69}$$

式中,K_p 为被控对象的放大倍数;T_p 为被控对象的时间常数;τ 为纯滞后时间。史密斯预估器的传递函数为

$$G_s(s) = \frac{\hat{Y}(s)}{U(s)} = G_p(s)(1 - e^{-\tau s}) = \frac{K_p(1 - e^{-NTs})}{1 + T_p s} \tag{5.70}$$

相应的差分方程为

$$\hat{y}(k) = a\hat{y}(k-1) + b[u(k-1) - u(k-N-1)] \tag{5.71}$$

史密斯预估控制器为解决纯滞后控制问题提供了一条有效的途径,但遗憾的是它存在两个不足之处,在应用时应引起重视。一是史密斯预估器对系统受到的负荷干扰无补偿作用;二是史密斯预估控制系统的控制效果严重依赖于对象的动态模型精度,特别是纯滞后时间,因此模型的失配或运行条件的改变都将影响到控制效果。针对这些问题,许多学者又在史密斯预估器的基础上研究了不少的改进方案。

需要指出的是,在上述多回路控制系统中采用 PID 调节器时,为了获得更好的控制性能,可以考虑采用各种 PID 的改进算法,如实际微分、微分先行等。

5.6 先进控制方案

5.6.1 预测控制

1. 预测控制的概况

从 1978 年 Richalet 等人提出模型预测启发式控制算法(MPHC)以来,预测控制已经取得了很大的发展,先后出现了模型算法控制(MAC)、动态矩阵控制(DMC)、广义预测控制(GPC)、广义预测极点配置控制(GPP)等,并且在实际复杂工业过程中得到了成功应用,受到工程界的欢迎和好评。预测控制不是某一种统一理论的产物,而是在工业生产过程中逐渐发展起来的,是工程界和控制理论界协作的产物。

预测控制的理论研究工作已取得很大的进展。如采用内模结构的分析方法,为研究预测控制的运行机理、动静态特性、稳定性和鲁棒性提供了方便,还可找出各类预测控制算法的共性,建立起它们的统一格式,便于对预测控制的进一步理解和研究。此外,将预测控制和自校正技术结合起来可以提高预测模型的精度,减少预测模型的输出误差,提高控制效果。但现有的理论研究仍远落后于工业应用实践。目前理论分析研究大多集中在单变量、线性化模型等基本算法上,而成功的工业应用实践大多是复杂的多变量系统。

目前预测控制研究的热点问题主要有:

① 进一步开展对预测控制的理论研究,探讨算法中主要设计参数对稳定性、鲁棒性及其他控制性能的影响,给出参数选择的定量结果;

② 研究存在建模误差及干扰时预测控制的鲁棒性,并给出定量分析结果;

③ 建立高精度的信息预测模型;

④ 研究新的滚动优化策略;

⑤ 建立有效的反馈校正方法;

⑥ 研究非线性系统的预测控制;

⑦ 加强应用研究。

2. 预测控制的基本原理

总的说来,预测控制属于一种基于模型的多变量控制算法,也称之为模型预测控制。预测控制算法的种类虽然多,但都具有相同的三个要素——预测模型、滚动优化和反馈校正,这三个要素也是预测控制区别于其他控制方法的基本特征,同时也是预测控制在实际工程应用中取得成功的关键。

(1) 预测模型

预测控制是一种基于模型的多变量控制算法,这一模型称为预测模型。对于预测控制来讲,只注重模型的功能,而不注重模型的形式。预测模型的功能就是根据历史信息和未来输入,预测未来输出。从方法的角度讲,只要具有预测功能的信息集合,无论具有什么样的表现形式,均可作为预测模型。因此,状态方程、传递函数这类传统的模型都可作为预测模型,对于线性稳定对象,阶跃响应、脉冲响应这类非参数模型,也可直接作为预测模型使用。非线性系统、分布参数系统的模型,只要具备上述功能,也可在这类系统进行预测控制时作为预测模型使用。因此,预测控制打破了传统控制中对模型结构的严格要求,更着眼于在信息的基础上根据功能要求按最方便的途径建立模型。

(2) 滚动优化

预测控制的最主要特征是在线优化。预测控制的这种优化控制算法是通过某一性能指标的最优来确定未来的控制作用的。这一性能指标涉及到系统未来的行为,通常可取对象输出在未来的采样点上跟踪某一期望轨迹的方差最小。也可取更广泛的形式,如要求控制能量为最小,而同时保持输出在某一给定范围内等。性能指标中涉及到的系统未来的行为,是根据预测模型由未来的行为、未来控制策略决定的。

预测控制作为一种优化控制算法,与通常的离散最优控制算法不同,它不是采用不变的全局优化目标,而是采用滚动式有限时域优化策略。在每一采样时刻,优化指标只涉及到从该时刻起未来有限的时间,而在下一采样时刻,这一优化时段同时往前推移。这意味着优化过程不是一次离线进行,而是反复在线进行的。这种有限优化目标的局部性,使其在理想情况下只能得到全局次优解,但其滚动实施却能顾及由于模型失配、时变、非线性及干扰等引起的不确定性,并及时进行补偿,始终把新的优化建立在实际的基础上,使控制保持实际上的最优。这种启发式滚动优化策略,兼顾了对未来长时间的理想优化和实际存在的不确定性的影响,是最优控制对对象和环境不确定性的妥协。在复杂的工业环境中,要比建立在理想条件下的最优控制更加实际有效。

预测控制的优化方式使其在控制的全过程中表现为动态优化,而在每一步的控制中则表现为静态的参数优化,即在每一采样周期内,确定有限控制序列以使性能指标达到最优。这种静态求解的特点允许采用多样化的控制目标及处理有约束问题。因此,可根据实际过程的控制需要构造相应的目标函数,并考虑各种约束条件,然后求解这一静态优化问题,实现有约束的预测控制。

(3) 反馈校正

所有的预测控制算法在进行滚动优化时,都强调了优化的基点应与实际一致。这意味着在控制的每一步,都要检测实际输出信息,并通过引入误差预测或模型辨识对未来做出较准确的预测。这种反馈校正的必要性在于:作为基础的预测模型只是对象动态特性的粗略描述,由于实际系统中存在的非线性、时变、干扰等因素,基于不变模型的预测不可能和实际完全相符,这就需要采用附加的预测手段补充模型预测的不足,或者对基础模型进行在线修正。滚动优化只有建立在反馈校正的基础上,才能体现出其优越性。这种利用实际信息对模型预测的修正,是克服系统中所存在的不确定性的有效手段。

如果不考虑各种预测控制算法的具体公式,而是对其中蕴含的方法机理加以分析,则预测控制的三个基本特征——预测模型、滚动优化、反馈校正,正是一般控制论中模型、控制、反馈概念的具体体现。由于对模型结构要求不多,使它可以根据对象的特点和控制的要求以最方便的方式集结信息,建立预测模型。由于优化模式和预测模式的非经典性,使它可以把实际系统中的不确定因素考虑在优化过程中,形成动态的优化控制,并可以处理带约束和多种形式的优化目标。由此可见,预测控制的优化模式是对传统最优控制的修正,它使建模简化,并考虑了不确定性及复杂性的影响,更加贴近复杂控制的实际要求。

由概念和基本特征,可以得出预测控制的以下基本特点:

① 模型预测控制算法综合利用过去、现在和将来(模型预测)的信息,而传统算法,如 PID 等,却只利用过去和现在的信息;

② 对模型要求低。现代控制理论之所以在过程工业中难以大规模应用,重要的原因之一是对模型精度要求太高,而预测控制就成功地克服了这一点;

③ 模型预测控制算法用滚动优化取代全局一次优化,每个控制周期不断进行优化计算,不仅在时间上满足了实时性的要求,而且突破了传统全局一次优化的局限,把稳态优化与动态优化相结合;

④ 用多变量的控制思想取代传统控制手段的单变量控制。因此在应用于多变量问题时,预测控制也常常称为多变量预测控制;

⑤ 能有效处理约束问题。在实际生产中,往往希望将生产过程的设定状态推向设备及工艺条件的边界上(安全边界、设备能力边界、工艺条件边界等)运行,这种状态常会产生使操纵变量饱和、使被控变量超出约束的问题。所以能够处理约束问题就成为使控制系统能够长期、稳定、可靠运行的关键技术。

各种预测控制算法具有相同的计算步骤:在当前时刻,基于过程的动态模型预测未来一定时域内每个采样周期(或按一定间隔)的过程输出,这些输出为当前时刻和未来一定时域内控制量的函数;按照基于反馈校正的某个优化目标函数计算当前及未来一定时域的控制量大小(为了防止控制量剧烈变化及超调,一般在优化目标函数中都考虑使未来输出以一参考轨迹最优的跟踪期望设定值);计算当前控制量后实施控制;至下一时刻,根据测量数据重新按上述步骤计算控制量。

3. 常见预测控制方案

(1) 模型算法控制

模型算法控制(Model Algorithmic Control, MAC)在 20 世纪 60 年代末法国工业企业中的锅炉和分馏塔的控制中首先得到应用。此后 Richalet 和 Mehtra 等人对其进行了研究,并得到了不少研究结果。

模型算法控制内部模型采用基于脉冲响应模型,用过去和未来的输入输出信息,根据内模预测系统未来的输出状态,用模型输出误差反馈校正后,与参考输入轨迹进行比较,应用二次型性能指标进行滚动优化,计算当前时刻应加于系统的控制动作,完成整个控制循环(图 5.17)。由于这种算法先预测系统未来的输出状态,再去确定当前时刻的控制动作,即先预测后控制,所以具有预见性,明显优于先有信息反馈、再产生控制动作的经典反馈控制系统。

(2) 广义预测控制算法

随着以脉冲响应和阶跃响应的非参数模型为基础的预测控制算法的发展和应用,1984 年 Clarke 提出了基于参数模型的广义预测控制(GPC)。由于它是在广义最小方差控制的基础上,在优化中引入多步预测的思想,抗负载扰动、随机噪声、时延变化等能力显著提高,具有较

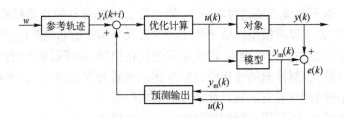

图 5.17　MAC 系统原理简图

强的鲁棒性,可用于有纯时延、开环不稳定的非最小相位系统;又由于采用传统的数学模型,参数数目较少,对于过程参数慢时变的系统,易于在线估计参数,实现自适应控制。

5.6.2　专家系统

1.专家系统概述

人工智能科学家一直在致力于研制某种意义上讲能够思维的计算机软件,用以"智能化"地处理、解决实际问题。20世纪60年代,科学家们企图通过找到解决多种不同类型问题的通用方法来模拟思维的复杂过程,并将这些方法用于通用目的的程序中。然而事实证明这种"通用"程序处理的问题类型越多,对任何个别问题的处理能力似乎就越差。后来,科学家们认识到了问题的关键即计算机程序解决问题的能力取决于它所具有的知识量的大小。为使一个程序智能化,必须使其具有相关领域的大量高层次知识。为解决某具体专业领域问题的计算机程序系统的开发研制工作,导致了专家系统这一新兴学科的兴起。

1965年,Stanford 大学开始建立用于分析化合物内部结构的 DENTRAL 系统,首先使用了"专家系统"的概念。20世纪70年代末,该校又研制成功了著名的医疗诊断系统 MYCIM 和用于矿藏勘探的 PROSPECTOR 系统,推动了专家系统的开发研究和应用。80年代,专家系统的开发研究进入了高潮,应用范围涉及到工业、农业、国防、教育及教学、物理等许多领域并逐步进入控制界。在控制系统辅助设计、故障诊断和系统控制等方面得到了推广应用。专家系统的研究发展,促进了人工智能科学的进步,也使专家系统本身成为人工智能科学的一个重要分支领域。

专家系统的应用范围很广,就其功能而言,可以分为表5.3所示的几个方面。

表 5.3　专家系统应用分类

功 能 分 类	应　　　　　用
诊断:根据给定情况,确定问题所在	疾病诊断,设备或系统故障诊断等
预报:根据已知条件,推断、预报系统可能的行为	气象预报,运输量、粮食产量测算,军事预报等
设计规划:设计满足约束条件的求解方案	电路、建筑、机械系统设计、科研、财务预算、作战方案拟定等
教学:诊断、调整、指导学生的行为	诊断学习中的问题,提出改革方案
解释:对观测信息进行解释,推出结论	信号解释、图像分析、语言理解
控制:监控系统整体行为	电站监控、航空交通管理、工业控制、疫情控制

专家系统是具有大量专门知识和经验,用以解决专门领域特定问题的计算机程序系统。

专家系统应用人工智能技术,根据某个应用领域的一个或多个人类专家提供的知识和经验进行推理和判断,模拟人类专家的决策过程,以解决那些需要人类专家决策的复杂问题。就是说,如果专家系统要解决的问题与专家要解决的问题可以比较的话,他(它)们应该具有相同的知识,并得到相同的结论。

专家系统与人类专家相比,又有不同之处。专家具有理解能力,具有创造性和适应性,可以灵活地分解、运用常用的规则,重新组织问题,以便使问题易于解决;专家具有广泛的、有价值的知识背景,往往通过直觉和经验解决问题。这在信息不完备的条件下往往很有效。专家系统则可以永久地保存专家的知识和经验,并易于对其进行编辑和传递,还可以不断获取新的知识,进行自身的更新和完善;专家系统可以复制,可以不分昼夜、随时随地启动并高效工作,为许多用户服务;专家系统得出的解是相容的,可以给出解释;专家系统可以利用专家的知识更有效地为人类服务,但决不可能取代人类专家的作用。

专家系统和传统计算机程序的区别在于,专家系统主要以知识而不是以数据作为处理对象。它所要解决的问题一般没有算法解,并且往往要在不完全、不精确或不确定的信息基础上进行判断推理,做出结论。

相对于一般人工智能系统而言,专家系统具有以下特点:

① 启发性。专家系统能运用专家的专门知识和推理方法,进行推理、判断和决策,解决专门领域的特点问题。而这种专门知识往往是以符号表示和符号操作为特征的启发式知识。

② 透明性。专家系统能够解释自身的推理过程,并回答用户提出的问题。

③ 灵活性。专家系统能不断地增长知识,进行知识更新。

专家系统的一般结构如图 5.18 所示。

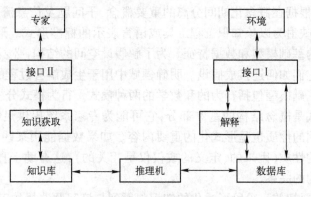

图 5.18 专家系统结构

知识库、推理机和数据库是专家系统最基本的组成部分。知识库用于存储相关领域专家的专门知识;推理机模拟专家系统的推理方法和技巧;数据库用于存储有关事实及推理结果。其工作原理为,推理机首先根据数据库中的有关事实和知识库中的专家知识以一定的推理方法进行推理,并在推理过程中不断更新数据库,直到最后得出结论。

除上述 3 个部分外,接口也是专家系统必不可少的组成部分。专家系统通过接口与环境(或用户)交换信息,输入数据和待解问题,输出推理过程和结果等。这里的环境,一般是指系统用户,当专家系统作为控制器时则是指控制器输入输出设备。有些专家系统还包括知识获取和解释模块。

2. 专家系统的建造步骤

建造一个专家系统,大致需要确认、概念化、形式化、实现和测试 5 个步骤(如图 5.19 所示)。由于用于问题求解的专门知识的获取过程是专家系统的核心,并且与建造系统的每一步都密切相关,因此,从各种知识源获取专家系统可运用的知识是建造专家系统的关键环节。

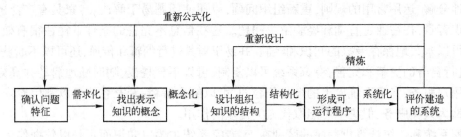

图 5.19　专家系统建造步骤

在确认过程中知识工程师与专家一起工作,确认问题领域并定义其范围,还要确定参加系统开发的人员,决定需要的资源(时间、资金、计算工具等),决定专家系统的目标和任务,同时确定具有典型意义的子问题,用以集中解决知识获取过程中的问题。

在概念化过程中,知识工程师与专家密切配合,深入了解给定领域中问题求解过程需要的关键概念、关系和信息流的特点,并加以详细说明,若能用图形描述这些概念和关系,使之成为建造系统的永久性概念库将是非常有用的。概念化要按问题求解行为的具体例子进行抽象,通过改造使之包含行为且与行为一致。

形式化过程中,根据在概念化期间分离的重要概念、子问题及信息流特性,选择适当的知识工程工具,把它们映射为以该知识工程工具或语言表示的标准形式。形式化过程有 3 个要素:假设空间、过程的基础模型和数据特征。为了解假设空间的结构,必须形成概念,确定概念之间的联系并确定它们如何连接成假设。明确领域中用于生成解答过程的基础模型是知识形式化的重要步骤。基础模型包括行为的和数学的两种模式。行为模式分析能产生大批重要概念和关系。数学模式是概念结构的基本部分,它可能为专家系统提供足够的附加求解信息。理解问题领域中数据的性质也是形式化的重要内容。如果数据能用某些假设直接说明,将有助于了解这种关系的性质(因果的、定义的或仅仅是相关的),这有助于直接说明数据与问题求解过程中目标结构的关系。

在实现过程中,要把前一阶段形式化的知识映射到与该问题选择的工具(或语言)相联系的表达格式中。知识库是通过选择适用的知识获取手段(知识编辑程序、智能编辑程序,或知识获取程序)来实现的。

在形式化阶段,明确了相关领域知识规定的数据结构、推理机以及控制策略,因此通过编码后与相应的知识库组合在一起形成的将是一个可执行的程序-专家系统的原型系统。

习题

1. 数字控制器的连续化设计步骤是什么?

2. 某系统的连续控制器为 $D(s) = \dfrac{u(s)}{E(s)} = \dfrac{1 + T_1 s}{1 + T_2 s}$,试用双线性变换法、前向差分法、后向

差分法分别求取数字控制器 $D(z)$ 。

 3. 什么是数字滤波？常用的数字滤波方法有哪些,分别适用于什么场合？

 4. 什么是数字控制？数控设备主要由哪几部分组成？

 5. 什么是插补、直线插补和二次曲线插补？

 6. 通用运动控制器从结构上主要分为哪三类？

 7. 已知模拟 PID 的算式为 $u(t) = K_c\left[e(t) + \dfrac{1}{T_i}\displaystyle\int_0^t e(t)\,\mathrm{d}t + T_d\dfrac{\mathrm{d}e(t)}{\mathrm{d}t}\right]$,试推导它的差分增量算式。

 8. 什么是实际微分？实际微分和理想微分相比有何优点？

 9. 下图为实际微分 PID 控制算法示意图, $G_f(s) = 1/(T_f s + 1)$,采样周期为 T ,试推导实际微分控制算式。

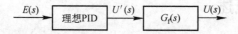

 10. 什么叫积分分离？遇限切除积分的基本思想是什么？

 11. PID 参数 K_c 、T_i 、T_d 对系统的动态特性和稳态特性有何影响？简述试凑法进行 PID 参数整定的步骤。

 12. 什么情况下可以考虑采用串级控制？串级控制在结构上有何特点？

 13. 简述串级控制系统在每个采样周期的计算步骤。

 14. 前馈控制的基本思想是什么？给出其完全补偿的条件。

 15. 已知一被控对象的干扰通道和控制通道的传递函数分别为 $G_D(s) = \dfrac{1}{50s+1}$, $G(s) = \dfrac{2}{30s+1}$,采样周期选择为 1 s,试推导出完全补偿前馈控制器的控制算式。

 16. 什么是预测控制的三要素？常见的预测控制的方案有哪些？

 17. 专家系统和传统计算机程序的主要区别在什么地方？相对于人工智能系统而言,专家系统有何特点？

 18. 简述专家系统的建造步骤。

第6章 计算机控制中的网络与通信技术

现代化工业生产规模不断扩大,对生产过程的控制和管理也日趋复杂,往往需要几台或几十台计算机才能完成控制和管理任务。不同地理位置、不同功能的计算机及设备之间需要交换信息,这样把多台计算机或设备连接起来,就构成了计算机网络。对于广大的从事过程控制的技术人员来说,为了提高计算机的应用水平,更好地编制程序,有必要了解数据通信的通信网络技术、通信网络协议和数据通信知识。

6.1 计算机网络概述

6.1.1 计算机网络的定义

计算机网络是指把若干台地理位置不同且具有独立功能的计算机或设备,通过通信设备和线路相互连接起来,以实现信息的传输和资源共享的一种计算机系统。也就是说,计算机网络是将分布于不同地理位置上的计算机或设备通过有线或无线的通信链路连接起来,不仅能使网络中的各台计算机或设备(或称为节点)之间相互通信,而且还能共享某些节点(如服务器)上的系统资源。所谓资源包括硬件资源(如大容量磁盘、光盘以及打印机等),软件资源(如语言编辑器、文本编辑器、工具软件及应用程序等)和数据资源(如数据文件和数据库等)。

6.1.2 计算机网络的分类

随着网络技术的发展,出现了多种类型的网络分类方法,按其跨度、拓扑结构、管理性质、交换方式和功能,可进行如下分类。

1. 按网域的跨度划分

① 局域网 LAN(Local Area Network)。一般指规模较小的网络,即计算机硬件设备不大,通信线路不长(不超过几十千米),采用单一的传输介质,覆盖范围限于单位内部或建筑物内,通常由一个单位自行组网并专用。局域网只有和广域网互联,进一步扩大应用范围,才能更好地发挥其作用。但在同广域网相连时,应考虑网络的安全性。

② 区域网 MAN(Metropolitan Area Network)。其规模比局域网要大一些,通常覆盖一个区域城市,故又称城域网,覆盖范围在 WAN 与 LAN 之间,其运行方式与 LAN 类似。

③ 广域网 WAN(Wide Area Network)。广域网顾名思义就是一个非常大的网,它不但可以把多个局域网或区域网连接起来,也可以把世界各地的局域网连接起来,它的传输装置和媒体通常由电信部门提供。

在计算机控制系统中一般采用局域网或局域网的互联。

2. 按拓扑结构划分

在计算机通信网络中,网络的拓扑(Topology)结构是指网络中的各台计算机、设备之间相互连接的方式。常用的网络拓扑结构有以下几种。

① 星形网。以一台中心处理机为主而构成的网络,其他入网的计算机仅与该中心处理机之间有直接的物理链路,中心处理机采用分时的方法为入网机器服务。

② 环形网。入网机器通过中继器接入网络,每个中继器仅与两个相邻的中继器有直接的物理线路,所有的中继器及其物理线路构成了一个环状的网络系统,环形网也是局域网的一种主要形式。

③ 总线型网。所有入网机器共用一条传输线路,机器通过专用的分接头接入线路。由于线路对信号的衰减作用,总线型网仅用于有限的区域,常用于组建局域网。

④ 网状网络。利用专门负责数据通信和传输的节点机构成的网络,入网机器直接接入节点机进行通信,网状网络主要用于地理范围大、入网机器多的环境,例如构造广域网。

由于不同拓扑结构的网络往往采用不同的网络控制方法,具有不同的性质,适应不同的应用环境,因此计算机控制系统的网络可以根据应用的不同,选择或者混合不同的网络拓扑结构,一般来讲,计算机控制系统的网络拓扑结构以总线形式为多。

3. 按管理性质划分

① 公用网。由电信部门组建、管理和控制,网络内的传输和转换可供任何部门和个人使用;公用网常用于远程网络的构建,支持用户的远程通信。

② 专用网。由用户部门组建经营的网络,不允许其他用户和部门使用;由于投资因素,专用网常为局域网或者是通过租借电信部门的线路而组建的广域网。

过程计算机控制系统中的网络常为专用网,由于近年来计算机控制系统的需求变化,特别是对于远程监控需求的增加,使用专用网互连公用网的方式来组建各种计算机控制网络也普遍增多,这也是计算机控制系统应用网络的发展趋势。

4. 按交换方式划分

① 电路交换网。类同电话方式,具有建立链路、数据传输和释放链路三个阶段;通信过程中,自始至终占用该链路。且不允许其他用户共享其信道资源。

② 报文交换网。交换机采用具有"存储-转发"能力的计算机,用户数据可以暂时保存在交换机内,等待线路空闲时,再进行用户数据的一次传输。

③ 分组交换网。类同报文交换技术,但规定了交换机处理和传输数据的长度(称之为分组),不同用户的数据分组可以交织在网络中的物理链路上传输。

目前,大多数计算机网络(包括广域网和局域网)都采用分组交换技术,只是分组的体积有所不同。

5. 按功能划分

① 通信子网。网络中面向数据通信的资源集合,主要支持用户数据的传输;该子网包括传输线路、交换机和网络控制中心等硬件设施。

② 资源子网。网络中面向数据处理的资源集合,主要支持用户的应用;该子网由用户的主机资源组成,包括接入网络的用户主机,以及面向应用的外设(例如终端)、软件和可共享的数据(例如公共数据库)等。

通信子网和资源子网的划分是一种逻辑划分,它们可能使用相同或不同的设备。电信部门组建的网络通常理解为通信子网,而用户部门的入网设备则被认为属于资源子网。计算机控制系统的网络一般是局域网,网络设备具有数据传输和处理的功能,因此,从功能上划分计算机控制系统的网络一般是没有意义的。

6.1.3 计算机网络的协议层次模型

1. OSI 模型

早期的网络都是各个公司根据用户的要求而独立开发的,实践的结果表明,尽管应用的要求千变万化,但对网络(通信)的要求却是一致的。计算机网络体系结构实质上是定义和描述一组用于计算机及其通信设施之间互连的标准和规范的集合,遵循这组规范可以很方便地实现计算机设备之间的通信。在这种要求下,ISO(国际标准化组织)联合了许多厂商和专家,在各自提出的计算机网络结构的基础上,加以总结,最终提出了开放系统互连基本参考模式(OSI/RM),并由此引出一系列的 OSI 标准。

OSI 模型描述了两台计算机间的通信应该如何发生。现在越来越多的销售商转向 OSI,而使这个标准成为一个实用的标准。OSI 模型划分了七个层次,每一层次都由一个定义得很好的界面接口与其他层次分隔开来,如图 6.1 所示。以下是对七个层次的具体描述。

图 6.1 OSI 模型

(1) 物理层(Physical Layer)

OSI 模型的这个部分提供了建立网络的物理及电气连接特性,如双绞线电缆、光缆、同轴电缆、连接器等等。可以认为这一层是一个硬件层,通常做成芯片、印制电路板(网络适配器)和电缆等。

(2) 数据链路层(Data Link Layer)

在信息传输的这个过程中,电脉冲信号进入或离开网络电缆。代表数据信息的网络电信号(位模式、编码方法和令牌)的含义只有而且仅有这一层知道。这一层能够发现并通过要求重新传送损坏的信息包纠正错误。正是因为数据链路层如此复杂,一般将其划分为一个介质存取控制(MAC)层和一个逻辑链路控制(LLC)层。MAC 子层负责网络访问(无论是令牌传递还是带冲突的逻辑链路控制检测)和网络控制。LLC 子层工作于 MAC 子层之上,主要负责发送和接收用户的数据信息。这一层的大部分或全部内容由网络适配器上的芯片实现,而再往上的各层则是由软件(网络驱动器)来实现的。

(3) 网络层(Network Layer)

这一层切换路由信息包,使之到达它们的目的地。网络层负责寻址及传送信息包。

(4) 传输层(Tansport Layer)

当同一时刻有多个信息包在传送时,传输层将控制信息报文组成部件的顺序并规范输入的信息流。如果来了一个重复的信息包,传输层将识别出它是重复的并将其丢弃。

(5) 会话层(Session Layer)

这一层的功能是使运行于两个工作站上的应用程序能够协调其间的通信使之成为一个独立的会话,可以把它当作是一个高度结构化的对话。会话层负责会话的建立,支持会话期间对信息包的发送与接收的管理及结束会话。

(6) 表示层(Presentation Layer)

当各种计算机打算彼此传送信息时,表示层可将数据转换为机器内部的数字格式或者完成其逆过程。

（7）应用层（Application Layer）

OSI 模型中的这一层可以被应用程序使用。一条将要通过网络传输的信息报文在这一层进入 OSI 模型向下一层传送,最后传输至物理层,并在打包后传输至其他工作站。之后由目的工作站的物理层向上传送,经过那个工作站中的应用层直至到达需要这份信息报文的应用程序。

2. 层间通信

OSI 中的层间通信具有两种意义:相邻层之间的通信和对等层之间的通信。相邻层之间的通信:在 OSI 环境中,相邻层之间通信发生在相邻的上下层之间,属于局部问题,标准中定义了通信的内容(服务原语),未规定这些内容的具体表现形式和层间通信实现的具体方法。

对等层之间的通信:在 OSI 环境中,对等层是指不同开放系统中的相同层次;对等层之间的通信发生在不同开放系统的相同层次之间,属于对等层实体之间的信息交换,以保证相应层次功能的实现和服务的提供。标准中利用定义协议来规定对等层之间的交换信息格式和交换时序。

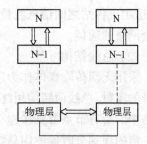

图 6.2　OSI 环境下的层间通信

在 OSI 环境中,对等层之间的通信是目的,相邻层之间的通信是手段。通过相邻层之间的通信,实现对等层之间的通信。为了保证相关服务的实现,要求对等实体的合作,但是对等实体之间并没有直接的通路,必须借助相邻下层的服务来实现,这种过程继续下去,直至物理层进行实际的数据传输,如图 6.2 所示。

6.1.4　计算机局域网络

对于一个单位而言,为了更方便地利用本单位的资源,往往建立计算机局域网,将有限地理范围内的多台计算机通过传输媒体连接起来,通过功能完善的网络软件,实现计算机之间的相互通信和共享资源。

美国电气和电子工程协会(IEEE)于 1980 年 2 月成立局域网标准化委员会(简称 802 委员会)专门对局域网的标准进行研究,并提出 LAN 的定义。根据 IEEE802 标准,LAN 协议参照了 OSI 模型的物理层和数据链路层,并没有涉及到第三层到第七层。

LAN 是允许中等地域的众多独立设备通过中等速率的物理信道直接互连并可进行通信的数据通信系统。其中,中等地域表明网络的覆盖范围有限,一般在 1～25 km(典型的小于 5 km)内,通常在单个建筑物内,或者一组相对靠近的建筑群内。

描述和比较 LAN 时,常考虑如下四个方面。

① 传输媒体:指用于连接网络设备的电缆类型,常用的有双绞线、同轴电缆和光纤电缆,也可以考虑用微波、红外线和激光等;

② 传输技术:使用传输媒体进行通信的技术,通常有基带传输和带宽传输;

③ 网络拓扑:指组网时的电缆敷设形式,常用的有总线型、环形和星形;

④ 访问控制方法:网络设备访问传输媒体的控制方法,常用的有竞争、令牌传递和时间片等。

1. 局域网的拓扑结构

构成局域网的网络拓扑结构主要有星形结构、总线结构、环形结构和混合结构。

（1）星形结构

星形结构由中央节点和分支节点所构成,各个分支节
点均与中央节点具有点到点的物理连接,分支节点之间没
有直接的物理通路,如图6.3所示。任何两个分支节点之
间的通信都要通过主节点,该主节点集中来自各分支节点
的信息,按照一种集中式的通信控制策略,把集中到主节点

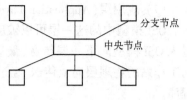

图6.3　星形结构

的信息转发给相应的分支节点。因此主节点的信息存储容量大,通信处理量大,硬、软件较复
杂。而各分支节点的通信处理负担却较小,只需具备简单的点到点的通信功能。典型的网络
系统是基于电路交换的电话交换网。

星形拓扑结构属于集中型网络,易于将信息流汇集起来,从而提高全网络的信息处理效
率,适用于各站之间信息流量较大的场合。但是可靠性较低,如果主节点发生故障,那么将影
响全网络的通信。

（2）总线结构

采用无源传输媒体作为广播总线,利用电缆抽头将各种入网设备接入总线;为了防止传输
信号的反射,总线两端使用终接器(也称终端适配器),如图6.4所示。在总线型拓扑结构中,
网络中的所有节点都直接连接到同一条传输介质上,这条传输介质称为总线。各个节点将依
据一定的规则分时地使用总线来传输数据,节点发送的数据帧沿着总线向两端传播,总线上的
各个节点都能接收到这个数据帧,并判断是否发送给本节点。如果是,则该数据帧保留下来,
否则丢弃该数据帧。总线型网络的"广播式"传输是依赖于数据信号沿总线向两端传播的特
性来实现的。

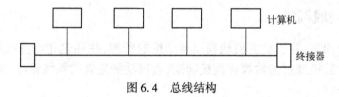

图6.4　总线结构

总线结构属于分散型网络,其结构灵活,易于扩展。一个站发生故障不会影响其他站的工
作,可靠性高。

（3）环形结构

每个节点都是通过中继器连接到环形网上,如
图6.5所示。所有分散节点用通信线路连接成环形
网,通过逐个节点传递来达到线路共用,网上信息沿
单方向围绕着线路进行循环(顺时针或逆时针)。

环形拓扑结构属于分散型网络,环形网的信号经
每个中继器整形、放大后再传送,不但传送距离远,而

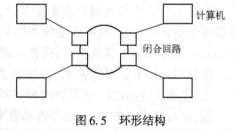

图6.5　环形结构

且能保证信号的质量。这种网络结构的主要缺点是,一旦有一个中继器出现故障,就会导致环路
的断路,使全网限于瘫痪,另外因为它是共用通信线路,所以不适用于信息流量大的场合。

（4）混合结构

混合结构是将上述各种拓扑混合起来的结构,常见的有树形(总线结构的演变或者总线和

星形的混合)、环星形(星形和环形拓扑的混合)等,图 6.6 即为环星形结构。

在组网选择拓扑结构时,应当考虑费用、灵活性和可靠性等因素。费用因素除传播媒体和所需设备(如网卡等,对于星形结构,应考虑中央节点的费用)本身的费用之外,还应包括安装费用等。灵活性因素主要包括设备的更新、移动和增删节点的方便性。可靠性因素主要包括媒体接触以及个别节点故障对整个网络的影响,拓扑结构的选择应使故障检测和故障隔离较为方便。

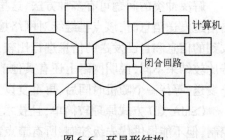

图 6.6　环星形结构

2. 局域网网络协议

根据 IEEE802 标准,LAN 协议参照了 OSI 模型的物理层和数据链路层,并没有涉及到第三层至第七层。LAN 协议把链路层又分成逻辑链路控制层 LLC 和介质访问控制层 MAC。从应用层到网络层的高层功能完全由软件来实现,它提供了两个站之间的端-端服务。而最低两层(物理层和链路层)功能基本上由硬件来完成,并制造出相应的集成电路芯片。因此 LAN 协议的实现极为容易和方便,LAN 得到广泛的应用。

(1) 物理层

局域网的物理层协议类似于一般网络的物理层。在发送和接收时,对数据(信息)位流进行编码或解码。根据 IEEE802 标准,基带传输采用曼彻斯特编码或差动曼彻斯特编码,传输介质为双绞线或同轴电缆,对于采用 CSMA/CD 技术的网络进行载体监听和冲突检测。

(2) 逻辑链路控制层

逻辑链路控制层(LLC)采用 IEEE802 标准。LLC 为高层服务,向上提供高层接口。在发送时,把数据装配成带有站地址段、控制段、信息段和 CRC 段的帧。在接收时,拆卸帧,执行站地址识别,CRC 校验,并把接收数据传送给上层。LLC 向下提供介质访问控制层的接口。

(3) 介质访问控制层

在局域网络中,由于各节点通过公共传输通路(也称之为信道)传输信息,因此任何一个物理信道在某一时间段内只能为一个节点服务,即被某节点占用来传输信息,这就产生了如何合理使用信道、合理分配信道的问题,也就是各节点既充分利用信道的空间、时间传送信息,也不至于发生各信息间的互相冲突。介质访问控制层的功能就是合理解决信道的分配。目前局部网络常用的介质访问控制方式有三种,即冲突检测的载波侦听多路访问(CSMA/CD,Carrier Sense Multiple Access with Collision Detection);令牌环(Token Ring);令牌总线(Token Bus)。

三种方式都得到 IEEE802 委员会的认可,成为国际标准。下面分别说明:

① 冲突检测的载波侦听多路访问。CSMA/CD 又称随机访问技术或争用技术,主要用于总线型。该控制方式的工作原理是:当某一节点要发送信息时,首先要侦听网络中有无其他节点正发送信息,若没有则立即发送;否则,就需要等待一段时间,再侦听,直至信道空闲,开始发送。载波侦听多路访问是指多个节点共同使用同一条线路,任何节点发送信息前都必须先检查网络的线路是否有信息传输。

CSMA/CD 技术中,需解决信道被占用时等待时间的确定和信息冲突两个问题。

确定等待时间经常采用以下两种方法:一是当某节点检测到信道被占用后,继续检测下去,待发现信道空闲时,立即发送。二是当某节点检测到信道被占用后就延迟一个随机时间,然后再检测。重复这一过程,直到信道空闲,开始发送。

解决冲突的问题可有多种方法,这里只说明冲突检测的解决办法。当某节点开始占用网络信道发送信息时,该点再继续对网络检测一段时间,也就是说该点一边发送一边接收,且把收到的信息和自己发送的信息进行比较,若比较结果相同,说明发送正常进行,可以继续发送;若比较结果不同,说明网络上还有其他节点发送信息,引起数据混乱,发生冲突,此时应立即停止发送,等待一个随机时间后,再重复以上过程。

CSMA/CD 方式原理较简单,且技术上较易实现。网络中各节点处于同等地位,无需集中控制,但不能提供优先级控制,所有节点都有平等竞争的能力,在网络负载不重的情况下,有较高的效率,但当网络负载增大时,发送信息的等待时间加长,效率显著降低。

② 令牌环。令牌环(Token Ring)全称是令牌通行环(Token Passing Ring),仅适用于环形网络结构。在这种方式中,令牌是控制标志,网中只设一张令牌,只有获得令牌的节点才能发送信息,发送完后,令牌又传给相邻的另一个节点。令牌传递的方法是:令牌依次沿每个节点传送,使每个节点都有平等发送信息的机会。令牌有“空”和“忙”两个状态。“空”表示令牌没有被占用,“忙”表示令牌正在携带信息发送。当“空”的令牌传送至正待发送信息的节点时,该节点立即发送信息并置令牌为“忙”状态。在一个节点占令牌期间,其他节点只能处于接收状态。所发信息绕环一周,并由发送节点清除,“忙”令牌又被置为“空”状态,继续绕环传送令牌。当下一个结点要发送信息时,下一个节点便得到这一令牌,并可发送信息。

令牌环的优点是能提供可调整的访问控制方式,能提供优先权服务,有较强的实时性。缺点是需要对令牌进行维护,且空闲令牌的丢失将会降低环路的利用率,控制电路复杂。

③ 令牌总线方式主要用于总线形式中。受令牌环的影响,总线传输介质上的各个节点形成一个逻辑环,即人为地给各节点规定一个顺序(例如,可按各节点号的大小排列)。逻辑环中的控制方式类同于令牌环。不同的是令牌总线中,信息可以双向传送,任何节点都能“听到”其他节点发出的信息。为此,节点发送的信息中要有指出下一个要控制的节点的地址。由于只有获得令牌的结点才可发送信息(此时其他节点只收不发),因此该方式不要检测冲突就可以避免冲突。

令牌总线具有如下优点:

- 吞吐能力大,吞吐量随数据传输速率的提高而增加;
- 控制功能不随电缆线长度的增加而减弱;
- 不需冲突检测,故信号电压可以有较大的动态范围;
- 具有一定的实时性;
- 采用令牌总线方式网络的连网距离较 CSMA/CD 及 Token Ring 方式的网络远。

令牌总线的重要缺点是节点获得令牌的时间开销较大,一般一个节点需要等待多次无效的令牌传送后才能获得令牌。

(4) LAN 网络适配器

所谓 LAN 网络适配器就是实现 LAN 物理层和链路层的硬件接口板。只需选用几片 LAN 协议专用的集成电路芯片,再外加一部分辅助电路或存储器,就可以设计一块符合 IEEE802 标准的 LAN 网络接口板。

3. 传输媒体

用于局域网的传输技术主要有有线传输和无线传输两类,有线传输使用的媒体包括双绞线、同轴电缆和光缆,无线传输媒体为大气层,使用的技术包括微波、红外线和激光。传输媒体的选择受到网络拓扑结构的约束,通常考虑费用、容量、可靠性和环境等因素。

(1) 双绞线

双绞线是一种价格低廉、易于连接的传输媒体,它由两根绝缘导线以螺旋形绞合形成。通常将一对或多对双绞线组合在一起,并用坚韧的塑料材料套装,组成双绞线电缆,可支持模拟和数字信号传输。随着结构化布线系统的推广,双绞线在局域网中的应用越来越广泛。

(2) 同轴电缆

同轴电缆的芯线为铜导线,外层为绝缘材料,绝缘材料的外套是金属屏蔽层,最外面是一层绝缘保护材料。单根同轴电缆的直径为 1.02 ~ 2.54 cm。同轴电缆具有辐射小和抗干扰能力强的特点,常用于工业电视或者有线电视。当用于 LAN 时,通信距离可达数公里,传输速率可达 100 Mbit/s,甚至更高。50 Ω 的同轴电缆常用于数字信号传输(基带传输);75 Ω 的同轴电缆为工业(有线电视)所设计,在局域网的应用中,可支持模拟和数字信号传输;93 Ω 的同轴电缆也在专门的局域网中被应用。

(3) 光导纤维(光纤)

光纤是近年来发展起来的通信传输媒体,具有误码率低、频带宽、绝缘性能高、抗干扰能力强、体积小和重量轻的特点,在数据通信中的地位越来越显著。光纤采用非常细的石英玻璃纤维(50 ~ 100 um)为中心,外罩一层折射率较低的玻璃层和保护层。当光线从高折射率的媒体(中心)射向低折射率的媒体(玻璃层)时,光线会反射回高折射率的芯线,这种反射的过程不断进行,保证了光线沿着芯线的传输。一根或者多根光导纤维组合在一起可形成光缆。

(4) 无线传输

目前无线局域网采用的传输媒体有两种:无线电波和红外线。采用无线电波作媒体时又有两种调制方式:扩频方式和窄带调制方式。

红外线局域网使用波长小于 1 μm 的红外线,基本速率为 1 Mbit/s,仅适用于近距离的无线传输,且具有很强的方向性;而无线电波的覆盖范围较广,应用较广泛,是常用的无线传输媒体。其中,使用扩频方式通信时其发射功率低于自然的背景噪声,这一方面使扩频通信非常安全,基本避免了通信信号被偷听和窃取,另一方面不会对人体健康造成伤害。所以在使用无线电波作为通信媒体时,目前主要使用扩频方式。

4. 传输技术

局域网中,利用传输媒体传输信号的技术可分为基带传输和宽带传输两种。

(1) 基带传输

保持数据波的原样进行传输称为基带传输,此时的数据信号为电子或者光脉冲;由于数据波具有直流至高频的频谱特性,数据传输将占整个信道;通常数据波信号的传输会随着距离的增加而减弱,随着频率的增加而容易发生畸变,因此,基带传输不适合于高速和远距离传输,除非传输媒体的性能很好(如光纤)。

(2) 宽带传输

采用调制(包括移幅键控法 ASK,移频键控法 FSK 和移相键控法 PSK)的方法,以连续不断的电磁波信号来传输数据信号的方法称为宽带传输。在 LAN 环境中,常采用频分多路复用的技术,支持多路信号的传输。对于不采用频分多路复用技术的宽带传输称为单通道的宽带技术。

与基带传输相比较,宽带传输可以提供较高的传输速率和抗干扰能力。

6.1.5　计算机网络互联设备

互联的网络使得一个网络用户可以与另一个网络用户相互交换信息,实现更大范围的资源共享。互联设备是实现网络互联的基础,按连接网络的不同,网络互联设备分为中继器、集线器、网桥、交换机、路由器和网关等。用户在构建网络系统和连接系统的网络时,正确的选择互联设备极为重要。

1. 中继器

中继器是最简单的网络互联设备,负责两个节点的物理层按位传递信息,完成信号的复制、调整和放大功能,以此来延长网络的长度。

2. 集线器

集线器(HUB)可以说是一种特殊的中继器,作为网络传输介质的中央节点,它克服了介质单一通道的缺陷。以集线器为中心的优点是:当网络系统中的某条线路或节点出现问题时,不会影响网上其他节点的正常工作。

3. 网桥

网桥是连接两个局域网的设备,工作在数据链路层,用它可以完成具有相同或相似体系结构网络系统的连接。网桥是为各种局域网存储转发数据而设计的,网桥可以将不同的局域网连在一起,组成一个扩展的局域网。

4. 交换机

交换机是一种具有使用简单、价格低、性能高等特点的交换产品,体现了桥接技术的复杂交换技术,和网桥一样也是工作在数据链路层。与网桥相比,两者的不同点是:交换机结存储转发延迟小,远远超过了网桥互联网络之间的转发性能。

5. 路由器

路由器是一种典型的网络层设备,它在两个局域网之间转发数据包,完成网络层的中继任务,路由器负责在两个局域网的网络层间按包传输数据。路由器的主要工作是为经过路由器的每个数据包寻找一条最佳传输路径,并将该数据包有效地传送到目的站点。

6. 网关

网关是连接两个协议差别很大的计算机网络时使用的设备。它可以将具有不同体系结构的计算机网络连接在一起,网关属于最高层(应用层)的设备。有些网关可以通过软件来实现协议的转换,并起到与硬件类似的作用,但这是以消耗机器的资源为代价来实现的。

6.2　数据通信技术

数据通信是20世纪50年代随着计算机技术和通信技术的迅速发展,以及两者之间的相互渗透与结合而兴起的一种新的通信方式,是计算机技术与通信技术相结合的产物。在工业控制领域,随着现代工业生产规模的不断扩大和自动化水平的不断提高,对生产过程的控制、优化、管理以及决策日趋复杂,数字化的仪器仪表应用也越来越多,而且往往需要几台、几十台计算机协同工作才能完成繁多的控制和管理任务。因而计算机与数字化的仪器仪表之间、计算机之间的数据共享和信息交换问题,都必须通过数据通信来解决。

6.2.1 数据通信的基础知识

1. 数据通信概述

计算机与计算机之间、计算机与仪器设备之间的数据交换称为数据通信。数据通信与传统的电话、电报通信有相似之处：它们都需要一个通信网络（如电话交换网、用户电报网及专用通信网络）来传输数据信号，并且与数据处理相关。

（1）通信系统模型

任何一个通信系统都可以借助如图 6.7 所示的通信系统模型来抽象地进行描述。

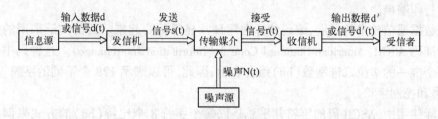

图 6.7　通信系统模型示意框图

在图 6.7 中，信息源产生的待交换信息可用数据 d 来表示，而 d 通常是一个随时间变化的信号 d(t)，它是发信机的输入信号。由于信号 d(t)往往不适合在传输媒体中传送，因此必须由发信机将它转换成适合于在传输媒体中传送的发送信号 s(t)。当信号通过传输媒体进行传送时，信号或多或少地会受到来自各种噪声源的干扰，从而引起畸变和失真等。因而在接收端收信机接收到的信号是 r(t)，它可能不同于发送机发送的信号 s(t)。收信机将依据 r(t)和传输媒体的特性，把 r(t)转换成输出数据 d′或信号 d′(t)。当然，转换后的数据 d′或信号 d′(t)只是输入数据 d 或信号 d(t)的近似值或估计值。最后，受信者将从输出数据 d′或信号 d′(t)中识别出被交换的信息。

（2）模拟通信、数字通信和数据通信

通信传输的信息很多，可以是语音、图像、文字、数据等。它们大致可以归纳成两种，即连续信息和离散信息。连续信息的状态随时间而连续变化；离散信息的状态是可列的或是离散的。

信息必须借助信号（载体）来传输。在通信中有两种基本的传输信号：模拟信号和数字信号。模拟信号是指该信号的波形可以表示成时间的连续函数，如图 6.8a 所示。它是用电参量（如电压、电流）的变化来模拟信号源发送的信号。例如电话信号就是将语音声波的强弱转换成电压的大小来传输的。而数字信号的特征是其幅度不是时间的连续函数，它只能取有限个离散值。在通信领域通常取两个离散值，即用"0"和"1"来表示二进制数字信号，如图 6.8b 所示。

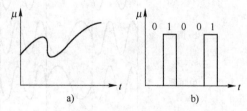

图 6.8　传输信号示意图
a）模拟信号　b）数字信号

以模拟信号作为载体来传输信息称为模拟通信；以数字信号作为载体来传输信息称为数字通信；信息源产生的信息，借助模拟通信或数字通信的方法，传输给受信者的整个过程称为通信。如果信息源产生的是数据，则整个过程又称为数据通信。

（3）数据编码或调制

在各种计算机和终端设备构成的数据通信系统中,内部信息是用二进制数表示的,而外部信息则以各种图形字符表示。数据通信的输入设备把字符换成二进制数,输出设备则把二进制数变换成字符。因而,为了实现正常通信,需要对二进制数和字符的对应关系作一个统一的规定,这种规定称为编码。

在数据传输中,除了需要传输信息的内容之外,还要传输各种控制信息,用以控制计算机和终端设备协调一致的动作,以及识别报文的组成和格式。这些控制信息是以与控制字符相对应的二进制数来表示的。在信息的传输过程中,控制字符只作数据传输系统内部控制用,一般不需要打印输出。

随着数据通信技术的发展,编码的标准化日益显得重要起来。目前广泛采用的是美国信息交换标准码 ASCII（American Standard Code for Information Interchange）。这种码中的每个字符都由一个惟一的 7 位二进制数（bit）组合表示,因此,可以表示 128 个不同的字符,其中包括数字、符号和控制字符。

在实际使用中,ASCII 码的字符几乎总是以每个字符 8 个比特（bit）的方式来储存和传输的。其中,第 8 个 bit 有各种用法。它用于起止式异步通信,当数据位为 7 位时,第 8 位使得每一 8 位码组中的二进制"1"的个数总是奇数（奇校验）或总是偶数（偶校验）,从而可以检测出因传输错误而发生的一个 bit 错或奇数个 bit 错的那些码元组。PC 机则把第 8 位作为附加位,使 ASCII 码能表示 256 个字符,通常称为"扩展 ASCII 码"。ASCII 编码标准中有 27 个用于通信控制的控制符,对它们的含义解释,可查阅参考文献。

常用的调制方法有振幅调制、频率调制和相位调制三种,如图 6.9 所示。

振幅调制就是用原始脉冲信号去控制载波的振幅变化,如图 6.9a 所示。这种调制是利用数字信号的 1 或 0 去接通或断开连续的载波,相当于有一个开关控制载波一样,故又称为振幅键控 ASK（Amplitude Shift Keying）。

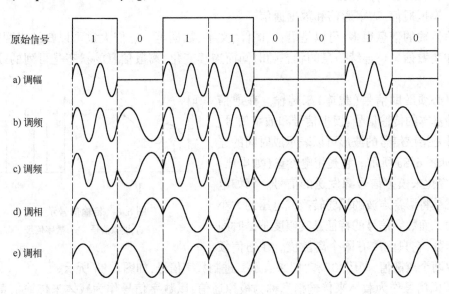

图 6.9 三种调制信号

频率调制就是用原始脉冲信号去控制载波的频率变化。其中调频信号可分为两种:一种是相位连续的调频信号,如图 6.9b 所示。也就是发送端只有一个振荡器,用原始脉冲信号改变该振荡器的参数,使振荡频率发生变化。另一种是相位不连续的调频信号,如图 6.9c 所示,也就是发送端有两个振荡器 f1 和 f2。由原始脉冲控制 f1 或 f2 的输出。频率调制又称频率键控 FSK(Frequency Shift Keying)。

相位调制就是用原始脉冲信号去控制载波的相位变化。调相信号可分为两种:一种是绝对移相,如图 6.9d 所示,当原始信号为 1 时,调相信号为 $\sin\omega_0 t$;当原始信号为 0 时,调相信号为 $\sin\omega_0(t+\pi)$。另一种是相对移相,如图 6.9e 所示,当原始信号为 1 时,调相信号的相位对于前一信号的相位移动 π;如果原始信号为 0 时,则调相信号的相位不变。相位调制又称相位键控 PSK(Phase Shift Keying)。

2. 数据传输方式

(1) 基带传输与频带传输

所谓基带,是指电信号所固有的频带。直接将这些电脉冲信号进行传输,就称为基带传输。因基带信号所包含的频率成分范围很宽,故不适合远距离传输。若不直接对这些电脉冲信号进行传输,而是对这些信息先进行调制,然后再传输,则称为频带传输。频带传输由于其频率成分窄,可以做到远距离传输。

(2) 串行传输与并行传输

按传输数据的时空顺序分类,数据通信的传输方式可以分成串行传输和并行传输两种。数据在一个信道上按位依次传输的方式称为串行传输。反之,数据在多个信道上同时传输的方式称为并行传输。

(3) 同步技术

所谓同步,就是接收端要按照发送端所发送的每个码元的起止时间来接收数据,也就是接收端和发送端要在时间上取得一致。如果收、发两端同步不好,将会导致通信质量下降,甚至完全不能工作。常用的同步方式有两种:一种是起停同步技术,与其相对应的传输方式称异步通信方式;另一种是自同步方式,与其相对应的传输方式称为同步通信方式。

① 异步通信方式。异步通信方式 ASYNC(Asynchronous Data Communication)每次传送一个字符的数据。用一个起始位表示传输字符的开始,用 1 至 2 个停止位表示字符的结束,一个字符构成一帧信息,如图 6.10 所示。

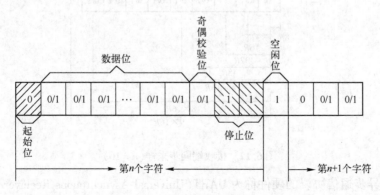

图 6.10　异步通信信息帧格式

异步通信信息帧的第一位为起始位(低电平),紧跟在起始位后面的是 5~8 位数据位,数据位是要传送的有效信息;根据需要可以选择是否需要奇偶校验位,奇偶校验位为 1 位并紧跟在数据位的后面;最后为停止位,停止位可以是 1 位、$1\frac{1}{2}$ 位或 2 位。从起始位开始到停止位结束就是 1 帧信息。该帧信息之后跟着是空闲位,空闲位至少是 1 位,并且为高电平,如果无数据发送,则为空闲状态,也就是每个信息帧之间的间隔可用空闲位延续任意长。

发送端发送时,从低位到高位逐位顺序发送。为了对传送的信息进行定位,必须有发送时钟,并在发送时钟的下降沿将信息位送出,信息位宽度 T_d 为 n 倍发送时钟周期 T_c,即 $T_d = nT_c$,如图 6.11 所示。另外在接收端也必须有接收时钟,为了保证发送与接收同步,接收时钟周期 R_c 应等于发送时钟周期 T_c。但是由于收、发双方使用了各自的时钟,所以只能满足 R_c 与 T_c 近似相等。

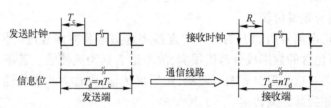

图 6.11　发送、接收时钟的信息位

接收端同步接收信息的方法如图 6.12 所示。在停止位之后,接收器在接收时钟脉冲的每一个上升沿进行采样,并检查接收线上的低电平是否保持 8 或 9 个连续的接收时钟周期(设 $T_d = 16T_c$),就能确定是否为起始位。这样可以克服 R_c 与 T_c 之间的微小偏差,以及避免接收线上的噪声干扰,并且能够精确地确定起始位的中点,从而为接收端提供一个准确的时间基准。从这个基准算起,每隔 $16R_c$ 进行一次采样(设 $n = 16$),也就是在每个信息位的中点采样。这样连续采样 8 次,得到一个字节(7 位数据位和 1 位奇偶校验位),再一次采样时接收线上为高电平,就认为是停止位。至此,一帧信息接收完毕。

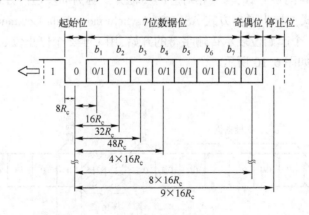

图 6.12　接收端同步采样($n = 16$)

能够完成异步通信协议的硬件称为 UART(Universal Asynchronous Receiver/ Transmitter),典型的 UART 有 INS8250、MC6850 等。

在异步通信中,每个字符要用起始位和停止位作为字符开始和结束标志,因而数据传送效率低。另外,为了保证收、发同步,克服 R_c 与 T_c 之间的微小偏差,信息位宽度 $T_d = nT_c$,一般取 n 为 16、32、64 等,这样降低了信息传送速率。为消除这些缺点可采用同步通信方式。

② 同步通信方式。同步通信 SYNC(Synchronous Data Communication)每次传送 n 个字符的数据块。用一个或两个同步字符表示传送数据块的开始,接着就是 n 个字符的数据块,字符之间不允许有空隙,当没有字符可发送时,则连续发送同步字符,如图 6.13 所示。

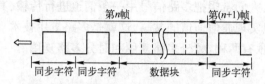

图 6.13　同步通信信息帧示例

通常由用户选择同步字符,可以选择一个特殊的 8 位二进制码(如 01111110)作为同步字符(称单同步字符),或选择两个连续的 8 位二进制码作为同步字符(称双同步字符)。为了保证收、发同步,收、发双方必须使用相同的同步字符。

发送端传送时,首先对被传送的原始数据进行编码,形成编码数据后再往外发送,由于每位码元包含有数据状态和时钟信息,在接收端经过解码,便可以得到解码数据(称接收数据)和解码时钟(称接收时钟),如图 6.14 所示。因此接收端无需设置独立的接收时钟源,而由发送端发出的编码自带时钟,实现了收、发的自同步功能。

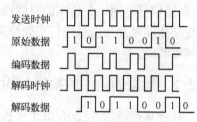

图 6.14　同步通信的编码、解码示意图

同步通信的信息帧包括同步字符和数据块,而同步字符只有 8 位或 16 位,数据块可以任意字节长,所以数据传送效率高于异步通信。另外,发送时钟周期 T_c 等于传送数据位的宽度(相当于异步通信的 $n = 1$),故信息传送速率也高于异步通信。传送的编码数据中自带时钟信息,保证了收、发双方的绝对同步,但也造成了同步通信的硬件比异步通信复杂。

能够完成同步通信的硬件称为 USRT(Universal Synchronous Receiver/Transmitter)。

既能完成同步通信又能完成异步通信的硬件称为 USART,即通用同步-异步接收器/发送器。典型的 USART 接口芯片有 Z80-SIO、8251-PCI 等。

(4) 通信线路的通信方式

按照通信线路上信息传送的方向,可分成三种传送方式:全双工通信方式、半双工通信方式和单工通信方式。

① 全双工。当数据的发送和接收分流,分别由两根不同的传输线传送时,通信双方都能在同一时刻进行发送和接收操作,这样的传送方式就是全双工(FULL Duplex)制。

② 半双工。使用同一根传输线既作接收又作发送,虽然数据可在两个方向上传送,但通信双方不能同时发送和接收,这样的传送方式就是半双工。

③ 单工。数据只能从一方发送的另一方,数据流向固定,这样的传送方式就是单工。

在实际应用中,半双工应用最为广泛。

(5)传输速率

在并行通信中,传输速率是以每秒多少字节(B/s)来表示的。而在串行通信中,传输速率是用波特率来表示的。

波特率是指单位时间内传送二进制数据的位数,其单位是位/秒(bit/s)。它是衡量串行通信速度快慢的重要指标。最常用的标准波特率是 110、300、600、1200、2400、4800、9600、19200 和 38400 bit/s。

3. 多路复用技术

为了提高传输效率,人们希望把多路信号用一条信道进行传输,其作用相当于把单条传输信道划分成多条信道,以实现通信信道的共享,这就是多路复用技术。

常用的多路复用技术有两种:频分多路复用和时分多路复用。

(1)频分多路复用

频分多路复用(FDM)是把信道的频谱分割成若干互不重叠的小频段,每条小频段都可以看作是一条子信道,而且相邻的频段之间留有一段空闲频段,以保证数据在各自的频段上可靠地传输。

(2)时分多路复用

时分多路复用(TDM)是把信道的传输时间分割成许多时间段。当有多路信号准备传输时,每路信号占用一个指定的时间段,在此时间段内,该路信号占用整个信道进行传输。为了接受端能够对复合信号进行正确分离,接受端与发送端的时序必须严格同步,否则将造成信号间的混乱。

6.2.2 数据通信中的检错与纠错

在计算机通信过程中,由于干扰等各种原因,数据出现差错是不可避免的。问题的关键是如何能够可靠地判断一次传输是否有误,这就是所要讨论的差错检测技术。

差错检测技术的原理是:发送方在发送数据的基础上,生成某些校验编码,然后将该校验编码附加在数据后面一起发送。接收方接收到数据和校验码后,用校验码对收到的数据进行检验,以确立本次传输是否正确。差错检测技术的核心是校验编码,下面介绍三种常用的校验编码方法(奇/偶校验编码、循环冗余校验编码和恒比校验编码)和纠错方式。

1. 检验编码方法

(1)奇/偶校验(Parity Check)

奇/偶校验编码是对要发送的整个格式报文(一个字节或一帧数据)中的数字为"1"的码元个数进行统计,根据统计结果,按以下规则生成奇/偶校验位:

当"1"码元数为奇数:采用偶校验,校验位为"1";采用奇校验,校验位为"0"。

当"1"码元数为偶数:采用偶校验,校验位为"0";采用奇校验,校验位为"1"。

也就是说,在采用奇校验时,报文加上校验位后应保证"1"码元个数为奇数;而在采用偶校验时,报文加上校验位后应保证"1"码元个数为偶数。

(2)循环冗余校验 CRC(Cyclic Redundancy Check)

循环冗余校验的原理是:发送端发出的信息由基本的信息位和 CRC 校验位两部分组成,如图 6.15 所示。发送端首先发送基本的信息位,与此同时,CRC 校验位生成器用基本的信息位除以多项式 G(x)。一旦基本的信息位发送完,CRC 校验也就生成,并紧接其后再发送 CRC 校验位。

接收端在接收基本信息位的同时,CRC 检验器用接收的基本信息位除以同一个生成多项

图 6.15　CRC 校验示意图

式 G(x)。当基本信息位接收完之后,接着接收 CRC 校验位,并同时也进行这一计算。当 CRC 校验位接收完,如果这种除法的余数为 0,即能被生成多项式 G(x)除尽,则认为传输正确;否则,传输错误。

循环冗余校验(CRC)的原理及其实现比较复杂,很多资料都有论述。

循环冗余校验的检验能力与生成多项式有关。若能针对传输信息的差错模式设计多项式,就会得到较强的检测差错能力。目前人们已经设计了许多生成多项式,下面三个多项式已成为国际标准:

CRC-12:$G(x) = x12 + x11 + x3 + x2 + x + 1$

CRC-16:$G(x) = x16 + x15 + x2 + 1$

CRC-CITT:$G(x) = x16 + x12 + x5 + 1$

(3) 恒比码

在通信时不是原码传送,而是对待发送的数据进行编码,使之编码后的每一个字节(或每一码组)中,“1”和“0”的个数之比保持恒定,这种编码称为恒比码。我国国内电报通信就是采用恒比码电码编码的。用户报文中的字符要按照统一制定的标准电码本翻译成四位数字,每个数字在电传机中用一个五单位电码表示,因此每个字符实际上要用 20 个二元码。在传输过程中,只要五单位电码中出现一个码元的差错,就会产生出错数字,最终使译出的报文失去原意。

2. 纠错方式

常用的纠错方式有三种:重发纠错、自动纠错和混合纠错。

(1) 重发纠错方式

发送端发送能够检错的信息码(如奇偶校验码),接收端根据该码的编码规则,判断传输中有无错误,并把判断结果反馈给发送端。如果传输错,则再次发送,直到接收端认为正确为止。

(2) 自动纠错方式

发送端发送能够纠错的信息码,而不仅仅是检错的信息码。接收端收到该码后,通过译码不仅能发现错误,而且能自动地纠正传输中的错误。但是,纠错位数有限,如果为了纠正比较多的错误,则要求附加的冗余码比基本信息码多,因而传输效率低,译码设备也比较复杂。

(3) 混合纠错方式

这是上述两种方式的综合。发送端发送的信息码不仅能发现错误,而且还具有一定的纠错能力。接收端收到该码后,如果错误位数在纠错能力以内,则自动地进行纠错;如果错误多,超出了纠错能力,则接收端要求发送端重发,直到正确为止。

6.3 工业控制计算机网络与通信

信息经济是以信息为主导的全面经济活动,而企业信息化就是企业用信息化去推动企业的管理、生产和销售。企业网的建设成为企业基础设施建设的重要内容。工业企业网是企业网的一个重要分支,是指应用于工业领域的网络。它是一种综合集成技术,涉及到计算机技术、通信技术、多媒体技术、控制技术和现场总线等。在功能上,工业网络的结构可分为信息网和控制网两层,信息网位于工业网的上层,是企业数据共享和传输的载体,这一层主要采用以太网技术;控制网位于工业网的下层,与信息网紧密地集成在一起,具有独立性和完整性,这一层主要采用现场总线。

6.3.1 现场总线技术

在现代工业控制中,由于被控对象、测控装置等物理设备的地域分散性,以及控制与监控等任务对实时性的要求,工业控制内在地需要一种分布实时控制系统来实现控制任务。在分布式实时控制系统中,不同的计算设备之间的任务交互是通过通信网络,以信息传递的方式实现的。为了满足任务的实时要求,要求任务之间的信息传递必须在一定的通信延迟时间内。工业通信网络的采用,不仅为实现过程分布控制提供了现实可行的条件,而且对系统的实时性提出了强烈的要求。为了满足工业控制中对时间限制的要求,通常采用具有确定的、有限排队延迟的专用实时通信网络。典型的实时通信网络就是现场总线,它是应用在生产现场、在微机化测量控制设备间实现双向串行多节点的数字通信系统,又称为开放式、数字化、多点通信的低层控制网络,被誉为自动化领域的计算机局域网。它把各个分散的测量控制设备转换为网络节点,以现场总线为纽带,连接成为可以互相通信、沟通信息、共同完成自控任务的网络化控制系统。

现场总线完整地实现了控制技术、计算机技术与通信技术的集成,具有以下几项技术特征:

① 现场设备已成为以微处理器为核心的数字化设备,彼此通过传输媒体(双绞线、同轴电缆或光纤)以总线拓扑相连;

② 网络数据通信采用基带传输(即数字信号传输),数据传输速率高(为 Mbit/s 或 10Mbit/s 级),实时性好,抗干扰能力强;

③ 废弃了集散控制系统(DCS)中的 I/O 控制站,将这一级功能分配给通信网络完成;

④ 分散的功能模块,便于系统维护、管理与扩展,提高可靠性;

⑤ 开放式互连结构,既可与同层网络相连,也可通过网络互连设备与控制级网络或管理信息级网络相连;

⑥ 互操作性,在遵守同一通信协议的前提下,可将不同厂家的现场设备产品统一组态,构成所需要的网络。

国际上发达国家的厂商看到了现场总线的广阔前景,于是纷纷投入很大的人力、物力进行研究开发。他们首先立足于总线标准,即总线协议的制定,而后力图发展其应用领域以扩张自己的营运范围。目前已经出现了四十多种现场总线,各发展各的势力,各做各的生意,已形成了目前多种现场总线并存的,各不相让相互竞争的局面。多种总线并存,就意味着有多种标准,这就严重束缚了总线的应用和发展,国际电工协会(IEC)于 1999 年认定通过了八种现场总线为现行的现场总线标准。它们分别是:基金会现场总线 FF(Foundation Fieldbus);ControlNet;Profibus;P-Net;FF(Foundation Fieldbus)高速以太网 HSE;SwiftNet;WorldFIP;Interbus-S。

6.3.2　工业以太网

1.　以太网的优势

以太网(Ethernet)由于其应用的广泛性和技术的先进性,已逐渐垄断了商用计算机的通信领域和过程控制领域中上层的信息管理与通信,并且有进一步直接应用到工业现场的趋势。与目前的现场总线相比,以太网具有以下优点。

(1) 应用广泛

以太网是目前应用最为广泛的计算机网络技术,受到广泛的技术支持。几乎所有的编程语言都支持 Ethernet 的应用开发,如 Java、Visual C++、Visual Basic、Delphi 等。这些编程语言由于使用广泛,并受到软件开发商的高度重视,具有很好的发展前景。因此,如果采用以太网作为现场总线,可以保证多种开发工具、开发环境供选择。

(2) 成本低廉

由于以太网的应用最为广泛,因此受到硬件开发与生产厂商的高度重视与广泛支持,有多种硬件产品供用户选择。而且由于应用广泛,硬件价格也相对低廉。目前以太网网卡的价格只有 Profibus、FF 等现场总线的十分之一,而且随着集成电路技术的发展,其价格还会进一步下降。

(3) 通信速率高

目前以太网的通信速率为 10 Mbit/s,100 Mbit/s 的快速以太网已开始广泛应用,1000 Mbit/s 以太网技术逐渐成熟,10 Gbit/s 以太网正在研究。其速率比目前的现场总线快得多。以太网可以满足对带宽的更高要求。

(4) 软硬件资源丰富

由于以太网已应用多年,人们在以太网的设计、应用等方面有很多的经验,对其技术也十分熟悉。大量的软件资源和设计经验可以显著降低系统的开发和培训费用,从而可以显著降低系统的整体成本,并大大加快系统的开发和推广速度。

(5) 可持续发展潜力大

由于以太网的广泛应用,使它的发展一直受到广泛的重视和大量的技术投入。并且,在这个信息瞬息万变的时代,企业的生存与发展在很大程度上依赖于一个快速而有效的通信管理网络,信息技术与通信技术的发展将更加迅速,也更加成熟,由此保证了以太网技术不断地持续向前发展。

因此,如果工业控制领域采用以太网作为现场设备之间的通信网络平台,可以避免现场总线技术游离于计算机网络技术的发展主流之外,从而使现场总线技术和一般网络技术互相促进,共同发展,并保证技术上的可持续发展,在技术升级方面无需单独的研究投入。这一点是任何现有现场总线技术所无法比拟的。同时机器人技术、智能技术的发展都要求通信网络有更高的带宽、更好的性能,通信协议有更高的灵活性。这些要求以太网都能很好地满足。

2.　工业以太网的关键技术

正是由于以太网具有上述优势,使得它受到越来越多的关注。但是以太网应用于工业现场设备之间的通信还存在着一些问题。下面对这些问题及解决问题的关键技术进行简要介绍。

(1) 通信实时性

长期以来,Ethernet 通信响应的"不确定性"是它在工业现场设备中应用的致命弱点和主要障碍之一。

众所周知,以太网采用冲突检测载波监听多点访问,即 CSMA/CD(Carrier Sense Multiple Access with Collision Detection) 机制解决通信介质层的竞争。以太网的这种机制导致了非确定性的产生。因为在一系列碰撞后,报文可能会丢失,节点与节点之间的通信将无法得到保障,从而使控制系统需要的通信确定性和实时性难以保证。

随着互联网技术的发展和大面积推广应用,以太网也得到了迅速的发展,使通信确定性和实时性得到了增强。

首先,在网络拓扑上,采用星形连接代替总线型结构,使用网桥或路由器等设备将网络分割成多个网段(segment)。在每个网段上,以一个多口集线器为中心,将若干个设备或节点连接起来。这样,挂接在同一网段上的所有设备形成一个冲突域(collision domain),每个冲突域均采用 CSMA/CD 机制来管理网络冲突。这种分段方法可以使每个冲突域的网络负荷和碰撞几率都大大减小。

其次,使用以太网交换技术,将网络冲突域进一步细化。用交换式集线器代替共享式集线器,使交换机各端口之间可以同时形成多个数据通道,正在工作的端口上的信息流不会在其他端口上广播,端口之间信息报文的输入和输出已不再受到 CSMA/CD 介质访问控制协议的约束。因此,在以太网交换机组成的系统中,每个端口就是一个冲突域,各个冲突域通过交换机实现了隔离。

再次,采用全双工通信技术,可以使设备端口间两对双绞线(或两根光纤)上同时接收和发送报文帧,从而也不再受到 CSMA/CD 的约束,这样,任一节点发送报文帧时不会再发生碰撞,冲突域也就不复存在。

总之,采用星形网络结构、以太网交换技术,可以大大减少(半双工方式)或完全避免碰撞(全双工方式),从而使以太网的通信确定性得到了大大增强,并为以太网技术应用于工业现场控制清除了主要障碍。

此外,通过降低网络负载和提高网络传输速率,可以使传统共享式以太网上的碰撞大大降低。实际应用经验表明,对于共享式以太网来说,当通信负荷在 25 % 以下时,可保证通信畅通,当通信负荷在 5 % 左右时,网络上碰撞的概率几乎为零。由于工业控制网络与商业网不同,每个节点传送的实时数据量很少,一般仅为几个位或几个字节,而且突发性的大量数据传输也很少发生,因此完全可以通过限制每个网段站点的数目,降低网络流量。同时,使用 UDP 通信协议,可以充分保证报文传输的有效载荷,避免在网络上传输不必要的填充域数据所占用的带宽,使网络保持在轻负荷工作条件下,就可以使网络传输的实时性进一步得到保证。

对于紧急事务信息,则可以根据 IEEE802.3,应用报文优先级技术,使优先级高的报文先进入排队系统接受服务。通过这种优先级排序,使工业现场中的紧急事务信息能够及时成功地传送到中央控制系统,以便得到及时处理。

(2) 总线供电

所谓"总线供电"或"总线馈电",是指连接到现场设备的线缆不仅传送数据信号,还能给现场设备提供工作电源。采用总线供电可以减少网络线缆,降低安装复杂性与费用,提高网络和系统的易维护性。特别是在环境恶劣与危险场合,"总线供电"具有十分重要的意义。由于 Ethernet 以前主要用于商业计算机通信,一般的设备或工作站(如计算机)本身已具备电源供电,没有总线供电的要求,因此传输媒体只用于传输信息。

对现场设备的"总线供电"可采用以下方法：

方法一：在目前 Ethernet 标准的基础上适当地修改物理层的技术规范，将以太网的曼彻斯特信号调制到一个直流或低频交流电源上，在现场设备端再将这两路信号分离出来。

采用这种方法时必须注意：修改协议后的以太网应在物理层上与传统 Ethernet 兼容。

方法二：不改变目前 Ethernet 的物理层结构，即应用于工业现场的以太网仍然使用目前的物理层协议，而通过连接电缆中的空闲线缆为现场设备提供工作电源。

相比而言，第一种方法虽然实现了与传统 DCS 以及 FF、Profibus 等现场总线所采用的"总线供电法"相一致，做到了"一线二用"，节省了现场布线。但由于这种方法与传统以太网在物理介质上传输的信号在形式上已不一致，因此这种修改后的以太网设备与传统以太网设备不再能够直接互连，而必须增加额外的转接设备才能实现与传统以太网设备（如计算机的以太网卡）的连接。

（3）互操作性

由于以太网（IEEE802.3）只映射到 ISO/OSI 参考模型中的物理层和数据链路层，TCP/IP 映射到网络层和传输层，而对较高的层次如会话层、表示层、应用层等没有作技术规定。目前 RFC（Request For Comment）组织文件中的一些应用层协议，如 FTP、HTTP、Telnet、SNMP、SMTP 等，仅仅规定了用户应用程序该如何操作，而以太网设备生产厂家还必须根据这些文件定制专用的应用程序。这样不仅不同生产厂家的以太网设备之间不能互相操作，而且即使是同一厂家开发的不同的以太网设备之间也有可能不可互相操作。究其原因，就是以太网上没有统一的应用层协议，因此这些以太网设备中的应用程序是专有的，而不是开放的，不同应用程序之间的差异非常大，相互之间不能实现透明互访。

要解决基于以太网的工业现场设备之间的互操作性问题，惟一而有效的方法就是在以太网＋TCP（UDP）/IP 协议的基础上，制定统一并适用于工业现场控制的应用层技术规范，同时可参考 IEC 有关标准，在应用层上增加用户层，将工业控制中的功能块 FB（Function Block）进行标准化，通过规定它们各自的输入、输出、算法、事件、参数，并把它们组成为可在某个现场设备中执行的应用进程，便于实现不同制造商设备的混合组态与调用。

这样，不同自动化制造商的工控产品共同遵守标准化的应用层和用户层，这些产品再经过一致性和互操作性测试，就能实现它们之间的互可操作。

（4）网络生存性

所谓网络生存性，是指以太网应用于工业现场控制时，必须具备较强的网络可用性。任何一个系统组件发生故障，不管它是否是硬件，都会导致操作系统、网络、控制器和应用程序以至于整个系统的瘫痪，则说明该系统的网络生存能力非常弱。因此，为了使网络正常运行时间最大化，需要以可靠的技术来保证在网络维护和改进时，系统不发生中断。

为提高工业以太网的生存能力，提高基于以太网的控制系统的可用性，可采用以下方法：在进行基于以太网的控制系统设计时，通过可靠性设计提高现场设备的可靠性；采用环形冗余以太网结构网络以提高系统的可恢复性；采用智能设备管理系统，对现场设备进行在线监视和诊断、维护管理。

（5）网络安全性

目前工业以太网已经把传统的三层网络系统（即信息管理层、过程监控层、现场设备层）合成一体，使数据的传输速率更快、实时性更高，同时它可以接入 Internet，实现了数据的共享,使工厂高效率的运作,但与此同时也引入了一系列的网络安全问题。

对此,一般可采用网络隔离(如网关隔离)的办法,如采用具有包过滤功能的交换机将内部控制网络与外部网络系统分开。该交换机除了实现正常的以太网交换功能外,还作为控制网络与外界的惟一接口,在网络层中对数据包实施有选择的通过(即所谓的包过滤技术),也就是说,该交换机可以依据系统内事先设定的过滤逻辑,检查数据流中每个数据包的部分内容后,根据数据包的源地址、目的地址、所用的 TCP 端口与 TCP 链路状态等因素来确定是否允许数据包通过。只有完全满足包过滤逻辑要求的报文才能访问内部控制网络。

此外,还可以通过引进防火墙机制,进一步实现对内部控制网络访问进行限制、防止非授权用户得到网络的访问权、强制流量只能从特定的安全点去向外界以及限制外部用户在其中的行为等效果。

(6) 本质安全与安全防爆技术

在生产过程中,很多工业现场不可避免地存在易燃、易爆与有毒等场合。对应用于这些工业现场的智能装备以及通信设备,都必须采取一定的防爆技术措施来保证工业现场的安全生产。

现场设备的防爆技术包括两类,即隔爆型(如增安、气密、浇封等)和本质安全型。与隔爆型技术相比,本质安全技术采取抑制点火源能量作为防爆手段,可以带来以下技术和经济上的优点:结构简单,体积小,重量轻,造价低;可在带电情况下进行维护和更换;安全可靠性高;适用范围广。实现本质安全的关键技术为低功耗技术和本安防爆技术。

以太网系统的本质安全包括几个方面,即工业现场以太网交换机、传输媒体以及基于以太网的变送器和执行机构等现场设备。由于目前以太网收发器本身的功耗都比较大,一般都在六七十毫安(5 V 工作电源),因此相对而言,基于以太网的低功耗现场设备和交换机设计比较困难。

在目前的技术条件下,对以太网系统采用隔爆防爆的措施比较可行,即通过对以太网现场设备(包括安装在现场的以太网交换机)采取增安、气密、浇封等隔爆措施,使设备本身的故障产生的电火能量不会外泄,以保证系统使用的安全性。

对于没有严格的本安要求的非危险场合,则可以不考虑复杂的防爆措施。

(7) 远距离传输

由于通用 Ethernet 的传输速率比较高(如 10 Mbit/s、100 Mbit/s、1000 Mbit/s),考虑到信号沿总线传播时的衰减与失真等因素,Ethernet 协议(IEEE802. 3 协议)对传输系统的要求作了详细的规定,如每一段双绞线(10BASE2T)的长度不得超过 100 m;使用细同轴电缆(10BASE22)时每段的最大长度为 185 m;而使用粗同轴电缆(10BASE25)时每段的最大长度也仅为 500 m;对于距离较长的终端设备,可使用中继器(但不超过 4 个)或者光纤通信介质进行连接。

然而,在工业生产现场,由于生产装置一般都比较复杂,各种测量和控制仪表的空间分布比较分散,彼此间的距离较远,有时设备与设备之间的距离长达数公里。对于这种情况,如遵照传输的方法设计以太网络,使用 10BASE2T 双绞线就显得远远不够,而使用 10BASE2 或10BASE5 同轴电缆则不能进行全双工通信,而且布线成本也比较高。同样,如果在现场都采用光纤传输介质,布线成本可能会比较高,但随着互联网和以太网技术的大范围应用,光纤成本肯定会大大降低。

此外,在设计应用于工业现场的以太网络时,将控制室与各个控制域之间用光纤连接成骨干网,这样不仅可以解决骨干网的远距离通信问题,而且由于光纤具有较好的电磁兼容性,因此可以大大提高骨干网的抗干扰能力和可靠性。通过光纤连接,骨干网具有较大的带宽,为将来网络的扩充、速度的提升留下了很大的空间。各控制域的主交换机到现场设备之间可采用屏蔽双绞线,而各控制域交换机的安装位置可选择在靠近现场设备的地方。

6.3.3　工业控制网络现状

前面讨论了现场总线和工业以太网络,现场总线实时性好、稳定性高、可靠性高、技术成熟,但也存在着总线标准多、不同总线标准的设备之间互连困难、现场总线的数据传送速率比以太网慢等不足之处。

工业以太网传送速率快,不存在现场总线的多种标准的问题,但在实时性、可靠性、安全性等方面还没有得到很好的解决,很多技术还不够成熟。目前,工业以太网用于现场设备控制还没有得到广泛的应用,只是一种发展趋势。

目前,一般采用以太网和现场总线相结合来构成一个企业的信息化网络。企业信息化网络可分为三个层次,从下到上依次为现场设备层、过程监控层和信息管理层。

1. 信息管理层

企业信息管理网络位于最上层,它主要用于企业的生产调度、计划、销售、库存、财务、人事以及企业的经营管理等方面信息的传输。管理层上各终端设备之间一般以发送电子邮件、下载网页、数据库查询、打印文档、读取文件服务器上的计算机程序等方式进行信息的交换,数据报文通常都比较长,数据吞吐量比较大,而且数据通信的发起是随机的、无规则的,因此要求网络必须具有较大的带宽。目前企业管理网络主要由快速以太网(100 Mbit/s、1000 Mbit/s、10 Gbit/s 等)组成。

2. 过程监控层

过程监控网络位于中间,主要用于将采集到的现场信息置入实时数据库,进行先进控制与优化计算、集中显示、过程数据的动态趋势与历史数据查询、报表打印。这部分网络主要由传输速率较高的网段(如 10 Mbit/s、100 Mbit/s 以太网等)组成。

3. 现场设备控制层

现场设备层网络位于最底层,主要用于控制系统中大量现场设备之间测量与控制信息以及其他信息(如变送器的零点漂移、执行机构的阀门开度状态、故障诊断信息等)的传输。这些信息报文的长度一般都比较小,通常仅为几位(bit)或几个字节(byte),因此对网络传输的吞吐量要求不高,但对通信响应的实时性和确定性要求较高。目前现场设备网络主要有现场总线,如 FF、Profibus、WorldFIP、DeviceNet、P2NET 等低速网段组成。

工业网络采用这种网络结构可以充分发挥现场总线和以太网各自的优势,使得工业生产过程的控制和管理更好地结合起来,加强企业的信息化建设。

习题

1. 按照网络的拓扑结构,计算机网络可以分为哪几类?并对每类加以说明。
2. 按照网络的交换方式,计算机网络可以分为哪几类?并对每类加以说明。

3. OSI 模型分为哪七层？并对每层的功能进行说明。

4. 目前局部网络常用的介质访问控制方式有哪三种，并对每种的工作原理进行说明，并说明其特点及应用范围。

5. 在局域网中常用的传输媒体有哪几种？

6. 举出六种常用的网络设备。

7. 常用的调制方法有哪三种？并对每种进行说明。

8. 写出异步通信的数据帧格式，并说明其工作原理。

9. 写出同步通信的数据帧格式，并说明其工作原理。

10. 常用的检验编码的方法有哪几种？并加以说明。

11. 纠错方式有哪三种？并加以说明。

12. 目前企业信息化网络可分为哪三个层次？每层都有什么功能？

第7章 计算机控制系统软件

与其他计算机应用系统一样,计算机控制系统也分为硬件和软件两部分。只有硬件的计算机叫裸机,它不能实现任何功能,只是计算机控制系统的设备基础;软件则是计算机控制系统的核心,计算机只有在配备了所需的各种软件后,才能展现多种功能。只有通过软件和硬件的相互配合,计算机才能实现各种控制策略、控制算法和控制目标。本章主要介绍有关计算机控制系统的软件知识。

7.1 计算机控制软件概述

软件在计算机系统中与硬件相互依存,它是包括程序、数据及其相关文档的完整集合。程序是按事先设计的功能和性能要求执行的指令序列;数据是使程序能正常操纵信息的数据结构;文档是与程序开发、维护和使用有关的图文材料。计算机控制软件是计算机控制系统中非常重要的部分。

7.1.1 计算机软件基础

计算机软件根据功能可以分为系统软件和应用软件两类。

1. 系统软件

系统软件用来管理计算机系统的资源,并以尽可能简便的形式向用户提供使用资源的服务,包括操作系统、支撑软件、系统实用程序、系统扩充程序(操作系统的扩充、汉化)、网络系统软件、设备驱动程序、通信处理程序等。其中操作系统是最基本的系统软件是计算机系统的资源(硬件和软件)管理者,同时又是用户与计算机硬件系统之间的接口。用户通过操作系统高效、方便、安全、可靠地使用计算机。

常用的微型机操作系统有 DOS、NOVELL、UNIX、Linux、OS/2、Windows、MAC 等。Microsoft公司的 Windows 98、Windows 2000、Windows XP、Windows 2003 等是目前很受欢迎的操作系统。

有些操作系统专用于单个微机,称为单用户操作系统,如 DOS 操作系统。有些操作系统专用于多个终端的主机,称为多用户操作系统,如 UNIX 操作系统。还有些操作系统专用于网络系统,称为网络操作系统,如 NOVELL、Windows NT、Windows 2000 server、Windows 2003 server 等。还有部分操作系统专用于嵌入式开发系统,称为嵌入式操作系统,如 Win CE、Palm OS、Linux 等。

支撑软件是辅助开发人员进行软件开发的各种工具软件。借助支撑软件可以完成软件开发工作,提高软件生产效率,改善软件产品质量等,它主要包括软件开发工具、软件评测工具、界面工具、转换工具、软件管理工具、语言处理程序、数据库管理系统、网络支持软件以及其他支持软件。

2. 应用软件

应用软件是软件公司或用户为解决某类应用问题而专门研制的软件,主要包括科学和工程计算机软件、文字处理软件、数据处理软件、图形软件、图像处理软件、应用数据库软件、事务管理软件、辅助类软件、控制类软件等。

计算机控制系统软件属于应用软件,它主要实现企业对生产过程的实时控制和管理以及企业整体生产的管理控制。按照 CIMS 的模型结构体系,计算机控制系统软件通常由以下五部分组成,自底向上依次是:

(1) 设备控制层

实现对车间各设备单独控制,保证设备按生产工艺要求正常工作。

(2) 过程控制层

按照工艺生产过程实现控制,可以选择恰当的控制策略和方案进行实时控制,使生产过程目标达到最优。

(3) 调度层

协调组织各车间、部门按计划进行生产,以满足企业市场要求。

(4) 管理层

对生产过程、生产质量、人员、物料等生产管理要素进行管理。

(5) 决策层

根据前面各层的数据,进行统计、分析,为企业领导提供决策支持。

由于计算机控制系统中控制任务的实现与管理功能的实现都需要借助软件来完成,因而在计算机控制系统中软件起到了非常重要的作用,软件设计的好坏将直接影响控制系统的运行效率和各项性能指标的最终实现。另外,选择好的操作系统和好的程序设计语言对程序运行效率也非常重要。在实时工业控制应用系统中,为了实现特定的应用目标,需要进行应用程序的设计和开发。在过去,由于技术发展水平的限制,应用程序一般都需要应用单位自行开发或委托专业单位进行开发,系统的可靠性和其他性能指标难以得到保证,系统的实施周期一般也较长。随着计算机控制系统应用的深入发展,那种小规模的、解决单一问题的应用程序已不能满足控制系统的需要,于是出现了由专业化公司投入大量人力、财力研制开发的用于工业过程计算机控制、可满足不同规模控制系统的商品化软件,即工业控制组态软件。常见的组态软件有组态王、intouch、iFix、开物 2000、RSView、WinCC 等。对最终的应用系统用户而言,他们并不需要了解这类软件的各种细节,经短期培训后,所需做的工作仅是填表式的组态而已。由于这些商品化软件的研制单位具有丰富的系统开发经验,并且软件产品经过考核和许多实际项目的成功应用,所以可靠性和各项性能指标都可得到保证。

同软件的发展历程一样,计算机控制系统软件的发展也经历了从针对某一具体控制问题进行程序设计,到逐渐针对抽象的通用性问题或中大型控制系统进行规范化、系统化的软件工程设计的发展阶段。在软件工程中,程序设计的主要特点是:使用软件语言进行程序设计,这种软件语言并不仅指程序设计语言,还包括需求定义语言、软件功能语言、软件设计语言等。不同于以往的程序设计方法,软件工程适合于开发不同规模的软件,开发的软件适合于所基于的硬件向着超高速、大容量、微型化和网络化方向发展。在开发过程中,决定软件质量的因素不仅是技术水平,更重要的还取决于软件开发过程中的管理水平。随着过程计算机控制系统的内涵与外延不断扩大,社会需求对过程计算机控制系统的要求越来越高,因而其科学的软件设计方法也应按软件工程的方法进行。

7.1.2　计算机控制系统软件功能

在整个计算机控制系统中,硬件大部分可以直接从市场上购买到,因此软件部分就成了影响整个系统性能的关键。过程控制的特殊性要求控制软件具有实时多任务的特点,包括数据采集与输出、数据处理与算法实现、图形显示及人机对话、实时数据的存储、检索管理、实时通信等,这些任务要求在同一台计算机上同时运行。

计算机控制系统软件一般具有以下功能:

实时数据采集——采集现场控制设备的状态及过程参数;

控制策略——为控制系统提供可供选择的控制策略方案;

闭环输出——在软件支持下进行闭环控制输出,以达到优化控制的目的;

报警监视——处理数据报警及系统报警;

画面显示——使来自设备的数据与计算机图形画面上的各元素关联起来;

报表输出——各类报表的生成和打印输出;

数据存储——存储历史数据并支持历史数据的查询;

系统保护——自诊断、掉电处理、备用通道切换和为提高系统可靠性、维护性采取的措施;

通信功能——各控制单元间、操作站间、子系统间的数据通信功能;

数据共享——具有与第三方程序的接口,方便数据共享。

根据上述性能得出,衡量一个过程控制系统软件性能优劣的主要指标是:

① 系统功能是否完善,能否提供足够多的控制算法(包括若干种高级控制算法)。

② 系统内各种功能能否完善地协调运行,如进行实时采样和控制输出的同时,又能同时显示画面、打印管理报表和进行数据通信操作。

③ 保证人机接口良好,需要有丰富的画面和报表形式,较多的操作指导信息。另外操作要方便、灵活。

④ 系统的可扩展性能如何,即是否能不断地满足用户的新要求和一些特殊的需求。

由于对过程控制软件提出的功能和指标要求比一般的软件要求要高出很多,因此对过程控制系统软件设计者也相应提出了较高的要求。设计者不仅应具备丰富的自动控制理论知识和实际经验,还需深入了解计算机系统软件,包括操作系统、数据库等方面的知识。他应该既熟悉控制现场要求,又熟练掌握编程技术。

7.2　计算机控制系统中的数据库

在计算机控制系统中,系统采集了许多数据,系统需要对数据进行计算、分析、保存和查询等处理,这些功能的实现需要由数据库管理系统来完成。本节将介绍有关数据库系统的概念及设计等内容。

7.2.1　数据库系统的定义

什么是数据库系统呢? 从根本上讲,它不过是一个以计算机为基础的记录保持系统,也就是说,它的总的目的是要记录和保持信息。

一个数据库系统要包括四个主要部分:数据、硬件、软件和用户。

1. 数据

存储在数据库中的数据可以划分为一个或多个数据库。任何企业都必须维持与其工作有关的大量数据,即工作数据,这些工作数据可以是产品数据、账目数据、病人数据、学生数据和计划数据等。数据库的数据既是综合的,又是共享的。"综合"指的是可以把数据库看成是若干单个不同的数据文件的联合,在那些文件间局部或全部地消除了冗余。"共享"指的是该数据库中一块块的数据可为多个不同的用户所共享,其意义是那些用户中的每一个都可存取同一块数据,并可将它用于不同的目的。

2. 硬件

硬件主要是指存储数据库数据的辅助存储器、磁盘、磁鼓及其他附属设备。

3. 软件

在实际存储的数据(或称物理数据库)和用户之间是一个软件层,通常叫数据库管理系统(DBMS)。用户存取数据库的所有请求都是由 DBMS 操作的。因此,DBMS 提供了一种在硬件层之上的对数据库的观察,并支持用较高的观点来表达用户的操作。

4. 用户

数据库系统中的用户是指运用数据库进行各种业务处理工作的人或部门。用户的业务处理是通过专门的应用程序来实现的。根据用户业务处理范围及使用语言的不同,又可将其分为三类用户。

第一类用户是应用程序员。这类用户通常通过应用程序对数据进行以下操作:检索信息、建立新信息、删除或改变现有信息。所有这些功能都是通过向 DBMS 发出适当的请求来实现的。

第二类用户是从终端存取数据的终端用户,他们使用特定的命令语言,实现对数据库的查询、建立、删除及修改。

第三类用户是数据库管理员(DBA)。DBA 的职责包括:决定数据库的信息内容;决定存储结构和存取策略;与用户建立联系,定义权限和有效性步骤;确定备份和恢复策略。

7.2.2 数据库系统的发展阶段

1. 数据库系统的低级阶段

从 20 世纪 60 年代后期开始,存储技术取得了很大发展,有了大容量的磁盘。计算机用于管理的规模更加庞大,数据量急剧增长,为了提高效率,人们着手开发和研制更加有效的数据管理模式,提出了数据库的概念。

英国 IBM 公司于 1968 年研制成功的数据库管理系统(Information Management System, IMS)标志着数据管理技术进入了数据库系统阶段。IMS 为层次模型数据库。在 1969 年美国数据系统语言协会(Conference On Data System Language, CODASYL)公布了数据库工作组(Data Base Task Group, DBTG)报告,对研制开发网状数据库系统起了重大推动作用。从 1970 年起,IBM 公司的 E. E. Codd 连续发表论文,又奠定了关系数据库的理论基础。

从 20 世纪 70 年代以来数据库技术发展很快,得到了广泛的应用,已成为计算机科学技术的一个重要分支。

2. 数据库系统的高级阶段

20 世纪 70 年代中期以来,随着计算机技术的不断发展,出现了分布式数据库、面向对象数据库和智能型知识数据库等,通常被称为高级数据库技术,这个阶段通常被称为数据库系统的高级阶段。

(1) 分布式数据库

由于计算机网络通信的迅速发展,使得分散在不同地理位置的计算机能够实现数据的通信和资源的共享,已经建立并使用中的许多数据库也需要互联,因此产生了分布式数据库系统。

分布式数据库是分布在计算机网络不同节点(size)上的数据的集合。它有两个主要特点,一个是网络中每个节点上的数据库都只有独立处理的能力,多数数据处理就地完成,不能处理的才交其他处理机处理;另一个是计算机之间用通信网络连接;每个节点上的应用既可访问本节点上数据库中的数据(这种应用称为局部应用),也可以通过网络访问其他节点的数据库的数据(这种应用称为全局应用)。

分布式数据库在物理上是分散的,在逻辑上是统一的。在分布式数据库系统中,适当地增加了数据冗余,个别节点的失效不会引起系统瘫痪,而且多台处理机可并行工作,提高了数据处理的效率。

(2) 面向对象数据库

随着计算机的发展,数据库的应用领域不断扩大,逐渐从商务领域(如存款取款、财务管理、人事管理等应用领域)拓宽到计算机集成制造系统(CIMS)、计算机辅助设计(CAD)和计算机辅助生产管理等应用领域。这些新的应用领域对数据库技术提出了新要求。

20 世纪 80 年代产生了面向对象的数据库系统(Object-Oriented Database System ,ODBS)。在面向对象的数据库系统中,一切概念上存在的小至单个整数或数字串,大至由许多部件构成的系统均称为对象。任何一个对象都有数据部分和程序部分,例如,职工张三是一个对象,他 25 岁,每月工资 1500 元。这个对象的数据部分是姓名——张三,年龄——25,工资——1500元。修改对象张三的年龄或工资,或检索对象属性(例如姓名、年龄、工资)的值,所使用的程序构成了对象的程序部分。面向对象的数据库系统比一般数据库系统具有更多的特点和应用领域。未来的软件系统将建立在面向对象的概念上。

(3) 智能型知识数据库

人们对数据进行分析找出其中关系并形成信息,然后对信息进行再加工,获得更有用的信息,即知识。人工智能的发展,要求计算机不仅能够管理数据,还能管理知识。管理知识可用知识库系统实现。

知识库是一门新的学科,它研究知识表示、结构、存储、获取等技术。知识库是专家系统、知识处理系统的重要组成部分。知识库系统把人工智能的知识获取技术和机器学习的理论引入到数据库系统中,通过抽取隐含在数据库实体间的逻辑蕴涵关系和隐含在应用中的数据操纵之间的因果联系,形式化地描述数据库中的实体联系。在知识库系统中可以把语义知识自动提供给推理机,从已有的事实知识推出新的事实知识。

7.2.3 数据库系统的主要特征

1. 数据结构化

在数据库中,数据是按照某种数据模型组织起来的,不仅文件内部数据之间彼此是相关的,而且文件与文件之间在结构上也有机地联系在一起,整个数据库浑然一体。

2. 较少的数据冗余度

非数据库系统中往往会导致存储数据的大量冗余,结果造成存储空间的浪费。

3. 避免不相容性

这也是减少数据冗余带来的必然结果。

4. 数据共享

数据共享不仅表现在现有的一些应用能共享数据库中的数据,而且表现在可以对同样的存储数据进行一些新的应用。换言之,不需要建立任何新的存储文件,即可满足新应用的数据要求。

5. 保持数据完整性

完整性是指数据库中的数据是准确的。

6. 数据独立性

数据独立性是数据库系统的一个主要目标。文件系统的应用都是数据依赖的,在数据库系统中,各种应用对存储结构和存取策略的改变不敏感。

7.2.4 数据库体系结构的三级模式

依照美国国家标准学会(ANSI)所属标准计划和标准化报告(ANSI/SPARC 报告),可把数据库分为三级,它们分别是外模式、概念模式和内模式,如图 7.1 所示。

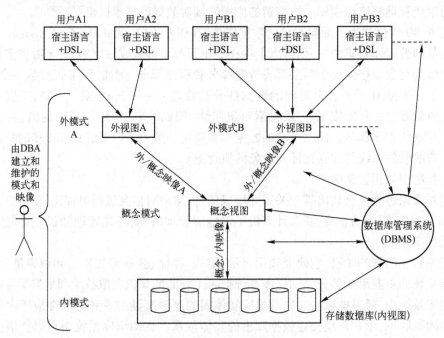

图 7.1 数据库的三级模式图

外模式是应用程序员所看到的数据库的逻辑结构,也可称之为用户视图(或外视图)。外模式基本上是由应用所需的各种外记录类型的相应定义所组成的。该模式由数据定义语言的外 DDL 所描述。

160

概念模式是企业所有工作数据所表示的整体逻辑结构。它与数据的物理存储方式相比是较为抽象的形式,因此也可称其为概念视图。概念模式由多种概念记录类型的多个记录值构成。概念模式由数据定义语言的概念 DDL 所描述。

三级模式的第三级是内模式。内模式是数据库的存储结构(或称为物理结构),它是由内记录(或称为存储记录)类型的多个值构成的。内模式即是由定义的文件及其上的索引组成的。内模式由数据定义语言的内 DDL 所描述。

7.2.5 数据模型

1. 数据模型的定义

数据库是模拟现时世界中企业活动的数据集合,模拟是通过数据模型来实现的,整个数据库的组织也是通过数据模型来实现的。所谓数据模型是表示现实世界中客观存在的实体与客体之间的联系。

目前的数据模型大致可分为两类:一类是独立于任何计算机实现的,如实体 – 联系模型(E-R 模型),语义网络模型等等,这类模型完全不涉及信息在计算机系统中的表示问题,只用来描述某个特定的信息结构,因此又常称作是信息模型或概念模型。此类模型在数据库设计中较为常用。

另一类是直接面向数据库中数据的逻辑结构,又称为基本数据模型或结构数据模型。目前使用最为广泛的基本模型有网状模型、层次模型和关系模型三种。

数据模型的功能包括:数据内容的描述、实体间联系的描述、数据语义的描述。

现在常用的是关系模型,经常用的是关系数据库,后面将主要介绍关系数据模型及在其上实现的数据库系统。对于实时数据库,将在 7.2.8 节中进行介绍。

2. 关系数据模型

关系数据模型是一种表格数据模型,在关系数据模型中仅有的数据结构就是关系。这里,关系的定义与数学中关系的定义相同,其差别是数据库关系是随时间变化的,也即元素将被插入、删除和修改。

关系数据库的定义是由一组关系组成的,关系用关系模式联系。每个关系模式由关系名和它对应的域名组成。

在给定的关系中,有这样一个或一组属性,它在不同元组中的值是不同的,利用这个值可以把关系中的一个元组和其他元组区分开来,具有这样性质的属性称为关键字属性。关系中,可以惟一标识元组值的属性可能不止一个,这些具有惟一性的属性统称为候选关键字,被选做键的属性称为主关键字。

一个关系数据库中的关系,应具备如下性质:
① 行序无关;
② 列序无关;
③ 规范化;
④ 实体完整性规划;
⑤ 引用完整性规划。

3. E-R 模型设计

为把复杂的现实世界中的问题抽象到简单规整的机器世界中,人们使用数据模型这种强有力的抽象工具,E-R 模型是众多数据模型中的一种,它是由美国加州大学 Peter Chen 教授于 1976 年提出的,被普遍认为是用于数据库设计的较好模型。

在 E-R 模型中,现实世界中的每个事物都被看作是一个实体(Entity)。实体可以是具体的人和物,也可以是抽象的表格单据。同类实体的集合被看作是实体型(Entity Type)。

实体由其所具有的特征,或称为属性(Attribute)描述。同一实体型中的实体具有相同的一组特征。实体并不是孤立地存在于现实世界中的,实体与实体之间存在着一定的联系。这种联系可以分为三种:

第一种是 1:1 的联系,它描述一个实体仅与另一个实体相关;

第二种是 1:n 的联系,它描述一个实体与多个实体间的相关性;

第三种是 $n:m$ 的联系,它描述两个实体型之间多个实体间的相互关系。

E-R 模型可以用 E-R 图的方式描述对现实世界抽象的模拟结果。E-R 图由矩形、菱形和椭圆以及它们之间的连线构成。在 E-R 图中,矩形表示实体型,对应的实体型名称写在矩形框中;菱形表示实体型之间的联系,其联系名写在菱形框内,并且用连线将相关的实体连接起来,在连线的旁边还要注明联系的类型;椭圆表示属性,其属性名写在椭圆中,与相关的实体型或联系型间用连线相连。图 7.2 是一个描述教师和学生关系的 E-R 模型。

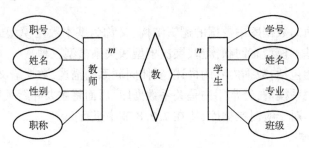

图 7.2 一个描述教师和学生关系的 E-R 模型

使用 E-R 模型设计数据库的步骤是:

① 首先确定要求解的应用的实体型;

② 确定实体型之间的联系及其联系类型;

③ 确定实体型和联系型的属性;

④ 画出局部应用的 E-R 图;

⑤ 将局部 E-R 图综合为全局 E-R 图;

⑥ 优化全局 E-R 图;

⑦ 设计逻辑数据库;

⑧ 编码,调试。

7.2.6 结构化查询语言

结构化查询语言,即 Structured Query Language,简称 SQL。

1. SQL 语言性质

SQL 语言是一种关系数据库语言,提供数据的定义、查询、更新和控制等功能。

SQL 语言不是一种应用程序开发语言,只提供对数据库的操作能力,不能完成屏幕控制、菜单管理、报表生成等功能,可成为应用开发语言的一部分。

SQL 语言不是一个 DBMS,它属于 DBMS 语言处理程序。

2. SQL 语言命令分类

(1) 数据定义语言(DDL)

用来创建、修改或删除数据库中各种对象,包括表、视图、索引等。

命令:CREATE TABLE , CREATE VIEW、CREATE INDEX、ALTER TABLE , DROP TABLE , DROP VIEW, DROP INDEX

(2) 查询语言(QL)

用来按照指定的组合、条件表达式或排序检索已存在于数据库中的数据,而不改变数据库中数据。

命令:SELECT...FROM...WHERE...

(3) 数据操纵语言(DML)

用来对已经存在的数据库进行元组的插入、删除、修改等操作。

命令:INSERT、UPDATE、DELETE

(4) 数据控制语言(DCL)

用来授予或收回访问数据库的某种特权、控制数据操纵事务的发生时间及效果、对数据库进行监视。

命令:GRANT、REVOKE、COMMIT、ROLLBACK

3. 常用 SQL 语句介绍

(1) SELECT 语句

SELECT 语句可以从一个或多个表中选取特定的行和列。因为查询和检索数据是数据库管理中最重要的功能,所以 SELECT 语句在 SQL 中是工作量最大的部分。

SELECT 语句的一般语法为:

SELECT columns FROM tables WHERE predicate ORDER BY column [ASC]/[DESC];

例如,选择姓氏为 Jones 的所有雇员并按 BRANCH _ OFFICE 按照升序排列的语句为:

SELECT * FROM EMPLOYEES WHERE LAST _ NAME = ′Jones′
ORDER BY BRANCH _ OFFICE ASC;

(2) INSERT 语句

用户可以用 INSERT 语句将一行记录插入到指定的一个表中。INSERT 语句的语法图为:

INSERT INTO table (column1 ,…,columnN) VALUE (column1value ,…,columnN value) ;

例如,要将雇员 John Smith 的记录插入到 EMPLOYEES 表中,可以使用如下语句:

INSERT INTO EMPLOYEES VALUES (′Smith′,′John′,′1980-06-10′, ′Los Angles′,16 ,450) ;

(3) UPDATE 语句

UPDATE 语句允许用户在已知的表中对现有数据的行进行修改。UPDATE 语句的语法流图如下所示:

```
UPDATE table SET column1 = value1,···,columnN = valueN WHERE predicate;
```

例如,我们刚刚发现 Indiana Jones 的等级为 16,工资为 $ 4 000.00,我们可以通过下面的 SQL 语句对数据库进行更新:

```
UPDATE EMPLOYEES SET GRADE = 16, SALARY = 4000
WHERE FIRST_NAME = 'Indiana' AND LAST_NAME = 'Jones';
```

(4) DELETE 语句

DELETE 语句用来删除已知表中的行。所有满足 WHERE 子句中条件的行都将被删除,由于 SQL 中没有 UNDO 语句或是"你确认删除吗?"之类的警告,在执行这条语句时千万要小心。DELETE 语句的语法流图如下所示:

```
DELETE FROM table WHERE predicate;
```

如果决定取消 Los Angeles 办事处并解雇办事处的所有职员,这一工作可以由以下这条语句来实现:

```
DELETE FROM EMPLOYEES WHERE BRANCH_OFFICE = 'Los Angeles';
```

7.2.7　常见数据库管理系统

目前,商品化的数据库管理系统以关系型数据库为主导产品,其技术比较成熟。面向对象的数据库管理系统虽然技术先进,数据库易于开发、维护,但尚未有成熟的产品。国际国内的主导关系型数据库管理系统有 SQL SERVER、ORACLE、SYBASE、INFORMIX 和 INGRES。这些产品都支持多平台,如 UNIX、VMS、WINDOWS,但支持的程度不一样。在下面的分析中会比较它们的平台支持能力。IBM 的 DB2 也是成熟的关系型数据库。但是,DB2 内嵌于 IBM 的 AS/400 系列机中,只支持 OS/400 操作系统。根据选择数据库管理系统的依据,我们比较、分析一下这几种数据库管理系统的性能。

1. MS SQL SERVER 数据库管理系统

Microsoft SQL Server 脱胎于 Sybase SQL Server。1988 年,Sybase 公司、Microsoft 公司和 Asbton-Tate 公司联合开发的 OS/2 系统上的 SQL Server 问世了。后来,Asbton-Tate 公司推出了 SQL Server 的开发项目,而 Microsoft 公司和 Sybase 公司签署了一项共同开发协议。到 1992 年,将 SQL Server 移植到 Windows NT 平台上。1996 年,Microsoft 公司推出了 SQL Server 6.5 版本。1998 年又推出了 SQL Server 7.0,2000 年 8 月推出了 SQL Server 2000,其中包括企业版、标准版、开发版、个人版 4 个版本。

Microsoft SQL Sever 2000 是一种典型的具有客户机/服务器体系架构的关系数据库管理系统,它使用 Transact-SQL 语句在服务器和客户机之间传送请求和回应。Microsoft SQL Sever 具有可靠性、可伸缩性、可管理性、可用性等特点,为用户提供了完整的数据库使用方案。

Microsoft SQL Sever 2000 的服务器环境可以是 Windows 2000、Windows NT 或者 Windows 9x,其客户机环境可以是 Windows 2000、Windows NT、Windows 9x、Windows 3.x、MS-DOS、第三方平台和 Internet 浏览器等。另外,Microsoft SQL Sever 2000 可以很好地与 Microsoft Backoffice 产品集成。

2. ORACLE 数据库管理系统

ORACLE 数据库管理系统是 ORACLE(即甲骨文)公司的产品,ORACLE 公司成立于 1977 年,总部位于美国加州,是目前全球最大的信息管理软件及服务供应商。ORACLE 在数据库领域一直处于领先地位,其产品覆盖了大、中、小型机等几十种机型,系统可移植性好、使用方便、功能强,ORACLE 数据库是世界上使用最广泛的关系数据系统之一。

1984 年,ORACLE 首先将关系数据库转到了桌面计算机上。

1985 年,ORACLE 发布了第 5 版,率先推出了分布式数据库、客户/服务器结构等崭新的概念。

1988 年,ORACLE 第 6 版发布,首创行锁定模式以及对称多处理计算机的支持,增加了对象技术,成为关系 – 对象数据库系统,还引入了联机热备份功能,使数据库能够在使用过程中创建联机的备份,这极大地增强了可用性。

1992 年 6 月推出的 ORACLE 第 7 版,增加了许多新的性能特性:分布式事务处理功能、增强的管理功能、用于应用程序开发的新工具以及安全性方法,ORACLE7 还包含了一些新功能,如存储过程、触发过程和说明性引用完整性等,并使得数据库真正地具有可编程能力。

1997 年 6 月,ORACLE8 发布,ORACLE8 支持面向对象的开发及新的多媒体应用。这个版本也为支持 Internet、网络计算等奠定了基础。同时这一版本开始具有同时处理大量用户和海量数据的特性。

1998 年 9 月,ORACLE 公司正式发布 ORACLE 8i,"i"代表 Internet,这一版本中添加了大量为支持 Internet 而设计的特性,这一版本为数据库用户提供了全方位的 Java 支持。同时,ORACLE 8i 极大程度上提高了伸缩性、扩展性和可用性以满足网络应用需要。接下来的几年中,ORACLE 陆续发布了 8i 的几个版本、并逐渐添加了一些面向网络应用的新特性。

2001 年 6 月,ORACLE 发布了 ORACLE 9i。在 ORACLE 9i 的诸多新特性中,最重要的就是 RAC(Real Application Clusters,集群服务器),RAC 使得多个集群计算机能够共享对某个单一数据库的访问,以获得更高的可伸缩性、可用性和经济性,这个新的数据库还包含集成的商务智能(BI)功能。

2004 年 12 月,Oracle10g 正式发布,这是首个为网格计算而设计的数据库,它有多种版本供用户选择。企业版:在 OLTP、决策支持和内容管理方面具有业界领先的性能、可伸缩性和可靠性;标准版:Oracle 数据库 10g 的 4 处理器版,提供全面的集群支持;标准版 1:标准版之双处理器版,其入门级价格颇具吸引力;个人版:面向个人的特性全面的版本,与整个 Oracle 数据库产品系列兼容;移动版:构建、部署和管理移动数据库应用系统的完美软件。2005 年 ORACLE 继续推出了 10g 第 2 版(10g R2),提供更强的安全性、更高的性能以及一些改进和修正。

3. SYBASE 数据库管理系统

SYBASE 数据库系统从 1992 年 11 月开始开发,历经 12 ~ 24 个月的开发形成产品,产品包括:SQL SERVER(数据库管理系统的核心)、REPLICATION SERVER(实现数据库分布的服务)、BACKUP SERVER(网络环境下的快速备份服务器)、OMINI SQL GATEWAY(异构数据库无关)、NAVIGATION SERVER(网络上可扩充的并行处理能力服务器)、CONTROL SERVER(数据库管理员服务器)。属于客户机/服务器体系结构,实现了在网络环境下的各节点上的数据库数据的互访。

(1) SYBASE 数据库管理系统的技术特点

① 完全的客户机/服务器体系结构,能适应 OLTP(ON-LINE TRANSACTION PRO-

CESSING)要求,能为数百用户提供高性能需求;

②采用单进程多线索(SINGLE PORCESS AND MULTI-THREADED) 技术进行查询,节省系统开销,提高内存的利用率;

③支持存储过程,客户只需通过网络发出执行请求,就可马上执行,有效地加快了数据库访问速度,明显减少网络通信量,可以极大地提高网络环境的运行效率,增加数据库的服务容量;

④虚服务器体系结构与对称多处理器(SMP)技术结合,充分发挥多 CPU 硬件平台的高性能;

⑤数据库管理系统 DBMS 在线调整监控数据库系统的性能;

⑥提供日志与数据库的镜像,提高数据库容错能力;

⑦支持计算机族(CLUSTER)环境下的快速故障切换;

⑧由服务器通过存储器和触发器(TRIGGER)制约数据的完整性;

⑨多种安全机制对表、视图、存储过程、命令进行授权;

⑩分布式事务处理采用 2PC(TWO PHASE COMMIT)技术访问。

(2)SYBASE 的不足

①多服务器系统不支持透明分布;

②REPLICATION SERVER 数据方面的性能较差,并不能与操作系统集成;

③对中文的支持较差;

④多用于银行系统等。

4. INGRES 智能关系型数据库管理系统

INGRES 数据库不仅能管理数据,而且还能管理知识和对象(对象是指数据与操作的结合体,计算机把它们作为整体处理)。INGRES 产品分为三类:第一类为数据库基本系统,包括数据管理、知识管理、对象管理;第二类为开发工具;第三类为开放互联产品。INGRES 的基本数据库管理系统中的数据管理具有以下特点:

①开放的客户机/服务器体系结构,允许用户建立多个多线索服务器;

②编译的数据库过程。数据库过程用 INGRES 第四代语言编写。由服务器编译管理,用来实现预定义的事务处理,减小 CPU 负载,减小网络开销;

③智能优化功能。根据查询语言要求,自动在网络环境中调整查询顺序,寻找最佳路径;

④数据的在线备份。无需中断系统的正常运行,备份保持一致性的数据库数据;

⑤I/O 减量处理。提供快速提交、成组提交、多块读出与写入的技术,减少 I/O 量;

⑥多文件存储数据。一个表用一个文件存储,便于在异常情况下对数据库进行恢复;

⑦采用两阶段提交协议,保证了网络分布事务的一致性;

⑧具有数据库规则系统。自动激活满足行为条件的规则,对每个表拥有的独立规则数不受限制;

⑨资源控制与查询优化相结合,由服务器控制查询的资源消耗,确保系统可预测性能;

⑩允许用户将自己定义的函数嵌入到数据库管理系统中。

5. INFORMIX 数据库管理系统

INFORMIX 运行在 UNIX 平台,支持 SUNOS、HPUX、ALFAOSF/1;采用双引擎机制,占用资源小,简单易用;适用于中小型数据库管理。

（1）INFORMIX 数据库的特点：

① DSA（Dynamic Scalable Architecture，动态可调整结构）支持 SMP（Symmetric Multi Processing，对称多处理器技术）查询语句；

② 多线索查询机制；

③ 具有三个任务队列；

④ 具有虚拟处理器；

⑤ 提供并行索引功能，是高性能的 OLTP（On-line Transaction Processing，联机事务处理）数据库；

⑥ 数据物理结构为静态分片；

⑦ 支持双机簇族（CLUSTER）（只支持 SESQUENT 平台）；

⑧ 具有对复杂系统应用开发的 INFORMIX 4GL CADE 工具。

（2）存在的缺陷

① 网络性能不好，不支持异种网络，即只支持数据透明，不支持网络透明；

② 并发控制易死锁；

③ 数据备份具有软件镜像功能，速度慢、可靠性差；

④ 对大型数据库系统不能发挥很好的性能；

⑤ 开发工具不成熟，只具有字符界面，多媒体数据弱，无覆盖全开发过程 CASE（Computer-Aided Software Engineering，计算机辅助软件工程）工具；

⑥ 无 CLIENT/SERVER 分布式处理模式；

⑦ 可移植性差，不同版本的数据结构不兼容；

⑧ 4GL 与 CADE 的代码不可移植。

6. DB2 数据库管理系统

DB2 是内嵌于 IBM 的 AS/400 系统上的数据库管理系统，直接由硬件支持。它支持标准的 SQL 语言，具有与异种数据库相连的 GATEWAY。因此它具有速度快、可靠性好的优点。但是，只有硬件平台选择了 IBM 的 AS/400，才能选择使用 DB2 数据库管理系统。

7.2.8 实时数据库系统

1. 实时数据库的概念

在计算机控制系统中，除使用以上关系型数据库外，还会使用到实时数据库（Real-Time Data Base，RTDB）。实时数据库是数据库系统发展的一个分支，它适用于处理不断更新、快速变化的数据及具有时间限制的事务处理。实时数据库系统最早出现在 1988 年 3 月的 ACM SIGMOD Record 的一期专刊中。随后，一个成熟的研究群体逐渐出现，这标志着实时领域与数据库领域的融合，标志着实时数据库这个新兴研究领域的确立。

实时数据库是数据和事务都具有定时特性或受到定时限制的数据库。RTDB 的本质特征就是定时限制，定时限制可以归纳为两类：一类是与事务相联的定时限制，典型的就是"截止时间"；另一类为与数据相联的"时间一致性"，时间一致性则是作为过去限制的一个时间窗口。引起时间一致性的原因是：数据库中数据的状态与外部环境中对应实体的实际状态要随时一致，由事务存取的各数据状态在时间上要一致。实时数据库是一个新的数据库研究领域，它在概念、方法和技术上都与传统的数据库有很大的不同，其核心问题是事物处理既要确保数据的一致性,又要保证事物的正确性,而它们都与定时限制相关联。

目前国际国内广泛使用的实时数据库有三个产品:美国 OSI 公司的 PI(Plant Information System)、美国 HONEYWELL 公司的 PHD(Process History Database)、美国 AspenTech 公司的 IP21(InfoPlus21)。

对于工业生产过程控制的计算机控制系统而言,需要及时采集现场数据并快速进行处理,常规的管理型数据库在处理速度上不能满足要求,因此,需要实时数据库系统的支持。从流程工业 CIMS 层次功能图可以看出,整个 CIMS 系统中各功能层都需要与实时数据库打交道,而过程监控层和过程控制层与实时数据库关系最为密切,例如与实时数据关系密切的应用有动态流程显示、报警、棒图、趋势曲线等,它们都需借助实时数据库才能得以完成,以实时数据库为核心的监控平台如图 7.3 所示。

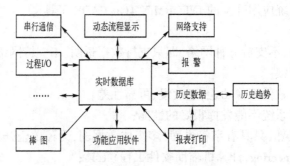

图 7.3　以实时数据库为核心的监控平台

2. 实时数据库的主要技术

实时数据库技术是实时系统和数据库技术相结合的产物,研究人员希望利用数据库技术来解决实时系统中的数据管理问题,同时利用实时技术为实时数据库提供时间驱动调度和资源分配算法。然而,实时数据库并非是两者在概念、结构和方法上的简单集成。需要针对不同的应用需求和应用特点,对实时数据模型、实时事务模型、实时事务处理、数据存储、数据恢复、资源分配策略、实时数据查询、实时数据通信等大量问题作深入的理论研究。

(1)实时数据模型及其语言

目前研究实时数据库的大多数文献在讨论数据建模问题时,都假定要建立的数据模型是具有变化颗粒的数据项的数据模型,但这种方法有局限性,因为它没有使用一般的时间的语义知识,而这对系统满足事务截止时间是很有用的。一般 RTDB 都使用传统的数据模型,还没有引入时间维,而即使是引入了时间维的"时态数据模型"与"时态查询语言"也没有提供事务定时限制的说明机制。

系统应该给用户提供事务定时限制说明语句,其格式可以为:

〈事务事件〉IS〈时间说明〉
〈事务事件〉为事务的"开始"、"提交"、"夭折"等
〈时间说明〉指定一个绝对、相对或周期时间。

(2)实时事务的模型与特性

前面已说过,传统的事务模型已不适用,必须使用复杂事务模型,即嵌套、分裂/合并、合作、通信等事务模型。因此,实时事务的结构复杂,事务之间有多种交互和同步活动,存在结

构、数据、行为、时间上的相关性以及在执行方面的依赖性。

（3）实时事务的处理

RTDB 中的事务有多种定时限制，其中最典型的是事务截止期，系统必须能让截止期更早或更紧急的事务较早地执行，换句话说，就是能控制事务的执行顺序，所以，就需要基于截止期和紧迫度来标明事务的优先级，然后按优先级进行事务调度。

另一方面，对于 RTDB 事务，传统的可串行化并发控制过严，且也不一定必要，它们"宁愿要部分正确而及时的数据，而不愿要绝对正确但过时的数据"，故应允许"放松的可串行化"或"暂缓可串行化"并发控制，于是需要开发新的并发控制正确性的概念、标准和实现技术。

（4）数据存储与缓冲区管理

传统的磁盘数据库的操作是受 I/O 限制的，其 I/O 的时间延迟及其不确定性对实时事务是难以接受的，因此，RTDB 中数据存储的一个主要问题就是如何消除这种延迟及其不确定性，这需要底层的"内存数据库"支持，因而内存缓冲区的管理就显得更为重要。这里所说的内存缓冲区除"内存数据库"外，还包括事务的执行代码及其工作数据等所需的内存空间。此时的管理目标是高优先事务的执行不应因此而受阻，它要解决以下问题：

① 如何保证事务执行时，只存取"内存数据库"，即其所需数据均在内存（因而它本身没有 I/O）；

② 如何给事务及时分配所需缓冲区；

③ 必要时，如何让高优先级事务抢占低优先级事务的缓冲区。因此，传统的管理策略也不适用，必须开发新的基于优先级的算法。

（5）恢复

在 RTDB 中，恢复显得更为复杂。这是因为：

① 恢复过程影响处于活跃状态的事务，使有的事务超截止期，这对于实时事务是不能接受的；

② RTDB 中的数据不一定总是永久的，为了保证实时限制的满足，也不一定是一致和绝对正确的，而有的是短暂的，有的是暂时不一致或非绝对正（准）确的；

③ 有的事务是"不可逆"的，所以，传统的还原/重启动是无意义的，可能要用"补偿"、"替代"事务。

因此，必须开发新的恢复技术与机制，应考虑到时间与资源两者的可用性，以确定最佳恢复时机与策略，及时满足事务的实时性。

实时数据库子系统是计算机监视与控制系统的核心之一。实时数据库子系统设计包含实时数据库结构设计和实时数据库管理程序设计两部分。实时数据库结构设计主要根据计算机监视与控制系统的特点和要求进行。管理程序负责实时数据库的产生，根据现场修改内容，处理其他任务对实时数据库的实时请求以及报警和辅助遥控操作等对外界环境的响应。

7.3 工业组态软件简介

7.3.1 概述

现代工业的生产技术及工艺过程日趋复杂，生产设备及装置的规模不断扩大，企业生产自动化程度要求也越来越高,因此,工业控制要求应用各种分布式监控与数据采集系统。传统的工业控制是对不同的生产工艺过程编制不同的控制软件,使得工控软件开发周期长、困难大,被控对象参数、结构有变动就必须修改源程序。而专用的工控系统,通常是封闭的系统,选择余地小或不能满足需求,很难与外界进行数据交换,升级和增加功能都受到限制。监控组态软件的出现,把用户从编程的困境中解脱出来,利用组态软件的功能可以构建一套最适合自己的应用系统。DCS 系统的厂商都提供系统软件和应用软件,使用户不需要编制代码程序即可生成所需的应用系统,其中的应用软件实际上就是组态软件。但是 DCS 厂家的组态软件是专用的,不同的 DCS 厂商的组态软件不可相互替代。20 世纪 80 年代末,随着个人计算机的普及和开放系统概念的推广,基于个人计算机的监控系统开始走入市场并迅速发展起来。组态软件作为个人计算机监控系统的重要组成部分,正日益受到控制工程师的欢迎,成为开发上位机的主流开发软件。

简化的计算机监控系统结构可分为两层,即 I/O 控制层和操作监控层。I/O 控制层主要完成对过程现场 I/O 处理并实现直接数字控制(DDC);操作监控层则实现一些与运行操作有关的人机界面功能。与之有关的监控软件编制可采用以下两种方法:一是采用 Visual Basic、Visual C、Delphi、PB 等基于 Windows 平台的开发程序来编制;二是采用监控组态软件来编制。前者程序设计灵活,可以设计出不同风格的人机界面系统,但设计工作量大,开发调试周期长,软件通用性差,对于不同的应用对象都要重新设计或修改程序,软件可靠性低;监控组态软件是标准化、规模化、商品化的通用开发软件,只需进行标准模块的软件组态和简单的编程,就可设计出标准化、专业化、通用性强、可靠性高的人机界面监控程序,且工作量小,开发调试周期较短。

组态软件是监控系统不可缺少的部分,其作用是针对不同的应用对象,组态生成不同的数据实体。组态的过程是针对具体应用的要求进行各种与实际应用有关的系统配置及实时数据库、历史数据库、控制算法、图形、报表等的定义,使生成的系统满足应用设计的要求。监控组态软件属于监控层级的软件平台和开发环境,以灵活多样的组态方式为用户提供开发界面和简捷的使用方法,同时支持各种硬件厂家的计算机和 I/O 设备。

7.3.2　工业组态软件的功能

控制系统的软件组态是生成整个系统的重要技术,对每一控制回路分别依照其控制回路图进行。组态工作是在组态软件支持下进行的。组态软件功能主要包括:硬件配置组态功能,数据库组态功能,控制回路组态功能,逻辑控制及批控制组态功能,显示图形生成功能,报表画面生成功能,报警画面生成功能及趋势曲线生成功能。程序员在组态软件提供的开发环境下以人机对话方式完成组态操作,系统组态结果存入磁盘存储器中,供运行时使用。下面对各组态功能作简单介绍,更详细的内容读者可参阅有关组态软件的使用手册等资料。

1. 硬件配置组态功能

计算机控制系统使用不同种类的输入/输出板、卡实现多种类型的信号输入和输出。组态软件需将各输入和输出点按其名称和意义预先定义,然后才能使用。其中包括定义各现场I/O控制站的站号、网络节点号等网络参数及站内的 I/O 配置等。

2. 数据库组态功能

各数据库点逐点定义其名称,如工程量转换系数、上下限值、线性化处理、报警特性、报警条件等;历史数据库组态需要定义各个进入历史库的点的保存周期。

3. 控制回路组态功能

该功能定义各个控制回路的控制算法、调节周期及调节参数以及某些系数等。

4. 逻辑控制及批控制组态

这种组态定义预先确定的处理过程。

5. 显示图形生成功能

在 CRT 屏幕上以人机交互方式直接作图的方法生成显示画面。图形画面主要用来监视生产过程的状况,并可通过对画面上对象的操作,实现对生产过程的控制。显示画面生成软件,除了具有标准的绘图功能之外,还应具有实时动态点的定义功能。因此,实时画面是由两部分组成的:一部分是静态画面(或背景画面),一般用来反映监视对象的环境和相互关系;另一部分是动态点,包括实时更新的状态和检测值、设定值使用的滑动杆或滚动条等。另外,还需定义各种多窗口显示特性。

6. 报表画面生成功能

类似于显示图形生成,利用屏幕以人机交互方式直接设计报表,包括表格形式及各个表项中所包含的实时数据和历史数据,以及报表打印格式和时间特性。

7. 报警画面生成功能

报警画面分为三级,即报警概况画面、报警信息画面、报警画面。报警概况画面记录系统中所有报警点的名称和报警次数;报警信息画面记录报警时间、消警时间、报警原因等;报警画面反映出各报警点相应的显示画面,包括总貌画面、回路画面、趋势曲线画面等。

8. 趋势曲线生成功能

趋势曲线显示在控制中很重要,为了完成这种功能,需要对趋势曲线进行画面组态。趋势曲线的规格主要有:趋势曲线幅数、趋势曲线每幅条数、每条时间、显示精度。趋势曲线登记表的内容主要有:幅号、幅名、编号、颜色、曲线名称、来源、工程量上限和下限。

7.3.3 使用工业组态软件的步骤

在一个自动监控系统中,投入运行的监控组态软件是系统的数据收集处理中心、远程监视中心和数据转发中心,处于运行状态的监控组态软件与各种控制、检测设备(如 PLC、智能仪表、DCS 等)共同构成快速响应的控制中心。控制方案和算法一般在设备上组态并执行,也可以在 PC 上组态,然后下装到设备中执行。这要根据设备的具体要求而定。

组态软件通过 I/O 驱动程序从现场 I/O 设备获得实时数据,对数据进行必要的加工后,一方面以图形方式直观地显示在计算机屏幕上;另一方面按照组态要求和操作人员的指令将控制数据送给 I/O 设备,对执行机构实施或调整控制参数。具体的工程应用必须经过完整、详细的组态设计,组态软件才能够正常工作。

下面列出组态软件设计步骤:

① 将所有 I/O 点的参数收集齐全,并填写表格,以备在监控组态软件和 PLC 组态时使用;

② 搞清楚所使用的 I/O 设备的生产商、种类、型号,使用的通信接口类型,采用的通信协议,以便在定义 I/O 设备时做出准确选择;

③ 将所有 I/O 点的 I/O 标识收集齐全,并填写表格,I/O 标识是惟一确定一个 I/O 点的

关键字,组态软件通过向 I/O 设备发出 I/O 标识来请求其对应的数据。在大多数情况下 I/O 标识是 I/O 点的地址或位号名称;

④ 根据工艺过程绘制、设计画面结构和画面草图;

⑤ 按照第①步统计出的表格,建立实时数据库,正确组态各种变量参数;

⑥ 根据第①步和第③步的统计结果,在实时数据库中建立实时数据库变量与 I/O 点的一一对应关系,即定义数据连接;

⑦ 根据第④步的画面结构和画面草图,组态每一幅静态的操作画面;

⑧ 将操作画面中图形对象与实时数据库变量建立动画连接关系,规定动画属性和幅度;

⑨ 对组态内容进行分段和总体调试。

⑩ 系统投入运行。

7.3.4 几种工业组态软件简介

近几年来,监控组态软件得到了广泛的重视和迅速的发展。目前,国内市场上组态软件产品有国外软件商提供的产品,如美国 Intellution 公司的 iFix/Fix、美国 Wonderware 公司的 Intouch、德国 Seimens 公司的 WinCC、美国 Rockwell 公司的 RSView;国内自行开发的产品有北京亚控的组态王、三维力控科技的力控、昆仑通态的 MCGS、华富的 Controlx 等。下面简单介绍几种常见的工业组态软件。

1. FIX/iFIX

美国 Intellution 公司一直致力于工业自动化软件的开发和应用,是工业自动化软件的技术和市场主导者。Intellution 的工厂智能化解决方案包括一系列强大的、可扩展的、基于工业标准的组件,包括 FIX / iFIX(过程监控和数据采集)、Batch(生产管理)、DownTime(故障诊断专家系统)、Historian(企业级数据库平台)、InfoAgent(基于 Web 的趋势及信息分析工具)、WebServer(基于 Web 的实时数据访问工具)等。

FIX 软件基于 Windows 环境、32 位元数据采集和控制软件包,其分布式客户机/服务器结构,使用户可以在企业的不同层次都很方便地获得现场实时信息。FIX 提供了强大的监控和数据采集功能(SCADA),使其在工业自动化软件方面处于领先地位。使用 FIX 时首先建立数据库文件,绘制静态工艺画面;然后再通过 Link 命令建立动态连接,使数据库数据与静态工艺画面动态地连接起来;最后通过 View 应用程序运行显示。

FIX 的人机界面提供了监视、监控、报警、控制四项功能。监视是将现场实时数据显示给操作员;监控是监视实时数据,同时由操作员手动或计算机自动改变设定点;报警能识别异常事件并立即报告这些事件;控制是自动提供算法的能力,这些算法调整过程数据,使数据保持在设定的限度之内,例如食品生产线上食品原料的配比等。

FIX 的报表功能可以通过两种方法实现。一种是数据点的信息通过采样被存储在数据文件中,这些数据可以在任何时候从数据文件中调出并用来建立历史数据显示;另一种是 FIX 向用户提供工业标准数据交换规约,如 DDE 和 ODBCSQL 存储数据,用户可用 Microsoft Excel 或 Visual FOXPRO 生成报表。

FIX 提供了分布处理网络结构,在分布处理网络中,每个节点独立地执行任务,这种结构的好处是一个节点因故障离线时不会导致整个网络停止运行。尽管各个节点是独立运行的,但是节点间可以进行网络通信。FIX 网络功能的另一个独到之处是采用了"按需求的数据传输"技术,大多数的工业自动化软件都要求每一个要使用 SCADA 节点数据的节点在本地节点保存一份完整的数据库,这将使网络负担过重并浪费系统资源,FIX 按需求读写数据,这种方法使系统资源的占用率大大下降。

图 7.4 是 FIX 的集成开发环境 Workspace,Workspace 能创建和修改本地节点的画面和文档,集成了许多 FIX 应用,减少了应用程序之间的切换。Workspace 使用分级的目录树状体系结构,提供相应的工作区域及工具,帮助完成创建画面、调度程序及使用 VBE(Visual Basic Editor)等工作。

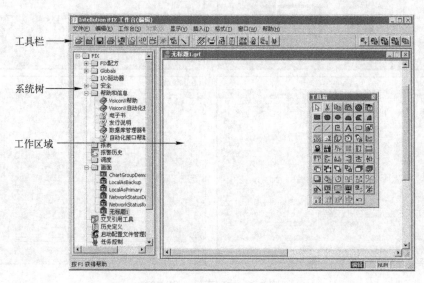

图 7.4　FIX 集成开发环境 Workspace

图 7.5 是使用 FIX 开发的工程实例,其中左上图为人机界面实例,右上图为报警管理实例,左下图为历史及实时曲线实例,右下图为配方管理实例。

经过多年的开发与测试 Intellution 推出了 iFIX,它已不是 Intellution FIX 软件的简单升级产品,事实上 iFIX 的设计在软件内核中就充分使用了当前最先进的软件技术,包括微软的 VBA、OPC、ActiveX 控件、COM/DCOM 等,更使用了基于面向对象的框架结构,iFIX 将可以实施更高性能的自动化解决方案,而且使系统的维护、升级和扩展更加方便。

2. WinCC

WinCC(Windows Control Center,视窗控制中心),是德国 Siemense 公司开发的一款工业组态软件。WinCC 吸收了当代在操作和监控系统中最前沿的软件技术,是富有创新和开拓、代表今后发展趋势的产品系列。WinCC 采用了 Microsoft 的 OCX 和 ActiveX, OLE 和 COM(DCOM)以及应用 ANSI-C 标准编程语言将数据库和脚本进行集成。它提供了适用于工业控制的图形显示、消息、归档以及报表的功能模块、高性能的过程耦合、快速的画面更新以及可靠的数据,具有很强的实用性。

WinCC 监控系统可以运行在 Windows 操作系统下,使用方便,具有生动友好的用户界面,还能链接到别的 Windows 应用程序(如 Microsoft Excel 等),用户只需花费较短的组态时间便可获得性能优异的自动控制系统或数据采集监控系统。WinCC 是一个开放的集成系统,既可简单独立使用,也可集成到复杂、广泛的自动控制系统中使用。

图 7.6 ~ 图 7.8 是 WinCC 开发和运行的几幅画面。

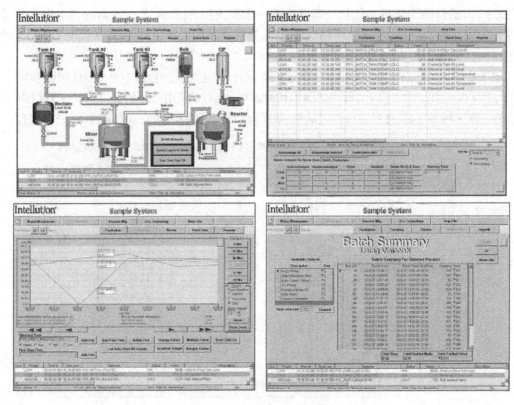

图 7.5　FIX 开发工程实例

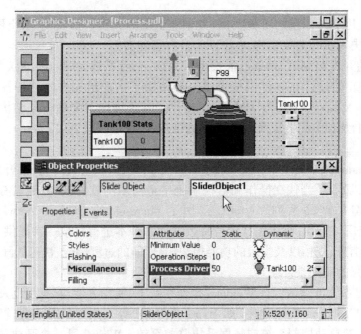

图 7.6　WinCC 组态开发环境

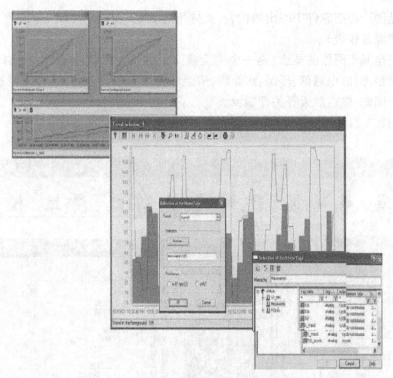

图 7.7　WinCC 曲线画面组态(支持在线组态)

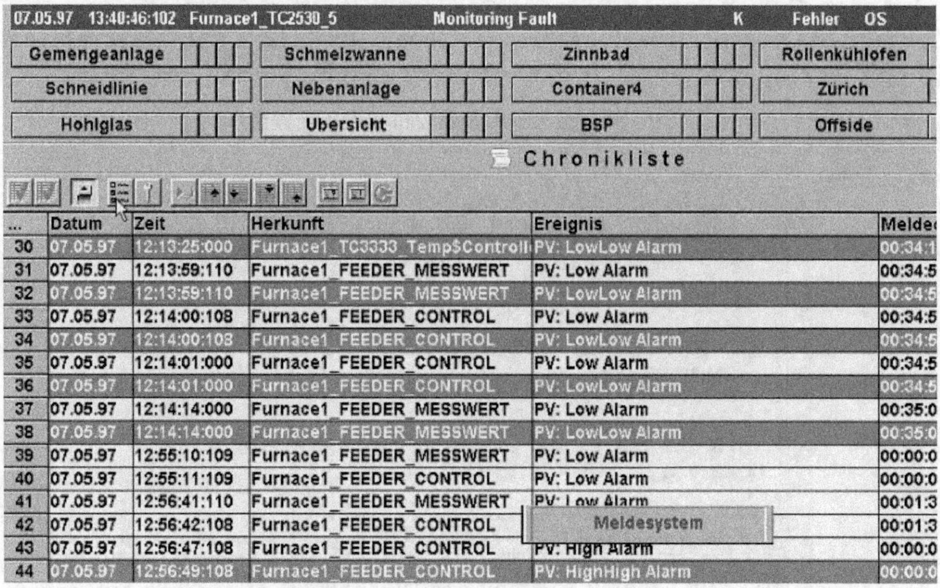

...	Datum	Zeit	Herkunft	Ereignis	Melde
30	07.05.97	12:13:25:000	Furnace1_TC3333_Temp$Controll	PV: LowLow Alarm	00:34:1
31	07.05.97	12:13:59:110	Furnace1_FEEDER_MESSWERT	PV: Low Alarm	00:34:5
32	07.05.97	12:13:59:110	Furnace1_FEEDER_MESSWERT	PV: Low Alarm	00:34:5
33	07.05.97	12:14:00:108	Furnace1_FEEDER_CONTROL	PV: Low Alarm	00:34:5
34	07.05.97	12:14:00:108	Furnace1_FEEDER_CONTROL	PV: LowLow Alarm	00:34:5
35	07.05.97	12:14:01:000	Furnace1_FEEDER_CONTROL	PV: Low Alarm	00:34:5
36	07.05.97	12:14:01:000	Furnace1_FEEDER_CONTROL	PV: LowLow Alarm	00:34:5
37	07.05.97	12:14:14:000	Furnace1_FEEDER_MESSWERT	PV: Low Alarm	00:35:0
38	07.05.97	12:14:14:000	Furnace1_FEEDER_MESSWERT	PV: LowLow Alarm	00:35:0
39	07.05.97	12:55:10:109	Furnace1_FEEDER_MESSWERT	PV: Low Alarm	00:00:0
40	07.05.97	12:55:11:109	Furnace1_FEEDER_CONTROL	PV: Low Alarm	00:00:0
41	07.05.97	12:56:41:110	Furnace1_FEEDER_MESSWERT	PV: Low Alarm	00:01:3
42	07.05.97	12:56:42:108	Furnace1_FEEDER_CONTROL	Meldesystem	00:01:3
43	07.05.97	12:56:47:108	Furnace1_FEEDER_CONTROL	PV: High Alarm	00:00:0
44	07.05.97	12:56:49:108	Furnace1_FEEDER_CONTROL	PV: HighHigh Alarm	00:00:0

图 7.8　WinCC 报警控制画面组态

3. 组态王

组态王是国产组态软件中杰出的代表,支持超过2300多种硬件设备(包括 PLC 、总线设备、板卡、变频器及仪表)。

组态王完全基于网络的概念,是一个完全意义上的工业级软件平台,现已广泛应用于化工、电力、国属粮库、邮电通信、环保、水处理、冶金和食品等各行业,并且作为首家国产监控组态软件应用于国防、航空航天等关键领域。

图7.9 ~ 图7.11是组态王开发和运行的几幅画面。

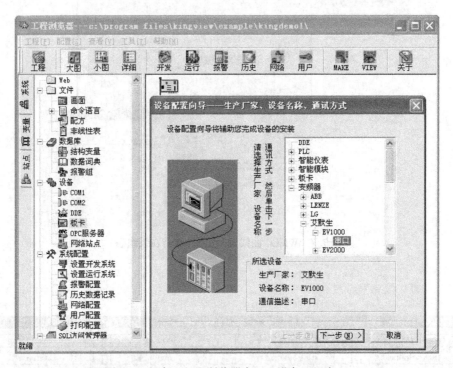

图7.9 组态王工程浏览器窗口和设备配置窗口

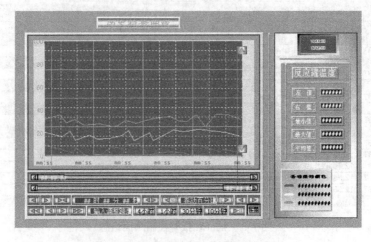

图7.10 组态王曲线和报警开发界面

图 7.11　使用组态王开发的锅炉房系统运行图

习题

1. 衡量一个过程控制系统软件性能优劣的主要指标有哪些？
2. 操作系统主要有哪些功能？
3. 什么是数据结构，数据结构一般包括哪三方面的内容？
4. 简述数据库体系结构的三级模式。
5. 使用 E-R 模型设计数据库包括哪些步骤？
6. 计算机控制系统中操作监控层的有关监控软件的编制可采用哪两种方法，各有何优缺点？

第8章 典型计算机控制系统简介

本章简要介绍目前常用的比较典型的计算机控制系统,主要包括:基于 PC 总线的板卡与工控机组成的计算机控制系统;基于数字调节器的计算机控制系统;基于 PLC 的计算机控制系统;基于嵌入式系统的计算机控制系统;分散控制系统;现场总线控制系统和计算机集成制造系统。

8.1 基于 PC 总线的板卡与工控机组成的计算机控制系统

基于 PC 总线的板卡与工控机组成的计算机控制系统是一种典型的 DDC 系统,工控机通过基于 PC 总线的板卡进行实时数据采集,并按照一定的控制规律实时决策,产生控制指令,并通过板卡输出,对生产过程直接进行控制。由于这种系统直接参与生产过程的控制,所以要求实时性好、可靠性高和环境适应性强。

8.1.1 PC 总线的工业控制机简介

工业个人计算机(Industrial Personal Computer,IPC)是一种加固的增强型个人计算机,是指对工业生产过程及其机电设备、工艺装备进行测量与控制用的计算机,简称工控机,它可以作为一个工业控制器在工业环境中可靠运行。早在 20 世纪 80 年代初期,美国 AD 公司就推出了类似 IPC 的 MAC-150 工控机,随后美国 IBM 公司正式推出工业个人计算机 IBM7532。由于 IPC 的性能可靠、软件丰富、价格低廉,因此在工控机中异军突起,后来居上,应用日趋广泛。目前,IPC 已被广泛应用于通信、工业控制现场、路桥收费、医疗、环保及人民生活的方方面面。

1. 工业 PC 的结构

工控机的典型结构如图 8.1 所示,主要由以下几部分组成。

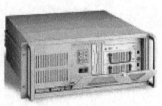

图 8.1　工控机的典型结构图

① 全钢机箱。IPC 的全钢机箱是按标准设计的,抗冲击、抗振动、抗电磁干扰,内部可安装同 PC-Bus 兼容的无源底板。

② 无源底板。无源底板的插槽由 ISA 和 PCI 总线的多个插槽组成,ISA 或 PCI 插槽的数量和位置可以根据需要选择,该板为四层结构,中间两层分别为地层和电源层,这种结构方式可以减弱板上逻辑信号的相互干扰和降低电源阻抗。底板可插接各种板卡,包括 CPU 卡、显

示卡、控制卡、I/O 卡等。

③ 工业电源。要求电源平均无故障运行时间达到 25 万小时。

④ CPU 卡。IPC 的 CPU 卡有多种，根据尺寸可分为长卡和半长卡，根据处理器可分为 386、486、586、PII、PIII 和 PIV 主板，用户可视自己的需要任意选配。

⑤ 其他配件。IPC 的其他配件基本上都与 PC 兼容，主要有 CPU、内存、显卡、硬盘、软驱、键盘、鼠标、光驱、显示器等。

2. 工业 PC 的特点

专门为工业工程控制现场设计的工业 PC 与普通微机相比，有以下特点：

① 工业 PC 总线设计支持各种模块化 CPU 卡和所有的 PC 总线接口板。

② 所有卡（CPU 卡、CRT 卡、磁盘控制卡和 I/O 接口卡等）均采用高度集成芯片，以减少故障率，并均为模块化、插板式，以便安装、更换和升级换代。所有的卡使用专用的固定架将插板压紧，防止震动引起的接触不良。

③ 开放性好，兼容性好，吸收了 PC 的全部功能，可直接运行 PC 各种应用软件。

④ 采用和 PC 总线兼容的无源底板。它使用带有电源层和地的 4 层电路板，有效地提高了系统的抗干扰能力。无源底板带有 4、6、8、12、14 或 20 槽，可插入各种 PC 总线模板。

⑤ 机箱采用全钢结构，可防止电磁干扰；采用 150~350W 工业开关电源，具有足够的负载驱动能力。机箱内装有双风扇，正压对流排风，并装有滤尘网用以防尘。硬盘、光盘和软盘驱动器安装采用橡皮缓冲防震，并有防尘门。

⑥ 可内装 RAM、EPROM、EEROM 和 FLASH MEMORY 等电子盘以取代机械磁盘，使 PC 在工业环境下的操作具有高速和高可靠性。

3. 常用的工业控制机简介

工控机的生产厂家很多，国外有美国的 IBM、ICS，德国的西门子，日本的康泰克等。这些厂家生产的产品可靠性好、市场定位高。国内也有很多工控机品牌，如研祥、华控、康拓、艾雷斯、北京华北等。我国台湾地区是工控机的主要生产区，其品牌主要有研华、威达、艾讯、磐仪、大众、博文等。其中，研华是世界三大工控机厂商之一，产品品种很多。

8.1.2 基于 PC 总线的板卡简介

基于 PC 总线的板卡是指计算机厂商为了满足用户需要，利用总线模板化结构设计的通用功能模板。基于 PC 总线的板卡种类很多，其分类方法也有很多种。按照板卡处理信号的不同可以分为模拟量输入板卡（A/D 卡）、模拟量输出板卡（D/A 卡）、开关量输入板卡、开关量输出板卡、脉冲量输入板卡、多功能板卡等。其中多功能板卡可以集成多个功能，如数字量输入/输出板卡将模拟量输入和数字量输入/输出集成在同一张卡上。根据总线的不同，可分为 PCI 板卡和 ISA 板卡。各种类型板卡依据其所处理的数据不同，都有相应的评价指标，现在较为流行的板卡大都是基于 PCI 总线设计的。下面以研华 PCI 系列测控板卡为例介绍不同种类的典型板卡的性能和特点。

1. 模拟量输入板卡

模拟量输入板卡完成模拟量到数字量的转换。模拟量输入板卡根据使用的 A/D 转换芯片和总线结构不同，性能有很大的区别。基于 PC 总线的 A/D 板卡是基于 PC 系列总线，如 ISA、PCI 等总线标准设计的，板卡通常有单端输入、差分输入以及两种方式组合输入三种。板卡内部通常设置一定的采样缓冲器,对采样数据进行缓冲处理,缓冲器的大小也是板卡的性能指标之一。在抗干扰方面,A/D 板卡通常采取光电隔离技术,实现信号的隔离。板卡模拟信号采集的精度和速度指标通常由板卡所采用的 A/D 转换芯片决定。

例如,图 8.2 所示为研华 PCI-1710 数据采集卡。该板卡具有 32 路单端或 16 路差分模拟量输入或组合方式输入共三种输入方式,它带有 2500V DC 隔离保护;采用 12 位 A/D 转换器,采样数率可达 100 kHz;板载 4 KB 采样 FIFO 缓冲器;每个输入通道的增益可编程。

2. 模拟量输出板卡

模拟量输出板卡完成数字量到模拟量的转换。D/A 转换板卡同样依据其采用的 D/A 转换芯片的不同,转换性能指标有很大的差别。D/A 转换除了具有分辨率、转换精度等性能指标外,还有建立时间、温度系数等指标约束。模拟量输出板卡通常还要考虑输出形式以及负载能力。

例如,图 8.3 所示为研华 PCI-1720 模拟量输出卡。该板卡提供了 12 位隔离数字量到模拟量输出。由于能够在输出和 PCI 总线之间提供 2500V DC 的隔离保护,PCI-1720 非常适合需要高电压保护的工业场合。

图 8.2　研华 PCI-1710 数据采集卡　　　　　图 8.3　研华 PCI-1720 模拟量输出卡

3. 数字量输入/输出板卡

数字量输入/输出接口相对简单,一般都需要缓冲电路和光电隔离部分,输入通道需要输入缓冲器和输入调理电路,输出通道需要有输出锁存器和输出驱动器。

例如,图 8.4 所示为研华 PCI-1760 光隔开关量输入/输出卡,它提供了 8 路数字量输入通道和 8 路继电器输出通道。PCI-1760 为每个数字量输入通道增加了可编程的数字滤波器,此功能能使相应输入通道的状态不会更新,直到高/低信号保持了用户设定的一段时间后才改变,这样有助于保持系统的可靠性。

4. 脉冲量输入/输出板卡

工业控制现场有许多高速的脉冲信号,如旋转编码器、流量检测信号等,这些都要用脉冲量输入板卡或一些专用测量模块进行测量。脉冲量输入/输出板卡可以实现脉冲数字量的输出和采集,并可以通过跳线器选择计数、定时、测频等不同工作方式,计算机可以通过该板卡方便地读取脉冲计数值,也可测量脉冲的频率或产生一定频率的脉冲。考虑到现场强电的干扰,该类型板卡多采用光电隔离技术,使计算机与现场信号之间全部隔离,来提高板卡测量的抗干扰能力。

例如,图 8.5 所示的研华 PCI-1780 计数/定时卡,是基于 PCI 总线设计的接口卡。该卡使用了 AM9513 芯片,能够通过 CPLD 实现计数器/定时器功能。此外,该卡还提供 8 个 16 位计数器通道,并具有 8 通道可编程时钟资源,8 路 TTL 数字量输出/8 路 TTL 数字量输入,最高输入频率达 20 MHz,有多种时钟可以选择,可编程计数器输出,同时有计数器门选通功能。

图 8.4　研华 PCI-1760 数字量输入/输出卡　　　图 8.5　研华 PCI-1780 8 通道定时/计数卡

8.1.3　基于 PC 总线的板卡与工控机组成的计算机控制系统及其特点

工业现场生产过程中的各种工况参数(如温度、压力、流量、成分、位置、转速等)由一次测量仪表进行检测,然后作为系统的输入模拟信号经过模/数转换器转换成数字量送入计算机。计算机的作用是按事先编制的控制程序和管理程序,对输入的数字信息进行必要的分析、判断和运算处理。首先,计算机要将这些表示测量值的数字信息转换成工程量,然后将这些工程量分别与计算机内已存在的各测量参数的上下限规定值相比较,判断是否越限。越限时,要送出信号给报警装置,发出声光报警,并显示和打印输出超限状况;如信号正常,计算机则对被测信号按一定的控制规律(如 PID 规律)进行计算,计算出送给控制执行机构的控制量并通过 D/A 转换将数字量转换为模拟量送往输出通道,形成闭环控制。

1. 组成

由工控机和板卡组成的计算机控制系统包括硬件和软件两个部分。

(1) 硬件部分

① 控制计算机。控制计算机是控制系统的核心,可以对输入的现场信息和操作人员的操作信息进行分析、处理,根据预先确定的控制规律,实时发出控制指令,控制和管理其他的设备。考虑到工业控制领域较恶劣的环境,一般选用工业控制计算机。

② 参数检测和输出驱动。被控对象需要检测的参数分为模拟量参数和开关量参数两类。对于模拟量参数的检测,主要选用合适的传感器和变送器,它们将这类参数转换为模拟电信号。开关量参数检测常用的元件有行程开关、光电开关、接近开关、继电器或接触器等开关型元件,通过这些元件向计算机输入开关量电信号。

被控对象的输出驱动,按输出信号形式不同,也可分为模拟量信号输出驱动和开关量输出驱动两种。

③ I/O 通道。输入/输出(I/O)通道在计算机控制系统中,完成传感器输出信号和工业控制计算机之间或工业控制计算机和驱动元件之间信号的转换和匹配。它使工业控制计算机能正确地接受被控对象工作状态的检测信号,而且能实时地准确地对驱动元件进行控制。

④ 人机接口。人机接口是操作人员和计算机控制系统之间信息交换的设备,是计算机控制系统中必不可少的部分,主要由键盘、鼠标和显示器等组成。操作员可以直接使用键盘和鼠标等输入控制命令和指令数据,使用显示器显示运行状态和故障并帮助查找和诊断故障,以及

运行中间数据的检查、运行过程的统计等。

（2）软件部分

计算机控制系统的软件由系统软件和应用软件两部分组成。系统软件有计算机操作系统、监控程序、用户程序开发支撑软件，如开发语言、编译软件、调试工具等。应用软件是指控制系统中与控制对象或控制任务相应的控制程序。应用软件一般由专业开发人员或用户自己根据控制系统的目标、资源配备情况开发完成。

2. 特点

基于 PC 总线的计算机控制系统是一个典型的 DDC 系统，因此它具有以下特点：

（1）时间上具有离散性

DDC 系统对生产过程的参数进行控制时，是以定时采样和阶段控制来代替常规仪表的连续测量和连续控制的。因此，确定合适的采样周期和 A/D、D/A 转换器的字长是提高系统控制精度、减少转换误差的关键。

（2）采用分时控制方式

DDC 系统中的一台计算机一般要控制多个回路，在每一个回路，计算机都要完成采样、运算、输出控制信号三个部分的工作。这样，一方面，由于各个回路的相应动作是顺序进行的，因此完成全部回路控制所需要的时间就显得很长；另一方面，计算机控制系统的效率未充分发挥，在采样和 A/D 转换阶段，输出部分没有工作，当计算机在运算时，系统的输入/输出又处于空闲状态。为此，该类系统采用"分时"控制的方法，即将某一回路的采样、运算、输出控制三部分的时间与其前后回路错开，放在不同的控制时间里。这样，既保证了控制过程的正常进行，又能充分利用系统中的各种设备，提高了控制效率。

（3）具有方便的人机对话功能

计算机控制系统的人机对话具有操作者和计算机系统互相联系的功能。操作者通过输入设备向计算机送入控制命令，计算机系统则通过输出设备送出有关信息。一般的 DDC 系统除了普通的各种指示外，还都通过相应接口连接显示屏、打印机、控制键盘、越限报警装置等。

（4）控制方案灵活

对于一个模拟系统，控制算法是由硬件实现的，硬件确定后控制算法也就确定了，而计算机 DDC 系统的控制算法是由软件实现的，通过改变程序即可达到改变控制算法的目的，不仅方便灵活，并且还可实现复杂的控制规律，再则可节省大量的运算放大器、分立元器件，减少连线，降低故障率。对于多回路控制系统，计算机 DDC 系统具有价格优势，路数越多，这种优势越明显。

（5）危险集中

由于这类系统中一台计算机控制多个回路，所以一旦计算机的软件或硬件出现故障将会使整个系统瘫痪。

8.2 基于数字调节器的计算机控制系统

数字调节器是一种新型的数字控制仪表，可控制一个或多个回路。数字调节器具有丰富的控制功能、灵活而方便的操作手段、形象而直观的图形或数字显示以及高度安全可靠等特点。数字调节器目前已完全替代了模拟调节器被广泛地应用于生产过程的控制中，基于数字调节器的计算机控制系统是计算机控制系统的典型形式。

8.2.1 数字调节器简介

数字调节器是一种数字化的过程控制仪表,其外表类似于一般的盘装仪表,而其内部由微处理器、RAM、ROM、模拟量和数字量 I/O 通道、电源等部分构成。数字调节器一般有单回路、2 回路、4 回路或 8 回路,控制方式除一般 PID 之外,还可组成串级控制、前馈控制和模糊控制等先进的控制方案。

数字调节器不仅可接受 4~20 mA 电流(或 1~5 V 电压)信号输入的设定值,还具有异步通信接口 RS-232C、RS-422/485 等,可与上位机连成主从式通信网络,接受上位机下传的控制参数,并上报各种过程参数。

数字调节器是以计算机为核心的,其控制规律则是由编制的计算机程序来实现的。输入通道包括多路开关、采样保持器、模/数转换器;输出通道包括数/模转换器及保持器。数字调节器具有丰富的运算控制功能和数字通信功能、灵活而方便的操作手段、形象而直观的数字或图形显示、高度的安全可靠性,实现了仪表和计算机的一体化,比模拟调节器能更方便、有效地控制和管理生产过程,因而在工业生产过程自动控制系统中得到了越来越广泛的应用。

1. 数字调节器的分类

数字调节器根据用途和性能的差异可以分为以下几种类型:

(1) 定程序控制器

制造厂把编好的程序固化在控制器的 ROM 中,用户只需要通过组态,不必编写程序,它适合于典型的对象和通用的生产过程。

(2) 可编程调节器

用户可以从调节器内部提供的诸多功能模块中选择所需要的功能模块,用编程方式组合成用户程序,写入调节器内的 EPROM 或 EEPROM 中,使调节器按照要求工作。这种调节器使用灵活,编程方便,得到了广泛的应用。

(3) 混合控制器

这是一种专为控制混合物成分用的控制器,虽然前两种控制器也能用在混合工艺中,但不如这种经济方便。

(4) 批量控制器

这是一种常用于液体或粉粒体包装和定量装载用的控制器,是专门为周期性工作而设计的。

2. 数字调节器的结构

模拟调节器只是由硬件(模拟元器件)构成,它的功能完全由硬件决定,因此其控制功能比较单一;而数字调节器是由以微处理器为核心构成的硬件电路和由系统程序、用户程序构成的软件两大部分组成,其功能主要由软件决定,可以实现不同的控制功能。

(1) 数字调节器的硬件部分

数字调节器的硬件电路由主机电路、过程输入通道、过程输出通道、人机接口电路以及通信接口电路等部分组成,其硬件电路如图 8.6 所示。

① 主机电路。主机电路是数字调节器的核心,用于实现仪表数据的运算处理,以及各组成部分之间的管理。主机电路由 CPU、ROM/EPROM、RAM、定时/计数器以及输入/输出接口等组成。

② 过程输入通道。过程输入通道包括模拟量输入通道和开关量输入通道。模拟量输入通道用于连接模拟量输入信号;开关量输入通道用于连接开关量输入信号。通常,数字调节器

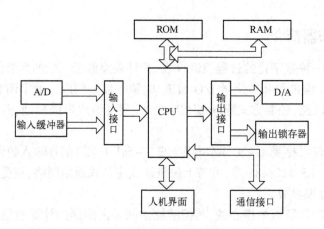

图8.6 数字调节器的硬件电路

都可以接收多个模拟量输入信号和多个开关量输入信号。

③ 过程输出通道。过程输出通道包括模拟量输出通道和开关量输出通道。模拟量输出通道用于输出模拟量信号;开关量输出通道用于输出开关量信号。数字调节器一般具有多个模拟量输出信号和多个开关量输出信号。

④ 人/机接口部件。人/机接口部件有测量值和给定值显示器、输出电流显示器、运行状态(自动/串级/手动)切换按钮、给定值增/减按钮和手动操作按钮等,还有一些状态指示灯。显示器常使用固体器件显示器,如发光二极管、荧光管和液晶显示器等。液晶显示器既可显示图形,也可显示数字。

⑤ 通信接口。通信接口主要完成数字调节器与其他设备的通信。目前,大多数的数字调节器采用 RS485 通信。

(2) 数字调节器的软件

数字调节器的软件分为系统程序和用户程序两大部分。

① 系统程序。系统程序是控制器软件的主体部分,通常由监控程序和功能模块两部分组成。监控程序使控制器各硬件电路能正常工作并实现所规定的功能,同时完成各组成部分之间的管理。监控程序主要完成系统初始化、键盘和显示管理、中断管理、自诊断处理、定时处理、通信处理、掉电处理、运行状态控制等功能。

功能模块提供了各种功能,用户可以选择所需要的功能模块以构成用户程序,使控制器实现用户所规定的功能。控制器提供的功能模块主要有数据传送模块、PID 运算模块、四则运算模块、逻辑运算模块、开平方运算模块、取绝对值运算模块、纯滞后处理模块、上限幅和下限幅模块、控制方式切换模块等。

以上为数字调节器系统程序所包含的基本功能。不同的调节器,因其具体用途和硬件结构不完全一样,其所包含的功能在内容和数量上也有一定的差异。

② 用户程序。用户程序是用户根据控制系统的要求,在系统程序中选择所需要的功能模块,并将它们按一定的规则连接起来所形成的程序,其作用是使控制器完成预定的控制与运算功能。

编写用户程序通常采用面向过程的语言(Procedure Oriented Language,POL)。各种可编程调节器一般都有自己专用的 POL,但不论何种 POL,均具有容易掌握、程序设计简单、软件结构紧凑、便于调试和维修等特点。控制器的编程工作是通过专用的编程器进行的,有"在线"和"离线"两种编程方法。

3. 数字调节器的特点

(1) 运算控制功能强

数字调节器具有比模拟调节器更丰富的运算控制功能。一台数字调节器既可以实现简单的 PID 控制，也可以实现串级控制、前馈控制、变增益控制和 Smith 补偿控制；既可以进行连续控制，也可以进行采样控制、选择控制和批量控制。此外，数字调节器还可对输入信号进行处理，如线性化、数据滤波、标度变换等，并可进行逻辑运算。

(2) 通过软件实现所需功能

数字调节器的运算控制功能是通过软件实现的。在可编程调节器中，软件系统提供了各种功能模块，用户选择所需的功能模块，通过编程将它们连接在一起，构成用户程序，便可实现所需的运算与控制功能。

(3) 带有自诊断功能

数字调节器的监控软件有多种故障自诊断功能，包括主程序运行是否正常、输入/输出信号是否正常、通信功能是否正常等。在控制器运行或编程中遇到不正常现象会发出故障信号，并用特定的代码显示故障种类，还能自动地把控制器的工作状态改为软手动状态。这对保证生产安全和仪表的维护有十分重要的意义。

(4) 带有数字通信功能

数字调节器除了用于代替模拟调节器构成独立的控制系统之外，还可以与上位计算机一起组成中小型 DCS 控制系统。数字调节器与上位计算机之间实现串行双向的数字通信，将控制器本身的手/自动工作状态、PID 参数值、输入/输出值等一系列信息送到上位计算机，必要时上位计算机也可对控制器施加干预，如工作状态的变更、参数的设置等。

(5) 具有较友好的人机界面

通过数字调节器的人机接口，操作人员可以方便地对调节器进行操作以及对数字调节器的工作状态和生产过程的控制情况进行监视。

8.2.2 基于数字调节器的计算机控制系统的典型结构

由数字调节器的结构可以看出，数字调节器具有很强的控制功能，其内部不仅包含了输入/输出通道，还包含了先进的控制算法和控制措施。使用数字调节器不但可以实现单回路控制，还可以实现诸如串级控制、前馈控制、变增益控制等复杂控制。因此，由数字调节器组成的控制回路往往被认为是一个典型的直接数字控制（DDC）回路。另外，由于数字调节器具有较强的通信功能，上位机可以读取回路数据，也可以设置回路参数。多台数字调节器与上位机一起就可以构成一个中小型的 DCS 控制系统，数字调节器实现回路控制，构成独立的 DDC 控制，多个数字调节器控制的许多回路都与上位机进行通信。上位机负责采集数字调节器控制回路的状态，包括控制器本身的手/自动工作状态、PID 参数值、输入/输出值等一系列信息，并通过通信模块对控制器的控制设置必要的信息，如工作状态的变更、参数的设置等。这种类型的控制系统如图 8.7 所示。

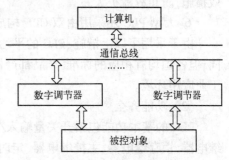

图 8.7 基于数字调节器的计算机控制系统的基本结构

8.3 基于可编程控制器的计算机控制系统

可编程控制器(PLC)是近十几年发展起来的一种新型的工业控制器,由于它把计算机的编程灵活、功能齐全、应用面广等优点与继电器系统的控制简单、使用方便、抗干扰能力强、价格便宜等优点结合起来,而其本身又具有体积小、重量轻、耗电省等特点,因而在工业生产过程控制中得到了广泛的应用。

国际电工委员会(IEC)先后颁布了 PLC 的标准草案第一稿和第二稿,并在 1987 年 2 月通过了对它的定义:

"可编程控制器是一种数字运算操作的电子系统,专为在工业环境下应用而设计,它采用一类可编程的存储器,用于其内部存储程序,执行逻辑运算、顺序控制、定时、计数与算术操作等面向用户的指令,并通过数字或模拟式输入/输出控制各类机械或生产过程。可编程控制器及其有关外部设备,都易于与工业控制系统连成一个整体,易于扩充其功能。"

8.3.1 PLC 简介

1. PLC 的特点

PLC 是专为工业环境而设计制造的计算机,它具有丰富的输入/输出接口,并具有较强的驱动能力,能够较好地解决工业控制领域中普遍关心的可靠、安全、灵活、方便、经济等问题。

(1) 高可靠性

高可靠性是 PLC 最突出的特点之一。

可靠性是评价工业控制装置质量的一个非常重要的指标,如何在恶劣的工业应用环境下平稳、可靠地工作,将故障率降至最低,是各种工业控制装置必须具备的前提条件,如耐电磁干扰、低温、高温、潮湿、振动、灰尘等。为实现"专为适应恶劣的工业环境而设计"的要求,PLC采取了很多有效措施以提高其可靠性:

① 所有输入/输出接口电路均采用光电隔离,使工业现场的外电路与 PLC 内部的电路在电气上实现隔离。

② 各模块均采取屏蔽措施,以防止辐射干扰。

③ 采用优良的开关电源。

④ 对采用的器件进行严格的筛选。

⑤ 具有完整的监视和诊断功能,一旦电源或其他软、硬件发生异常情况,CPU 立即采取有效措施,防止故障扩大。

⑥ 大型 PLC 还采用由双 CPU 构成的冗余系统,使可靠性进一步提高。

由于采用了以上措施,PLC 的平均无故障时间高达几十万小时。虽然各厂家 PLC 型号不同,但各国均有相应的标准,产品都严格地按有关技术标准进行出厂检验,故均可适应恶劣的工业应用环境。

(2) 功能齐全

PLC 的基本功能包括开关量输入/输出、模拟量输入/输出、辅助继电器、状态继电器、延时继电器、锁存继电器、主控继电器、定时器、计数器、移位寄存器、凸轮控制器、跳转和强制 I/O等。指令系统日趋丰富,不仅具有逻辑运算、算术运算等基本功能,而且能以双精度或浮点形式完成代数运算和矩阵运算。

PLC 的扩展功能有联网通信、成组数据传送、PID 闭环回路控制、排序查表、中断控制及特殊功能函数运算等。

PLC 有丰富的 I/O 接口模块,PLC 针对工业现场信号(如交流或直流、开关量或模拟量、电压或电流、脉冲或电位、强电或弱电等)都有相应的 I/O 模块与工业现场的器件或设备直接相连。

(3) 应用灵活

除了单元式小型 PLC 外,绝大多数 PLC 采用标准的积木硬件结构和模块化的软件设计,不仅可以适应大小不同、功能繁复的控制要求,而且可以适应各种工艺流程变更较多的场合。

(4) 系统设计、调试周期短

PLC 的安装和现场接线简单,可以按积木方式扩充和删减其系统规模。由于它的逻辑、控制功能是通过软件完成的,因此允许设计人员在没有购买硬件设备之前,就进行“软接线”工作,从而缩短了整个设计、生产、调试周期。

(5) 操作维修方便

PLC 采用电气操作人员习惯的梯形图形式编程与功能助记符编程,使用户能十分方便地读懂程序和编写、修改程序。操作人员经短期培训,就可以使用 PLC。其内部工作状态、通信状态、I/O 点状态和异常状态等均有醒目的显示。因此,操作人员、维修人员可以及时准确地了解机器故障点,利用替代模块或插件的办法迅速排除故障。

PLC 的主要缺点是人机界面比较差,数据存储和管理能力较差,虽然一些大型 PLC 在这方面有了较大发展,但价格较高。近几年,随着显示技术的迅速发展,大多数 PLC 都可以配套使用液晶显示和触摸屏,使人机界面大大改善。

2. PLC 的分类

自 DEC 公司研制成功第一台 PLC 以来,PLC 已发展成为一个巨大的产业。目前,PLC 产品的产量、销量及用量在所有工业控制装置中居首位。据不完全统计,现在世界上生产 PLC 及其网络产品的厂家有 200 多家,生产大约 400 多个品种的 PLC 产品。

按地域范围 PLC 一般可分成三个流派:美国流派、欧洲流派和日本流派。这种划分方法虽然不很科学,但具有实用参考价值。一方面,美国 PLC 技术与欧洲 PLC 技术基本上是各自独立开发而成的,二者表现出明显的差异性,而日本的 PLC 技术是由美国引进的,因此它对美国的 PLC 技术既有继承,也有发展,而且日本产品主要定位在小型 PLC 上;另一方面,同一地域的产品面临的市场相同,用户的要求接近,相互借鉴就比较多,技术渗透得比较深,这都使得同一地域的 PLC 产品表现出较多的相似性,而不同地域的 PLC 产品表现出明显的差异性。

按结构形式可以把 PLC 分为两类:一类是 CPU、电源、I/O 接口、通信接口等都集成在一个机壳内的一体化结构,如欧姆龙公司的 C20P、C20H,三菱公司的 FX 系列产品,西门子公司的 S7-200 系列产品。

另一类是电源模块、CPU 模块、I/O 模块、通信模块等在结构上是相互独立的,如图 8.8 所示。用户可根据具体的应用要求,选择合适的模块,安装固定在机架或导轨上,构成一个完整的 PLC 应用系统,如欧姆龙公司的 C1000H,三菱公司的 Q 系列,西门子公司的 S7-300 等。

按 I/O 点数的多少又可将 PLC 划分为超小型 PLC(I/O 点数小于 64 点)、小型 PLC(I/O 点数在 65 ~ 128 点)、中型 PLC(I/O 点数范围在 129 ~ 512 点)和大型 PLC(I/O 点数在 512 点以上)等几种。

小型及超小型 PLC 在结构上一般是一体化形式,主要用于单机自动化及简单的控制对

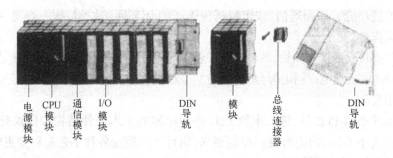

电源模块　CPU模块　通信模块　I/O模块　DIN导轨　模块　总线连接器　DIN导轨

图 8.8　模块化 PLC 结构示意图

象;大、中型 PLC 除具有小型、超小型 PLC 的功能外,还增强了数据处理能力和网络通信能力,可构成大规模的综合控制系统,主要用于复杂程度较高的自动化控制,并在相当程度上替代DCS 以实现更广泛的自动化功能。

3. PLC 的发展趋势

随着计算机综合技术的发展和工业自动化内涵的不断延伸,PLC 的结构和功能也在进行不断地完善和扩充,实现控制功能和管理功能的结合,以不同生产厂家的产品构成开放型的控制系统是主要的发展理念之一。长期以来 PLC 走的是专有化的道路,目前绝大多数 PLC 不属于开放系统,寻求开放型的硬件或软件平台成了当今 PLC 的主要发展目标。就 PLC 系统而言,现代 PLC 主要有以下两种发展趋势。

（1）向大型网络化、综合化方向发展

由于现代工业自动化的内涵已不再局限于某些生产过程的自动化,而是实现信息管理和工业生产相结合的综合自动化,强化通信能力和网络化功能是 PLC 发展的一个重要方面,它主要表现在:向下将多个 PLC、远程 I/O 站点相连;向上与工业控制计算机、管理计算机等相连构成整个工厂的自动化控制系统。

以西门子公司的 S7 系列 PLC 为例,它可以实现 3 级总线复合型的网络结构,如图 8.9 所示。底层为 I/O 或远程 I/O 链路,负责与现场设备通信,其通信机制为配置周期通信。中间层为 PROFIBUS 现场总线或 MPI 多点接口链路,PROFIBUS 采用令牌方式与主从方式相结合的通信机制,MPI 为主从式总线。二者可实现 PLC 与 PLC 之间、PLC 与计算机、编程器或操作员面板之间、PLC(具备 PROFIBUS-DP 接口)与支持 PROFIBUS 协议的现场总线仪表或计算机之间的通信。最高一层可通过通信处理器连成更大的、范围更广的网络,如 Ethernet,主要用于生产管理信息的通信。

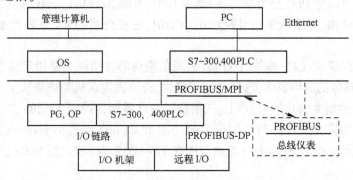

图 8.9　S7 系列 PLC 网络结构示意图

(2)向体积小、速度快、功能强、价格低的小型化方向发展

随着应用范围的扩大,体积小、速度快、功能强、价格低的 PLC 广泛渗透到工业控制领域的各个层面。小型化发展具体表现为:结构上的更新、物理尺寸的缩小、运算速度的提高、网络功能的加强、价格的降低。当前,小型化 PLC 在工业控制领域具有不可替代的地位。

8.3.2 PLC 的基本结构和工作原理

1. PLC 的基本结构

PLC 的基本组成与一般的微机系统相类似,主要包括中央处理单元、存储单元、通信接口、外设接口、I/O 接口等,如图 8.10 所示。

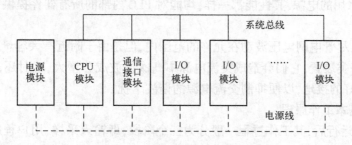

图 8.10 模块化 PLC 结构示意图

(1)中央处理单元

中央处理单元(CPU)是 PLC 的控制中枢。20 世纪 70 年代中期到 80 年代末,大、中、小型 PLC 型的 CPU 所采用的微处理器芯片的档次差别很大,因此,不同类型的 PLC,其功能、扫描速度、用户程序的存储量、I/O 点数、软设备(如逻辑线圈、计数器、数据寄存器等)数量等都有较大差别。

随着超大规模集成电路技术的进步和发展,微处理器价格的下跌,PLC 也能使用功能强、速度快的高档微处理器作为其 CPU。因此,在 80 年代末 90 年代初,PLC 制造厂商纷纷推出新一代的产品,其特点是普遍采用高档的微处理器,外加专用逻辑处理芯片构成 PLC 的 CPU,前者处理高速指令、中断等,使得 PLC 的处理速度加快,功能增强。例如,三菱公司新 FX 系列小型 PLC,CPU 就由一片 16 位微处理器和一片专用处理器构成。该机的某些性能甚至超出了 80 年代中期的大型 PLC。

近两年,有些制造厂商还根据 PLC 对 CPU 的要求,自行研制开发了专用的 CPU 芯片。这种芯片将 PLC 的功能集成在一个芯片中,其中还包括一些原来由软件实现的功能改由硬件完成,使其体积更小,可靠性更强。例如,三菱公司的 A2A、A3A 型 PLC 采用的就是该公司自行研制开发的专用芯片 MSP(Mitsubishi Sequential Processor)。

为了进一步提高 PLC 的可靠性,近年来对大型 PLC 还采用双 CPU 构成冗余系统。如,立石公司的 C-2000H 系列的冗余系统;或采用三 CPU 的表决式系统,如三菱公司的 A 系列 PLC 中的三 CPU 表决式系统。这样,即使某个 CPU 出现故障,整个系统仍能正常运行。

(2)存储器

和微型计算机一样,除了硬件以外,还必须有软件才能构成一台完整的 PLC。PLC 的软件分两部分:系统软件和应用软件。存放系统软件的存储器称为系统程序存储器,存放应用软件

的存储器称为用户程序存储器。

PLC 常用的存储器类型：

① RAM(Random Access Memory)；

② EPROM(Erasable Programmable Read Only Memory)；

③ EEPROM(Electrical Erasable Programmable Read Only Memory)；

④ FLASHROM。

（3）电源

PLC 的电源在整个系统中起着十分重要的作用，如果没有一个良好的可靠的电源，系统还是无法正常工作，因此 PLC 的制造商对电源的设计和制造也十分重视。不论是小型 PLC 还是中、大型 PLC 所采用的电源，其性能都一样，均能对 PLC 内部的所有器件提供一个稳定可靠的直流电源。

在某些场合，尽管电网电压波动在允许的范围内，但是由于附近有大容量的相位控制的晶闸管、变流器等一类装置，它们会造成交流电源中高次谐波成分增大，这时还需要采用电源隔离变压器以及良好的接地，以便抑制交流电源的谐波干扰。

2. PLC 的基本工作原理

当 PLC 投入运行后，其工作过程一般分为三个阶段，即输入采样、用户程序执行和输出刷新三个阶段，完成上述三个阶段称为一个扫描周期。在整个运行期间，PLC 的 CPU 以一定扫描速度重复执行上述三个阶段，如图 8.11 所示。

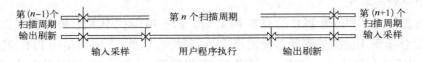

图 8.11　PLC 的扫描运行方式

输入采样阶段，PLC 以扫描方式一次读入所有输入状态和数据，并将它们存入 I/O 影像区中相应的单元内。输入采样结束后，转入用户程序执行阶段；在用户程序执行阶段，PLC 的 CPU 总是按从上而下的顺序依次扫描用户程序，然后根据程序的运算结果，刷新 RAM 存储区中对应的状态，或者刷新输出 I/O 影像区中对应的状态；或者确定执行特殊指令，如算术运算、数据处理和数据传送等。当扫描用户程序结束后，PLC 进入输出刷新阶段。在输出刷新阶段，CPU 按照 I/O 映像区内对应的状态和数据刷新所有的输出锁存电路，再经输出电路驱动相应的外设，这时，PLC 才有真正的输出。

顺序扫描工作方式简单直观，便于程序设计和 PLC 自身的检查。具体体现在：PLC 扫描到的功能经计算后，其结果马上就可被后面将要扫描到的功能所利用；可以在 PLC 内设定一个监视定时器，用来监视每次扫描的时间是否超过规定值，避免由于 PLC 内部 CPU 故障使程序执行进入死循环。

扫描顺序可以是固定的，也可以是可变的。一般小型 PLC 采用固定的扫描顺序，大中型 PLC 采用可变的扫描顺序。这是因为大中型 PLC 处理的 I/O 点数多，其中有些点可能不必要每次都扫描，一次扫描时对某一些 I/O 点进行，下次扫描时又对另一些 I/O 点进行，即分时分批地进行顺序扫描。这样做可以缩短扫描周期，提高实时控制中的响应速度。

8.3.3 基于 PLC 的计算机控制系统简介

1. 基于 PLC 的计算机控制系统的应用范围

由于 PLC 具有诸多优点,使得 PLC 应用十分广泛。现在,PLC 已经广泛应用于钢铁、采矿、水泥、石油、化工、电力、机械制造、汽车装卸等行业。由 PLC 组成的控制系统大致可以分为以下几种类型。

(1) 用于开关逻辑控制

这是 PLC 最基本的应用范围。可以使用 PLC 取代传统的继电控制,如机床电气、电机控制中心等,也可以取代顺序控制,如高炉上料、电梯控制、货物存取、运输、检测等。总之,PLC 可用于单机、多机群以及生产线的自动化控制。

(2) 用于机械加工的数字控制

PLC 和计算机数控(CNC)装置组合成一体,可以实现数字控制,组成数控机床。

(3) 用于机器人控制

可用一台 PLC 实现 3~6 轴的机器人控制。

(4) 用于闭环过程控制

现代大型 PLC 都配有 PID 子程序或 PID 模块,可实现单回路、多回路的调节控制。计算机—PLC—现场仪表是目前构成 DCS 的基本结构。

(5) 用于实现工厂的无人化管理

现代的 PLC 均具有通信接口或专用网络通信模块,可组成多级控制系统,实现工厂自动化网络。

2. PLC 的控制系统的设计原则及内容

(1) PLC 系统的设计原则

关于 PLC 系统的设计原则往往涉及很多方面,其中最基本的设计原则可以归纳为四点:

① 最大限度地满足工业生产过程或机械设备的控制要求。

② 确保计算机控制系统的可靠性。

③ 力求控制系统简单、实用、合理。

④ 适当考虑生产发展和工艺改进的需要,在 I/O 接口、通信能力等方面要留有余地。

(2) PLC 系统设计包含的内容

PLC 的种类很多,不同类型的 PLC 在性能、适用领域等方面是有差异的,它们在设计内容和设计方法上也会有所不同,通常还与设计人员习惯的设计规范及实践经验有关。但是,所有设计方法要解决的基本问题是相同的。下面是 PLC 系统设计所要完成的一般性内容:

① 分析被控对象的工艺特点和要求,拟定 PLC 系统的控制功能和设计目标。

② 细化 PLC 系统的技术要求,如 I/O 接口数量、结构形式、安装位置等。

③ PLC 系统的选型,包括 CPU、I/O 模块、接口模块等。

④ 编制 I/O 分配表和 PLC 系统及其与现场仪表的接线图。

⑤ 根据系统要求编制软件规格说明书,开发 PLC 应用软件。

⑥ 编写设计说明书和使用说明书。

⑦ 系统安装、调试和投运。

3. PLC 系统的硬件设计

设计一个良好的控制系统,第一步就需要对被控生产对象的工艺过程和特点做深入的了解,这也是现场仪表选型与安装、控制目标确定、系统配置的前提。一个复杂的生产工艺过程,通常可以分解为若干个工序,而每个工序往往又可分解为若干个具体步骤,这样做可以把复杂的控制任务明确化、简单化、清晰化,有助于明确系统中各 PLC 及 PLC 中 I/O 的配置,合理分配系统的软硬件资源。

PLC 的系统要求是在了解了工艺过程的基础上制定的,一般包括两个方面:一是为了保证设备和生产过程本身的正常运行所必需的控制功能,也就是 PLC 系统的主体部分,如回路控制、联动控制、顺序控制等;二是为了提高系统的可靠性、可操作性等因素制定的附属部分,如人机交互、紧急事件处理、信息管理等功能。PLC 系统设计应围绕主体展开,同时也必须兼顾附属功能。

第二步需要创建设计任务书。设计任务书实际上就是对技术要求的细化,把各部分必须具备的功能和实现方法以书面形式描述出来。设计任务书是进行设备选型、硬件配置、软件设计、系统调试的重要技术依据,若在 PLC 系统的开发过程中发现不合理的方面,需要及时进行修正。通常,设计任务书要包括以下各项内容:

① 数字量输入总点数及端口分配。
② 数字量输出总点数及端口分配。
③ 模拟量输入通道总数及端口分配。
④ 模拟量输出通道总数及端口分配。
⑤ 特殊功能总数及类型。
⑥ PLC 功能的划分以及各 PLC 的分布与距离。
⑦ 对通信能力的要求及通信距离。

第三步需要在满足控制要求的前提下,对系统所涉及的硬件设备进行选型。PLC 硬件设备的选型应该追求最佳的性能价格比。硬件设备的选型主要从 CPU、I/O 配置、通信、电源等方面进行考虑。

第四步需要设计安全回路。安全回路是能够独立于 PLC 系统运行的应急控制回路或后备手操系统。安全回路一般以确保人身安全为第一目标,保证设备运行安全为第二目标进行设计,这在很多国家和国际组织发表的技术标准中均有明确的规定。一般来说,安全回路在以下几种情况下将发挥安全保护作用:设备发生紧急异常状态时;PLC 失控时;操作人员需要紧急干预时。

安全回路的典型设计,是将关键设备或回路中的执行器(包括阀门、电动机等)以一定的方式连接到紧急处理装置上。在系统运行过程中,根据故障的性质,可以让安全回路中的后备系统来接管控制功能,或者通过安全回路实施紧急处理。设计安全回路的一般性任务主要包括:

① 为 PLC 定义故障形式、紧急处理要求和重新启动特性。
② 确定控制回路与安全回路之间逻辑和操作上的互锁关系。
③ 设计后备手操回路,以提供对过程中重要设备的手动安全性干预手段。
④ 确定其他与安全和完善运行有关的要求。

4. PLC 的控制系统的软件设计

（1）前期工作

PLC 用户程序的设计过程如图 8.12 所示。首先需要制定控制方案、制定抗干扰措施、编制 I/O 分配表、定义程序及数据结构、定义软件模块的功能，然后编写应用软件的指令程序，最后进行软件的调试和投运。如果在实现每一项任务的过程中发现不合理的地方，要及时进行修正。

在软件设计过程中，前期工作内容往往会被设计人员所忽视。事实上，这些工作对提高软件的开发效率、保证应用软件的可维护性、缩短调试周期都是非常必要的，特别是对较大规模的 PLC 系统更是如此。

（2）应用软件的开发和调试

根据功能的不同，PLC 应用软件可以分为基本控制程序、中断处理程序和通信服务程序三个部分。其中基本控制程序是整个应用软件的主体，它包括信号采集、信号滤波、控制运算、结果输出等内容。

对于整个应用软件来说，程序结构设计和数据结构设计是程序设计的主要内容。合理的程序结构不仅决定着应用程序的编程质量，而且还对编程周期、调试周期、可维护性都有很大的影响。

图 8.12　PLC 系统程序设计的基本过程

8.4　基于嵌入式系统的计算机控制系统

嵌入式系统是以应用为中心，以计算机技术为基础，并且软硬件可裁剪，对功能、可靠性、成本、体积、功耗有严格要求的适用于应用系统的专用计算机系统。它一般由嵌入式微处理器、外围硬件设备、嵌入式操作系统以及用户的应用程序共四个部分组成，用于实现对其他设备的控制、监视或管理等功能。

随着信息化、智能化、网络化的发展，嵌入式系统的应用日益广泛，嵌入式系统已经应用到了信息家电、手持机、环境监测、工业控制等各个领域。本节对嵌入式系统的概念、软硬件技术以及由其组成的控制系统进行简要介绍。

8.4.1　嵌入式系统概述

1. 嵌入式系统概念的由来

1976 年，Intel 公司推出了 8048，称为单片机（Single Chip Computer，SCC）。这个只有 1KB ROM 和 64B RAM 的简单芯片成为世界上第一个单片机，开创了将微处理机系统的各种 CPU 外的资源，如 ROM、RAM、定时器、I/O 端口、串行通信接口及其他各种外围功能模块，集成到单个芯片的时代。

现在单片机已经成为一个十分庞大的家族，许多新出现的单片机也称为嵌入式微处理器，专门面向嵌入式应用。虽然这些嵌入式微处理器的性能各异，但是它们的应用目标几乎是一致的,即嵌入到某一个应用系统中,针对特定的应用目标,利用单片机的软硬件资源,实现检测、控制、计算及通信等功能。

针对特定应用、特定功能开发的嵌入式系统,要求该系统与所嵌入的应用环境成为一个统一的整体,并且往往有紧凑、高可靠性、实时性好、低功耗等技术要求。这样一种应用目标使得这一应用领域要去研究它的独特的设计方法和开发技术,这就是今天嵌入式系统这一名称的含义,也是嵌入式系统成为一个相对独立的计算机研究领域的原因。

鉴于嵌入式系统的独特应用,它与通用计算机系统在系统组成、应用目标等方面都存有巨大的差异。人们最熟悉的通用计算机就是 PC。PC 的设计目标并不针对专一的应用,甚至不针对特定的开发语言。PC 的设计师希望 PC 具有尽可能通用的特性,如:具有多种开发设计语言及工具,能在差异极大的不同应用领域都发挥出优异的性能,有尽可能快的处理速度,有尽可能大的存储空间,有尽可能强大的外围设备。这些强大的整机性能指标,对于某一个具体的应用目标来说,也许并不是必要的,而对于另外一些应用中经常会提出的技术要求,PC 反而难以满足,如低成本、低功耗、小体积、高可靠性等。

2. 嵌入式系统的特点

从前面对嵌入式系统所解释的概念可以看出,嵌入式系统具有以下几个主要特征:

(1) 专用性强

嵌入式系统的个性化很强,其中的软件系统和硬件的结合非常紧密,一般要针对硬件进行系统的移植,即使在同一品牌、同一系列的产品中也需要根据系统硬件的变化和增减不断地进行修改。同时针对不同的任务,往往需要对系统进行较大的更改,程序的编译下载要和系统相结合,这种修改和通用软件的"升级"是完全不同的概念。

(2) 精简设计

嵌入式系统的硬件和软件都必须高效率地设计,量体裁衣、去除冗余,力争在同样的硅片面积上实现更高的性能,这样才能在具体应用中对处理器的选择更具有竞争力。

(3) 系统内核小

由于嵌入式系统一般应用于小型电子装置,系统资源相对有限,所以内核较之传统的操作系统要小得多。比如 ENEA 公司的 OSE 分布式系统,内核只有 5 KB,而 Windows 的内核则要大得多。

(4) 嵌入式软件开发要想走向标准化,就必须使用多任务的操作系统

嵌入式系统的应用程序可以没有操作系统而直接在芯片上运行,但是为了合理地调度多任务,合理利用系统资源、系统函数以及专家库函数接口,用户必须自行选配 RTOS(Real Time Operating System,实时操作系统)开发平台,这样才能保证程序执行的实时性、可靠性,并减少开发时间,保障软件质量。

为了提高执行速度和系统的可靠性,嵌入式系统中的软件一般都固化在存储器芯片或单片机本身中,而不是存储于磁盘等载体中。

(5) 嵌入式系统开发需要专门的开发工具和环境

由于嵌入式系统本身不具备自主开发能力,即使设计完成以后用户通常也不能对其中的程序功能进行修改,必须有一套开发工具和环境才能进行开发,这些工具和环境一般是基于通用计算机上的软硬件设备以及各种逻辑分析仪、混合信号示波器等。

3. 嵌入式系统的应用领域

嵌入式系统技术具有非常广阔的应用前景,下面介绍几个重要的应用领域。

(1) 工业控制

基于嵌入式芯片的工业自动化设备具有很大的发展空间,目前已经有大量的8、16、32位嵌入式微控制器应用在工业过程控制、数控机床、电力系统、电网安全、电网设备监测、石油化工等领域。就传统的工业控制产品而言,低端型往往采用的是8位单片机,但是随着技术的发展,32位、64位的微处理器逐渐成为工业控制设备的核心,具有更大的发展空间。

(2) 交通管理

在车辆导航、流量控制、信息监测与汽车服务方面,嵌入式系统技术已经获得了广泛的应用,内嵌GPS模块、GSM模块的移动定位终端已经在各种运输行业获得了成功的使用。

(3) 信息家电

信息家电将成为嵌入式系统最大的应用领域。用户即使不在家中,也可以通过电话线、网络远程控制各种家用电器。在信息家电中,嵌入式系统将大有用武之地。

(4) 家庭智能管理系统

水、电、煤气表的远程自动抄表,安全防火、防盗系统,其中嵌有专用控制芯片的智能仪表将代替传统的人工检查,并实现更高、更准确和更安全的性能。目前在服务领域中,一些手持设备已经体现出了嵌入式系统的优势。

(5) POS网络及电子商务

公共交通非接触式智能卡发行系统、公共电话卡发行系统、自动售货机、各种智能ATM终端将全面走入人们的生活,到时手持一卡就可行遍天下。

(6) 环境监测

环境监测包括水文资料实时监测、防洪体系及水土质量监测、堤坝安全监测、地震监测、实时气象信息网、水源和空气污染监测。在很多环境恶劣、地况复杂的地区,嵌入式系统将实现无人监测。

(7) 机器人

嵌入式芯片的发展将使机器人在微型化、高智能方面的优势更加明显,同时会大幅度降低机器人的价格,使其在工业领域和服务领域获得更广泛的应用。

8.4.2 嵌入式系统的硬件

从硬件方面来讲,各式各样的嵌入式处理器是嵌入式系统硬件中最核心的部分。目前,世界上具有嵌入式功能特点的处理器已经超过1 000种,流行体系结构包括MCU、MPU等30多个系列。鉴于嵌入式系统广阔的发展前景,很多半导体制造商都开始大规模生产嵌入式处理器,并且公司自主设计处理器也已经成了未来嵌入式领域的趋势,其中从单片机、DSP到FP-GA,品种越来越多,速度越来越快,性能越来越强,价格也越来越低。目前嵌入式处理器的寻址空间可以从64 KB到16 MB,处理速度最快可以达到2000 MI/s,封装从几个引脚到几百个引脚不等。

嵌入式处理器可以分成以下几类:

1. 嵌入式微控制器(Micro-Controller Unit, MCU)

这种8位的电子器件已经有了20多年的历史,但目前在嵌入式设备中仍然有着极其广泛的应用。单片机芯片内部集成了 ROM/EPROM、RAM、总线、总线逻辑、定时/计数器、看门狗、I/O、串口、脉宽调制输出、A/D、D/A、Flash、EEPROM 等各种必要的功能接口和外设。与嵌入式微处理器相比,微控制器的最大特点是单片化,体积大大减小,从而使功耗和成本下降、可靠性提高。微控制器是目前嵌入式系统的主流。微控制器的片上外设资源一般比较丰富,适合于控制。

由于 MCU 低廉的价格、优良的功能,所以拥有的品种和数量最多,比较有代表性的包括 8051、MCS-251、、MCS-96/196/296、、P51XA 以及 MCU 8XC930/931、C540、C541,并且有支持 IC、CAN-BUS、LCD 的众多专用 MCU 和兼容系列。目前 MCU 约占嵌入式系统 70% 的市场份额。

2. 嵌入式数字信号处理器(Digital Signal Processor,DSP)

DSP 是专门用于数字信号处理的芯片,其在系统结构和指令算法方面进行了特殊设计,具有很高的编译效率和指令执行速度。在数字滤波、FFT、频谱分析等各种仪器上 DSP 都获得了大规模的应用。

DSP 的理论算法在 20 世纪 70 年代就已经出现,但是由于当时专门的 DSP 处理器还未出现,所以这种理论算法只能通过 MPU 等分立元件实现。MPU 较低的处理速度无法满足 DSP 的算法要求,其应用仅仅局限于一些尖端的高科技领域。随着大规模集成电路技术的发展,1982 年世界上诞生了首枚 DSP 芯片,其运算速度比 MPU 快了几十倍,在语音合成和编码解码器中得到了广泛应用。至 80 年代中期,随着 CMOS 技术的进步与发展,第二代基于 CMOS 工艺的 DSP 芯片应运而生,其存储容量和运算速度都得到了成倍提高,成为语音处理、图像硬件处理技术的基础。到 80 年代后期,DSP 的运算速度进一步提高,应用领域也从上述范围扩大到了通信和计算机方面。90 年代后,DSP 发展到了第五代产品,集成度更高,使用范围也更加广阔。

3. 嵌入式微处理器(Micro Processor Unit,MPU)

嵌入式微处理器是由通用计算机中的 CPU 演变而来的。它的特征是具有 32 位以上的处理器,具有较高的性能,当然其价格也相应较高。但与计算机处理器不同的是,在实际嵌入式应用中,只保留和嵌入式应用紧密相关的功能硬件,去除其他的冗余功能部分,这样就以最低的功耗和资源实现嵌入式应用的特殊要求。和工业控制计算机相比,嵌入式微处理器具有体积小、重量轻、成本低、可靠性高的优点。目前流行的嵌入式处理器很多,主要类型有 Am186/88、386EX、SC-400、PowerPC、68000、MIPS、ARM/StrongARM 系列等。其中 ARM/StrongARM 是专为手持设备开发的嵌入式微处理器,具有中档价位。

4. 嵌入式片上系统(System on Chip,SoC)

片上系统 SoC 是指在单一芯片上集成诸如 MCU、RAM、DMA、I/O 等多个部件,试图将多个芯片组成的系统集成在一个芯片内部,是目前嵌入式应用领域的热门话题之一。SoC 最大的特点是成功地实现了软硬件无缝结合,直接在处理器片内嵌入操作系统的代码模块。而且 SoC 具有极高的综合性,在一个硅片内部运用 VHDL、VERILOG 等硬件描述语言,可以实现一个复杂的系统。用户不需要再像完成传统的系统设计一样,绘制庞大复杂的电路板,然后一点点地连接焊制,而只需要使用精确的硬件描述语言,经过综合、仿真、布局布线等过程,直接生成可以交付芯片生产厂家生产的网表文件。由于绝大部分系统构件都是在系统内部,整个系统的结构就特别简单,不仅减小了系统的体积和功耗,而且提高了系统的可靠性和设计生产效率。

SoC 往往是专用的,所以大部分都不为用户所知,现在许多专用芯片,如手持机、语音、加密等芯片多为 SoC 芯片。比较典型的 SoC 产品是 Philips 的 Smart XA。SoC 芯片也将在声音、图像、影视、网络及系统逻辑等应用领域中发挥重要作用。

8.4.3 嵌入式系统的软件

嵌入式系统是一个应用系统,它是硬件和软件的统一体,而软件在嵌入式系统中占有更为重要的位置。嵌入式系统的软件可以分为系统软件和应用软件两个层次。当应用问题较为简单时,也许不必有很清晰的软件分层。但是,对于稍微复杂一些的应用系统,会面对如下的要求:

① 功能的实现尽可能不依赖具体的硬件环境。

② 系统要求达到更高的安全性、可靠性指标。

③ 希望软件设计达到较高的标准化程度。

④ 希望提高软件模块的可读性、可移植性和再利用率。

⑤ 希望实现团队式的开发方式。

这时,需要一个系统软件作为硬件和软件的过渡层,来为实现这些设计要求提供良好的保障。当然,系统软件的开销要有一个适当的度。当系统软件做得过于面面俱到时,就必然会消耗大量的系统软硬件资源,同时,必然会降低嵌入式系统的实时性,增加嵌入式系统的规模与成本。

1. 主要流行的嵌入式操作系统

嵌入式系统比通用计算机具有更简单的结构。它很可能不配置 CRT 显示器,不需要文件系统,由于内存空间较小也没有存储器管理功能。同时,嵌入式系统总是希望加载的操作系统软件不能占据过大的内存空间,不能消耗过多的系统软硬件资源。这样就要求嵌入式系统的操作系统与传统意义上的操作系统有很大区别,要做到代码量小,对堆栈、寄存器、定时器及中断等系统部件的依赖要少。

嵌入式系统的操作系统,基本上有两大趋势:一类是面向高级单片机的,另一类是针对 8 位、16 位单片机的。以下是几个目前流行的嵌入式操作系统。

（1）Linux

Linux 已经成为最热门的操作系统之一。它的开放性使众多的开发者为它打造了非常坚实的基础。同时,它也派生出了众多的类似系统。

（2）μCLinux

μCLinux 是一个缩减的 Linux 系统,特别适用于不需要内存管理的高级单片嵌入式系统。

（3）eCOS

eCOS 是一个代码开放的嵌入式操作系统,具有良好的系统功能和应用支持,可以在许多高级单片机上运行。

（4）Windows CE

Windows CE 是 Windows 的嵌入式系统版本,具有类似 Windows 风格的用户界面,可以与 Windows 环境下的软件很方便地接口。但是,它的代码是不开放的。

（5）VxWorks

VxWorks 是一个功能完善的嵌入式操作系统,它的代码也是不开放的。

（6）RTX51

RTX51 是专门针对 8051 设计的操作系统,代码紧凑、体积小巧。已经在很多应用中证明这是一个成功的 8 位单片机的操作系统,代码完全开放。

（7）μC/OS

μC/OS 是一个特殊风格的嵌入式操作系统,它有多种版本,可以适应从 x86 到 8051 的各种不同类型、不同规模的嵌入式系统,代码开放。但是,它的一些改进版本,开始放弃代码开放的原则。

如果只是针对 8051 系列构成的嵌入式系统,显然可以选择的合适的操作系统只有 RTX51 和 μC/OS 等少数几种。这几种操作系统主要是由于受到 8051 本身资源的限制,功能都相对较为简单。但是,它们开放的源代码和较小的代码量,也给嵌入式系统设计者提供了彻底掌握这一操作系统的条件。

对于 8051 系列来说,用它来构成的嵌入式系统,所承担的任务总是符合 8051 所具备的功能的,不应该将要实现的系统功能目标设计得非常复杂和庞大。因此,这几种操作系统的性能完全能够满足以 8051 系列单片机为核心的嵌入式系统的应用需求。

2. 嵌入式操作系统的功能

在操作系统的支持下,应用软件可以通过操作系统来与硬件打交道。这为嵌入式系统脱离特定的硬件环境提供了条件,也使软件的可靠性、安全性增加了。利用操作系统软件的特权性,可以保证嵌入式系统始终工作在有效控制之下。

操作系统的功能主要体现在以下几个方面:

（1）进程管理

进程是一个运行中的程序。在操作系统中,进程具有独立性。多个进程在操作系统的调度下,分时、并发地运行。这样的结构,使得软件的开发可以按相对简捷的功能模块分别进行;可以利用一种所谓的信号灯机制,实现各个进程之间的通信,分配进程对各种资源的占用;可以利用进程调度,避免系统陷入死循环或崩溃;可以将进程设置为不同的优先级别,如系统级或用户级,来保证系统的安全性。

（2）内存管理

内存管理是将计算机的内存分成若干页面,对各个页面赋予不同的特性和访问逻辑地址。利用内存页的不同特性,可以实现不同的访问特性。例如,可以为特殊的任务分配特定的内存页,同时也避免了其他任务侵入这一内存页。由于内存访问的实时性,这种页面的分配是由硬件实现的。一般来说,是依赖 CPU 的支持来实现的。

（3）文件系统管理

文件系统是计算机系统的一个特殊组成部分。文件系统将计算机管理的大量数据以特定的结构保存在存储系统中,这个特殊的数据结构就是文件。文件系统一般建立在外存储器中,如磁盘、磁带、光盘等,以满足数据容量的要求。但是,在特殊情况下,文件系统也可以建立在计算机的内存中。

（4）设备驱动程序

在操作系统的管理下,应用程序没必要也不应该与底层的各种设备直接打交道。应用程序可以经过操作系统提供的设备管理手段,即设备驱动程序,来使用系统的设备。设备驱动程序一般包括对设备的初始化、检查设备状态、控制设备动作、对设备进行读写操作等功能。

（5）系统调用

一个操作系统的各项功能,往往通过一系列应用软件可引用的程序模块来实现,称为系统调用函数或应用编程接口。这些系统调用模块经过比较严格的测试和实用考验,用它们作为整个应用系统的基础可以保障系统的稳定性和可靠性。

8.4.4 基于嵌入式系统的计算机控制系统的设计

1. 嵌入式系统的主要设计方法

（1）仿真器

从微处理机诞生至今,开发方式一直沿用的是仿真器技术,即利用一台仿真器,模拟取代应用系统的部分电路,可能是 CPU,可能是程序存储器,也可能是某几个部分电路的组合。通过调试主机对取代电路的控制,可以获得程序运行过程的状态,可以控制程序运行的走向,从而达到调试的目的。单片机出现后,仿真器所取代的往往是包含 CPU、存储器和 I/O 功能模块的调试样机的单片机。但是,所依据的仿真器开发调试技术原理并没有改变。

这种开发方式,从最低层的软硬件调试开始做起,可以控制到每条指令的执行,发现故障的能力也很强,但调试的效率不高。这种开发方式,较为适用于可以插拔的单片机芯片,对于表面贴装的芯片往往难以实现仿真器与调试样机的方便连接。

（2）BOOT ROM

这种方式是在嵌入式系统中事先驻留一个 ROM 引导程序,一般称为 BOOT。开机后首先运行 BOOT 程序,实现与调试主机的联机。有的单片机也采用特殊的系统复位启动过程来激活驻留的 BOOT 程序。

利用 BOOT 程序,嵌入式系统可以通过经通信接口的下载来获得系统的全部程序。BOOT 程序一般在完成下载任务后,就将系统的控制权交给下载生成的系统程序,并且不再起作用了。

BOOT ROM 方式要求嵌入式系统必须起码保证能够运行 BOOT 程序,能够实现代码下载功能,这样才能保证后续程序调试过程的进行。

（3）JTAG 接口

所谓 JTAG 技术,最初是一种测试技术。它通过一个标准接口,用串行方式来设置和获得元件的输入和输出信号,从而实现对元件初始状态的控制和运行状态的判断。这个标准接口就称之为 JTAG 接口,基本引脚有 4 个。由于巧妙的设计,具有 JTAG 接口的元件可以将各自的 JTAG 接口串联起来,最终的接口引脚仍然是 4 个。因此,系统内的多个具有 JTAG 接口的元件,最终可以只用一个 4 个引脚的 JTAG 接口来实现全部功能。

对于单片机,同样可以为它内部的每一个功能模块各设计一个 JTAG 接口,最终在芯片的引脚上引出一个 4 个引脚的 JTAG 接口来实现对芯片内部各功能模块的控制和测试。利用单片机上的 JTAG 接口,可以设置和检查芯片内各个模块的状态,可以在存储器中写入代码。

因此,利用 JTAG 技术可以实现嵌入式系统的调试,而采用这一方法进行嵌入式系统调试,对调试设备的要求也比较简单。目前常用的方式,往往只需要利用一台 PC 作为调试主机,利用 PC 的打印机接口控制信号,经过逻辑组合来产生直接与嵌入式系统连接的 JTAG 接口。

2. 嵌入式操作系统环境下的调试

开发嵌入式系统,与在通用微机上的开发工作是不同的。由于硬件及软件上的不可靠因素,新设计的嵌入式系统往往要经过细致的时序分析来排除硬件故障,这是一项费时费力的开发工作。在嵌入式系统中引入操作系统,为避免这一工作提供了条件。操作系统的基本目标之一是对底层硬件的封装,操作系统在这一点上一般都做得很完善,它的底层软件是经过了许多人、长时间的运行考验的。操作系统使设计者将注意力更多地集中在要实现的应用目标上,而不是系统硬件的调试上。

在一个共同的操作系统平台上,多进程程序设计、团队式开发组织都成为可能。当引入了操作系统的进程概念后,嵌入式系统的应用功能实现就可以分解成许多相对独立的进程,在操作系统的统一管理下完成系统的应用目标。这些进程的设计、调试可以相对独立地进行,通过多人的协同作战来提高开发效率。

3. 目前常用的几种嵌入式系统设计风格

（1）缩减 PC 系统

所谓缩减 PC 系统,是指利用 PC 体系结构设计的嵌入式系统。这种设计是建立在技术上已非常成熟的 PC 的体系结构之上的,它的硬件环境往往是一台单板化的 PC 系统。这种设计可以利用 PC 作为开发工具,可以利用众多的 PC 环境软、硬件资源,在成熟的操作系统支持下,系统可以达到较高的可靠性和稳定性。但是这样的设计目前尚难以满足小体积、低功耗、低成本等嵌入式系统的常见技术要求。

（2）高级单片系统

所谓高级单片系统,是指那些准备加载 Linux、类 Linux 和 Windows CE 等操作系统的嵌入式系统。它的硬件构成核心是一个集成了丰富功能的单一芯片,一般数据宽度为 32 位。它已经包含了几乎全部的系统硬件,只需再增加很少几个器件,如存储器芯片,即可构成全部系统。

生产高级单片机的厂家及型号越来越多,典型的是以 ARM 或 MIPS 内核为核心的单片机。在这里已经完全没有了 PC 体系结构的影子。芯片包容的功能极其丰富,往往除了大容量存储器以外,系统的硬件几乎都集成在一个单片上。它们的寻址空间大,数据总线宽,处理能力强,功耗低。

这些芯片的设计目标是非常明确的,就是为了构成一个嵌入式系统。利用这样的芯片可以设计出非常紧凑的系统,ARM 内核单片在移动电话上的成功应用就是一个有力的佐证。

（3）单片机系统

目前称为单片机的,是指 8 位或 16 位数据宽度、寻址空间较小的芯片。相对来说,它们的处理能力较弱。但是,它们的优点也是不容忽视的,如低成本、低功耗、片上集成的外围模块功能丰富而实用等。在应用需求恰如其分的场合,选择它们绝对是合理的。

8.5 分散型计算机控制系统

分散型计算机控制系统又名分布式计算机控制系统,简称分散型控制系统（Distributed Control System,DCS）。分散型控制系统综合了计算机（Computer）技术、控制（Control）技术、通信（Communication）技术、CRT 显示技术,即 4C 技术,集中了连续控制、批量控制、逻辑顺序控制、数据采集等功能。先进的分散型控制系统将以计算机集成制造系统（CIMS）为目标,以新的控制方法、现场总线智能化仪表、专家系统、局域网络等新技术,为用户实现管控一体化的综合集成系统。

分散型控制系统采用分散控制、集中操作、综合管理和分而自治的设计原则,因此,国内也常将分散型控制系统称为集散控制系统。DCS 的安全可靠、通用灵活性、最优控制性能和综合管理能力,为工业过程的计算机控制开创了新方法。自从美国的 HoneyWell 公司于 1975 年成功地推出世界上第一套分散型控制系统以来,已更新换代了 3 代 DCS,现已进入第 4 代 DCS。本节将概述 DCS 的特点、发展趋势以及其体系结构,让读者对 DCS 有初步的了解。

8.5.1 DCS 的分层体系

DCS 按功能分层的层次结构充分体现了其分散控制和集中管理的设计思想。DCS 从下至上依次分为直接控制层、操作监控层、生产管理层和决策管理层,如图 8.13 所示。

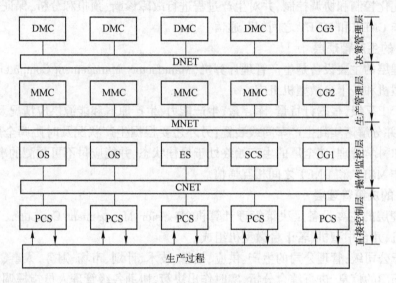

图 8.13 DCS 的层次结构

PCS—过程控制站 OS—操作员站 ES—工程师站 SCS—监控计算机站

CG—计算机网关 CNET—控制网络 MNET—生产管理网络

DNET—决策管理网络 MMC—生产管理计算机 DMC—决策管理计算机

1. DCS 的直接控制层

直接控制层是 DCS 的基础,其主要设备是过程控制站(PCS)。PCS 主要由输入/输出单元(IOU)和过程控制单元(PCU)两部分组成。

输入/输出单元(IOU)直接与生产过程的信号传感器、变送器和执行器连接,其功能一是采集反应生产状况的过程变量(如温度、压力、流量、料位、成分)和状态变量(如开关和按钮的通断,设备启停),并进行数据处理;二是向生产现场的执行器传送模拟量操作信号(4~20 mA DC)和数字量操作信号(开或关、启或停)。

过程控制单元下与 IOU 连接,上与 CNET 连接,其功能一是直接数字控制,即连续控制、逻辑控制、顺序控制和批量控制等;二是与控制网络通信,以便操作监控层对生产过程进行监控和操作;三是进行安全冗余处理,一旦发现 PCS 硬件或软件故障,就立即切换到备用件,保证系统不间断地安全运行。

2. DCS 的操作监控层

操作监控层是 DCS 的中心,其主要设备是操作员站、工程师站、监控计算机站和计算机网关。

OS 为 32 位(或 64 位)微处理机或小型机,并配置彩色 CRT(或液晶显示器)、操作员专用键盘和打印机等外部设备,供工艺操作员对生产过程进行监视、操作和管理,具备图文并茂、形象逼真的人机界面(HMI)。

ES 为 32 位(或 64 位)微处理机,或由操作员站兼用。ES 供计算机工程师对 DCS 进行系统生成和诊断维护;供控制工程师进行控制回路组态、人机界面绘制、报表制作和特殊软件编制。

SCS 为 32 位或 64 位小型机,用来建立生产过程的数学模型,实施高等过程控制策略,实现装置级的优化控制和协调控制,并对生产过程进行故障诊断、预报和分析,保证安全生产。

CG1 用作 CNET 和 MNET 之间相互通信。

3. DCS 的生产管理层

生产管理层的主要设备是生产管理计算机(Manufactory Management Computer, MMC),一般由一台中型机和若干台微型机组成。

该层处于工厂级,根据订货量、库存量、生产能力、生产原料和能源供应情况及时制定全厂的生产计划,并分解落实到生产车间或装置;另外还要根据生产状况及时协调全厂的生产,进行生产调度和科学管理,使全厂的生产始终处于最佳状态,并能应付不可预测的事件。

CG2 用作 MNET 和 DNET 之间相互通信。

4. DCS 的决策管理层

决策管理层的主要设备是决策管理计算机(Decision Management Computer, DMC),一般由一台大型机、几台中型机、若干台微型机组成。

该层处于公司级,管理公司的生产、供应、销售、技术、计划、市场、财务、人事、后勤等部门。通过收集各部门的信息,进行综合分析,实时作出决策,协助各级管理人员指挥调度,使公司各部门的工作处于最佳运行状态。另外还协助公司经理制定中长期生产计划和远景规划。

CG3 用作 DNET 和其他网络之间相互通信,即企业网和公共网络之间的信息通道。

目前世界上有多种 DCS 产品,具有定型产品供用户选择的一般仅限于直接控制层和操作监控层。其原因是下面两层有固定的输入、输出、控制、操作和监控模式,而上面两层的体系结构因企业而异,生产管理与决策管理方式也因企业而异,因而上面两层要针对各企业的要求分别设计和配置系统。

8.5.2 DCS 的硬件结构

DCS 硬件采用积木式结构,可灵活地配置成小、中、大系统;另外,还可以根据企业的财力或生产要求,逐步扩展系统和增加功能。

DCS 控制网络上的各类节点数(即 PCS、OS、ES 和 SCS 的数量)可按生产要求和用户需要灵活地配置,如图 8.14 所示。另外,还可灵活地配置每个节点的硬件资源,如内存容量、磁盘容量和外部设备种类等。

1. DCS 控制站的硬件结构

CS 或 PCS 主要由 IOU、PCU 和电源三部分组成,如图 8.14 所示。

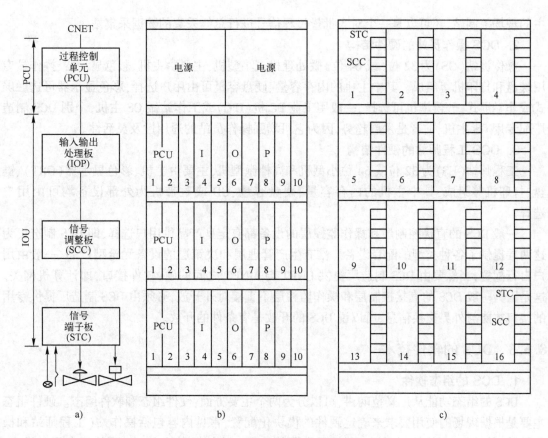

图 8.14 过程控制站的硬件结构

a) CS 结构 b) PCS 柜正面 c) PCS 柜反面

IOU 是 PCS 的基础,由各种类型的输入/输出处理板(IOP)组成,如模拟量输入板(4~20 mA DC,0~5 V DC)、热电偶输入板、热电阻输入板、脉冲量输入板、数字量输入板、模拟量输出板(4~20 mA DC)、数字量输出板和串行通信接口板等。这些输入/输出处理板的类型和数量可按生产过程信号类型和数量来配置;另外,与每块输入/输出处理板配套的还有信号调整板(Signal Conditioner Card, SCC)和信号端子板(Signal Terminal Card, STC),其中 SCC 用作信号隔离、放大或驱动,STC 用作信号接线。上述 IOP、SCC 和 STC 的物理划分因 DCS 而异,有的划分为三块板结构;有的划分为两块板结构,即 IOP 和 SCC 合并,外加一块 STC;有的将 IOP、SCC 和 STC 三者合并为一块物理模板,并附有接线端子。

过程控制单元(PCU)是 PCS 的核心,并且是 PCS 的基本配置,主要由控制处理器板、输入/输出接口处理器板、通信处理器板、冗余处理器板组成。控制处理器板的功能是运算、控制和实时数据处理;输入/输出接口处理器板是 PCU 和 IOP 之间的接口;通信处理器板是 PCS 与控制网络(CNET)的通信网卡,实现 PCS 与 CNET 之间的信息交换;PCS 采用冗余 PCU 和 IOU,冗余处理器板承担 PCU 和 IOU 的故障分析与切换功能。上述 4 块板的物理划分因 DCS 而异,可以分为 4、3、2 块,甚至合并为 1 块。

一般来说,现场控制站由现场控制单元组成。现场控制单元是 DCS 中直接与现场过程进行信息交互的 I/O 处理系统,用户可以根据不同的应用需求,选择配置不同的现场控制单元构成现场控制站。它可以是面向连续生产的过程控制站,也可以是顺序控制、联锁控制功能为主的现场控制站,还可以是一个对大批量过程信号进行总体采集的数据采集站。

2. DCS 操作员站的硬件结构

操作员站(OS)为 32 位(或 64 位)微处理机或小型机,主要由主机、彩色显示器、操作员专用键盘和打印机等组成。其中主机的内存容量、硬盘容量可由用户选择,彩色显示器可选触屏式或非触屏式,分辨率也可选择,一般用工业 PC 机(IPC)或工作站做 OS 主机,个别 DCS 制造厂配专用 OS 主机,前者是发展趋势,因为它可增强操作员站的通用性及灵活性。

3. DCS 工程师站的硬件结构

工程师站(ES)为 32 位或 64 位小型机和高档微型机,主要由主机、彩色显示器(CRT)、键盘、打印机等组成,其中主机的内存容量、硬盘容量、CD 或磁带机为外部设备均可由用户选择。

一般 DCS 的直接控制层和操作监控层的设备都有定型产品供用户选择,即 DCS 制造厂为这两层提供了各种类型的配套设备。惟有生产管理层和决策层的设备无定型产品,一般由用户自行配置,当然要由 DCS 制造厂提供 CNET 与 MNET 之间的硬、软件接口,即计算机网关。这是因为一般 DCS 的直接控制层和操作监控层不直接对外开放,必须由 DCS 制造厂提供专用的接口才能与外界交换信息,所以说 DCS 的开放是有条件的开放。

8.5.3 DCS 的软件技术

1. DCS 的组态软件

DCS 的组态功能从广义范畴讲,可以分为两个主要方面:硬件组态和软件组态。硬件组态主要是根据现场的使用要求来确定硬件的模块化配置,常见内容包括操作站(工程师站和操作员站)的选择、现场控制站的配置以及电源的选择。软件组态的内容比硬件组态要多得多,一般包括基本配置组态和应用软件组态。基本配置组态是给系统一个配置信息,例如系统各种站的个数,它们的索引标志,每个现场工作站的最大点数,最短执行周期等;而应用软件组态内容更丰富,包括数据库的生成、历史库的生成、图形的生成、报表生成和控制组态等。DCS 的组态功能是否强大和方便是其能否为用户接受的重要原因。

2. DCS 的操作软件

一般来讲,操作站要完成实时数据管理、历史数据存储和管理、控制回路调节和显示、生产工艺流程画面显示、系统状态、趋势显示以及生产记录的打印和管理等功能,实现这些功能的关键就是实时多任务操作系统和数据库管理。

(1) 操作站的软件系统都是以实时多任务操作系统为核心

实时多任务操作系统与一般操作系统的最大区别就是实时多任务执行核心,它为计算机硬件和在其上运行的软件提供了逻辑接口(Logic Interface)以及任务调度、任务间通信、资源管理等功能。任务(Task)是实时多任务操作系统的关键概念,是一个可以与其他操作(功能)并行执行的操作,或者说是"可以与其他程序并行执行的程序的一次执行",任务具有以下基本特征:动态性、并行性、异步性、独立性和结构性。实时多任务执行核心是一个支持多任务并行执行和具有实时处理能力的操作系统核心,它应具有下列实时特征:

- 异步事件响应;
- 任务切换能力;
- 中断响应能力;

- 优先级中断和调度；
- 强占式调度能力；
- 同步能力。

(2) 实时数据库

实时数据是 DCS 最基本的资源，DCS 的实时数据库是全局数据库，通常采用分布式数据库结构，因此，数据库系统在不同层次上采用的结构不同。在现场控制站上存储该站所用的各种点记录的全记录信息，就确定了该点的索引信息、点值和状态信息、显示信息、通道地址信息、报警信息和转换信息等。为了实现操作站集中显示的快速刷新，同时考虑到操作站系统有限的硬件、软件资源，一般只将现场控制站各点记录的索引、点值与点状态等部分信息存放在操作站数据库中。当操作站只需显示点值和点状态等信息时，可直接在本站数据库中读取；而当它要用到某点的完整记录时，则向实时数据库发出全记录调用，实时数据库管理任务将该请求转换成标准格式发向网络通信管理任务，网络通信管理任务则负责向该点所在的现场控制站读取该记录，并及时返回给调用任务。因此整个系统的实时数据库是全局性的，点值和状态全局性周期地刷新，同时又合理地利用了系统资源。

操作站的实时数据库由实时数据和管理程序两部分组成。实时数据部分由数据库生成软件生成，通过网络下载到现场控制站，将各点的完整记录只存放在现场控制站中，而特点值与点状态等部分信息存放在操作站数据库中。管理程序负责对实时数据的系统管理（如备份、下载等），处理其他任务对实时数据的实时请求，并将其他任务对现场控制站的数据请求转换成标准格式发送给网络通信管理任务。

(3) 历史数据库

为了便于操作人员或工程师对系统各点进行变化趋势分析以及管理人员对系统进行综合分析，必须在操作站上建立一个历史数据库将一段时间内的历史数据存储起来。为了适应不同的用途，历史数据库一般要包括以下几种数据：短时间间隔历史数据和长时间间隔历史数据。前者主要用来显示趋势曲线用，存储间隔一般是秒级，而后者主要用来进行长时间的趋势分析、记录打印和统计计算。

(4) 网络通信管理

由前面分析知道，DCS 实时数据库是全局、分布式数据库，操作员站对 DCS 集中管理和操作的基础就是系统的网络通信，它是 DCS 的关键技术之一。DCS 对网络通信的要求可以概括为高可靠性、实时性和灵活性。高可靠性即要求在硬件上高度可靠，同时在软件上要有较好的容错能力，即当收到不正确的信息包或有不正确的通信要求时，它能够自动处理，而不会造成死机。实时性则要求现场控制站的实时数据要及时广播到操作站，同时，该站对其他站的定向请求要及时实现；另一方面，在操作站上，操作工或工程师要检查某一现场控制站的详细状态时，该请求应该尽快地通过网络发给所要求的现场控制站，该站收到信息之后应立即给予答复。灵活性指具有能够支持多种数据信息格式的能力。DCS 对网络通信要求也就是网络通信管理任务的功能所在。概括地讲，网络通信管理主要完成以下工作：周期性地接受网络上广播的实时数据，并将它们存入实时数据库，及时响应数据库管理任务发出的任务请求。

现场控制站的软件采用模块化结构设计。软件系统一般分为执行代码部分和数据部分。执行代码部分一般固化在 EPROM 中，而数据部分则保留在 RAM 中，在系统开机或恢复运行时，这些数据的初始值从网络上载入。执行代码通常分为两部分：周期执行部分和随机执行部分。周期执行部分一般由硬件时钟定时触发,完成周期性的工作,如定时数据采集、处理,控制算法的周期运算,周期性的系统状态检测和周期性网络数据通信等。随机执行部分一般由硬件中断激活,主要完成系统的故障信号处理、事件顺序(Sequence of Event,SOE)信号处理、实时网络数据接收等,这类信号发生的时间不定,而一旦发生就要求及时处理。典型的现场控制站软件执行顺序如图 8.15 所示。

现场控制站 RAM 中的数据结构和数据信息统称为实时数据库,是实现程序代码重入的关键。现场控制站中不同执行模块的结构如图 8.16 所示。

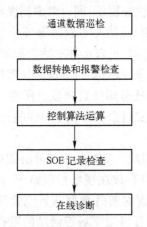

图 8.15 现场控制站软件执行顺序

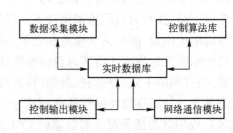

图 8.16 现场控制软件结构

实时数据库是整个现场控制站软件系统的中心环节,其作用有两个方面:一方面起到信息传递的作用;另一方面实现了数据共享。实时数据库一般都有以下四种基本数据类型:模拟量输入/输出(AN)结构、开关量输入/输出(DG)结构、模拟计算量(AC)结构和开关量点组合(GP)结构。对实时数据库的存取一般有以下几种形式:

① 输入/输出模块取得通道信息和转换信息后,经相应运算,并将运算结果存回数据库。例如,输入模块将数据采集和处理结果写回数据库,而输出模块则存回执行输出的结果状态。

② 控制算法从数据库中取得运算所需要的各种变量值,并把控制结果写回数据库。

③ 网络通信模块周期性地从数据库中取得各记录的实时值广播到网络上,以刷新其他各站的数据库,同时不断接受网络上的控制信息包,并将该信息写回该点的记录中。

现场控制站的输入/输出模块主要完成模拟量的输入/输出、开关量的输入/输出以及脉冲累积量输入等的处理。其中比较典型的为模拟量输入处理,包括异常信号的剔除、信号滤波、工程量转换、非线性补偿与修正等,这是 DCS 与过程直接相连的接口。

现场控制站能够实现以下控制功能:反馈控制、批量控制和顺序控制。其控制算法库中集成有多种控制算法,以适应不同的应用场合。这些控制算法主要有 PID 调节器模块(包括改进的 PID 调节器)、前馈、解耦、选择控制模块、超前/滞后补偿模块以及 Smith 预估器等用于纯滞后补偿的控制模块。

8.5.4 DCS 的特点

DCS 自问世以来,随着计算机、控制、通信和屏幕显示技术的发展而快速发展,现已被广泛地应用于工业控制的各个领域,主要得益于 DCS 的下列特点:

（1）自主性

系统中各工作站独立自主地完成合理分配给自己的任务,并通过网络接口连接起来。系统的控制功能分散、危险分散,这个特点提高了系统的可靠性。

（2）协调性

各工作站通过网络传送各种信息,协调工作,完成控制系统的总体功能和优化处理。

（3）友好性

集散控制系统采用实用而简捷的人机会话系统,具有丰富的画面显示及实时的菜单功能。

（4）适应性

硬件和软件均采用开放式、模块化和标准化设计,系统采用积木式结构,具有灵活的配置,可以适应不同的用户需要。并可根据生产的要求,改变系统的配置,通过组态软件,方便地实现新的控制方案。

（5）实时性

通过人机接口和 I/O 接口,可以对生产过程进行实时采集、分析、记录、监视和操作控制,包括对系统结构和回路参数的在线修改、局部故障的在线维护等,提高了系统的可用性。

（6）可靠性

集散系统中广泛采用了冗余技术、容错技术。各单元都具备自诊断、自检查和自修理功能,故障出现时能自动报警。由于采用了种种有效措施,使集散系统的可靠性和安全性得到大大提高。

8.5.5　DCS 的发展趋势

随着计算机技术的发展及其在工业控制系统中的应用,DCS 表现出的优越性能,将工业过程自动化提高到了一个新的水平。但是传统的 DCS 基于模拟仪表,而模拟仪表的单一功能,使得与工业生产过程打交道的过程监控站仍是集中的;现场信号的检测、传输与控制还是保留了与常规仪表相同的方式,即通过传感器或变送器检测物理信号并转换成标准的 4～20 mA 信号以模拟方式进行传输。这种方式在检测环节方面存在的问题是精度低、动态补偿能力差、无自诊断功能;同时由于各 DCS 开发商生产自己的专用平台,使得不同厂商的 DCS 不兼容,互操作性差。

近年来,随着新技术、新器件、新方法、新应用的相互促进,在 DCS 关联领域有许多新进展,主要表现在如下方面。

1. 开放式系统发展

传统 DCS 的结构是封闭式的,使得不同制造商的 DCS 之间不兼容。基于 PC 的 DCS 较好地解决了这一问题。由于 PC 具有良好的兼容性、低廉的价格和丰富的软硬件资源,尤其是 OPC(OLE for Process Control)标准的制定,大大简化了 I/O 驱动程序的开发,并提高了操作系统的性能。用户可以根据自己的实际需要自由地选择不同开发商的产品,大大降低了系统的开发成本。

2. 智能变送器、远程 I/O 和现场总线的发展,进一步使现场测控功能下移分散

随着微电子技术和通信技术的发展,过程控制的功能进一步分散下移,出现了各种智能现场仪表。这些智能变送器精度高、量程比宽、重复性好、可靠性高,而且具有双向通信和自诊断功能,操作使用非常方便,节省安装费用和工作量,维护工作量也极小。

这些智能现场仪表采用现场总线与 DCS 连接,目前大多沿用 HART 通信协议。智能远程 I/O 也是使 I/O 处理能力更接近现场的一项措施,诸多远程 I/O 也用现场总线与 DCS 的控制器相连,除作 I/O 处理外,还具有通信和自诊断功能,并可用手持监视器进行 I/O 组态,将 I/O 处理功能下移。

3. DCS、PLC、FCS 相互渗透融合,形成数字化、模块化、网络化分布式控制系统

近年来,由于微电子学、信息科学和控制技术在工业控制领域得到深入广泛的应用,DCS、PLC、FCS 正在相互渗透、融合地发展,相互补充又相互转化,趋向于形成数字化、模块化、网络化的分布式控制系统,如操作站/工作站、基本控制单元,应用运算模块、分布式 I/O、(智能)现场仪表,通过现场总线控制局域网/数据总线和系统网络(如以太网)形成兼容可互联的过程控制系统。

4. 现场总线集成于 DCS 系统是现阶段控制网络的发展趋势

现场总线的出现促进了现场设备的数字化和网络化,并且使现场控制的功能更加强大。在现阶段,使现场总线与传统的 DCS 系统尽可能地协同工作是控制网络的发展趋势。现场总线集成于 DCS 的方式可从三个方面来考虑。

① 现场总线于 DCS 系统 I/O 总线上的集成。

② 现场总线于 DCS 系统网络层的集成。

③ 现场总线通过网关与 DCS 系统并行集成。

综上可以预见,未来的 DCS 将采用智能化仪表和现场总线技术,从而彻底实现分散控制,并可节约大量的布线费用,提高系统的易展性。OPC 标准的出现从根本上解决了控制系统的共享问题,使系统的集成更加方便,从而导致控制系统价格的下降。基于 PC 的解决方案将使控制系统更加具有开放性。Internet 技术在控制系统中的应用,将使操作界面更加友好、数据访问更加方便,并且 Windows 操作系统将成为控制系统的优秀平台。总之,DCS 通过不断采用新技术将向标准化、开放化、通用化的方向发展。

8.6 现场总线控制系统

现场总线控制系统(Fieldbus Control System, FCS)是一种以现场总线为基础的分布式网络自动化系统,它既是现场通信网络系统,也是现场自动化系统。它作为一种现场通信网络系统,具有开放式数字通信功能,可与各种通信网络互连。它作为一种现场自动化系统,把安装于生产现场的具有信号输入/输出、运算、控制和通道功能的各种现场仪表或现场设备作为现场总线的节点,并直接在现场总线上构成分散的控制回路。

现场总线和现场总线控制系统的产生,不仅变革了传统的单一功能的模拟仪表,将其改为综合功能的数字仪;而且变革了传统的计算机控制系统(DDC,DCS),将输入/输出、运算和控制功能分散分布到现场总线仪表中,形成了全数字的彻底的分散控制系统。FCS 是从 DCS 发展过来的,仅变革了 DCS 的控制层,其他各层(操作监控层、生产管理层和决策管理层)仍然和 DCS 相同。

8.6.1 现场总线控制系统的概念

现场总线是工业设备自动化控制的一种计算机局域网络。它依靠具有检测、控制、通信能力的微处理芯片、数字化仪表(设备)在现场实现彻底分散控制,并以这些现场分散的测量和控制设备单个点作为网络节点,将这些点以总线形式连接起来,形成一个现场总线控制系统。它属于最底层的网络系统,是网络集成式全分布控制系统;它将原来集散型的 DCS 系统现场控制机的功能,全部分散在各个网络节点处。为此,可以将原来封闭、专用的系统变成开放、标准的系统,使得不同制造商的产品可以互连,大大简化系统结构,降低成本,更好地满足实时性要求,提高系统运行的可靠性。

8.6.2 现场总线的发展过程

早在 20 世纪 80 年代中期,国外就提出了现场总线的概念,但研究工作进展缓慢,而且无国际标准可遵循。下面列举部分国际组织研究现场总线的过程,以便了解现场总线标准的产生历程。

1. ISA/SP50

1984 年,美国仪表学会(Instrument Society of America,ISA)下属的标准实施(Standard and Practice,SP)第 50 组,简称 ISA/SP50 开始制定现场总线标准。1992 年,国际电工委员会(IEC)批准了 SP50 物理层标准。

2. PROFIBUS

1986 年,德国开始制定过程现场总线(Process Field Bus)标准,简称 PROFIBUS。1990 年,完成了 PROFIBUS 标准的制定工作,在德国标准 DIN19245 中对其进行了论述。1994 年,PRO-FIBUS 组织又推出了用于过程自动化的现场总线 PROFIBUS-PA(Process Automation),通过总线供电,提供本质安全。

3. ISP 和 ISPF

1992 年,Siemens、Foxboro、Rosemount、Fisher、Yokogawa(横河)、ABB 等公司成立了 ISP 组织,以德国标准 PROFIBUS 为基础制定总线标准。1993 年成立了 ISP 基金会(ISP Foundation,ISPF)。

4. World FIP

1993 年,由 Honeywell、Bailey 等公司牵头,成立了 World FIP,约有120 多个公司加盟,以法国标准 FIP 为基础制定现场总线标准。

5. HART 和 HCF

1986 年,由 Rosemount 提出 HART(Highway Addressable Remote Transducer,可寻址远程传感器数据通路)通信协议,它是在 4~20 mA(DC)模拟信号上叠加 FSK 数字信号,既可用作 4~20 mA(DC)模拟仪表,也可用作数字通信仪表。显然,这是现场总线的过渡性协议。1993年,成立了 HART 通信信息基金会 HCF,约有 70 多个公司加盟,如 Siemens、Yokogawa(横河)、E+H、Fisher、Rosemount 等。

6. FF

国际标准的制定过程如下:首先是企业标准,然后过渡到企业集团标准,最后提交给具有世界性影响的权威学术组织批准。由于各大公司或企业集团,极力维护自身的利益,互不相让,致使现场总线标准化工作进展缓慢。但广大用户要求革新模拟仪表和 DCS,尽快使用现场总线,而且当今的技术已经能满足现场总线的硬件环境和软件环境,各大仪表和 DCS 制造商又想早点有利可图,不想维持僵局。在这种情况下,1994 年 ISPF 和 World FIP 握手言和,成立了现场总线基金会(Fieldbus Foundation,FF),总部设在美国得克萨斯州(Texas)的奥斯汀(Austin)。该基金会聚集了世界著名仪表、DCS和自动化设备制造商、研究机构和最终用户。

FF成立以来的工作进展比较快,推动了现场总线的研究和产品开发。FF是一个非商业的公正的国际标准化组织,其宗旨是制定统一的国际现场总线标准,为世界上任何一个制造商或用户提供现场总线标准。

8.6.3 现场总线的特点

现场总线系统打破了传统控制系统的结构形式。传统模拟控制系统采用一对一的设备连线,按控制回路分别进行连接。现场总线系统由于采用智能现场设备,使控制系统功能能够不依赖控制室的计算机或控制仪表,直接在现场完成,实现了彻底的分散控制。由于采用数字信号替代模拟信号,因而可实现一线传输多个信号,同时又为多个设备提供电源,现场设备以外不再需要A/D、D/A转换部件。现场总线系统在技术上具有以下特点。

1. 系统的开放性

开放是指对相关标准的一致性、公开性,强调对标准的共识与遵从。所谓开放系统,是指它可以与世界上任何地方遵守相同标准的其他设备或系统连接,通信协议一致公开,不同厂家的设备之间可实现信息交换,现场总线开发者就是要致力于建立统一的工厂底层网络的开放系统。用户可按自己的需要和考虑,通过现场总线把来自不同供应商的产品组成大小随意的开放互连系统。

2. 互操作性与互用性

互操作性,是指实现互连设备间、系统间的信息传送与沟通;而互用性则意味着不同生产厂家的性能类似的设备可实现相互替换。

3. 现场设备的智能化与功能自治性

现场总线系统将传感测量、补偿计算、工程量处理与控制等功能分散到现场设备中完成,仅靠现场设备即可完成自动控制的基本功能,并可随时诊断设备的运行状态。

4. 对现场环境的适应性

工作在生产现场前端、作为工厂网络底层的现场总线,是专为现场环境设计的,可支持双绞线、同轴电缆、光缆、射频、红外线、电力线等。具有较强的抗干扰能力,能采用两线制实现供电与通信,并可满足本质安全防爆要求等。

5. 节省硬件数量与投资

由于现场总线系统中分散在现场的智能设备能直接执行多种传感、测量、控制、报警和计算功能,因而可减少变送器的数量,不再需要单独的调节器、计算单元等,也不再需要DCS系统的信号调理、转换、隔离等功能单元及其复杂接线,还可以用工控PC作为操作站,从而节省了一大笔硬件投资,并可减少控制室的占地面积。

6. 节省安装费用

现场总线系统的接线十分简单,一对双绞线或一条电缆上通常可挂接多个设备,因而电缆、端子、槽盒、桥架的用量大大减少,连线设计与接头校对的工作量也大大减少。当需要增加现场控制设备时,无需增设新的电缆,可就近连接在原有的电缆上,既节省了投资,又减少了设计、安装的工作量。据有关典型试验工程的测算资料表明,可节约安装费用60%以上。

7. 节省维护开销

由于现场控制设备具有自诊断与简单故障处理的能力,并通过数字通信将相关的诊断维护信息送往控制室,用户可以查询所有设备的运行、诊断维护信息,以便早期分析故障原因并快速排除,缩短了维护停工时间,同时由于系统结构简化、连线简单而减少了维护工作量。

8. 用户具有高度的系统集成主动权

用户可以自由选择不同厂商所提供的设备来集成系统,避免因选择了某一品牌的产品而限制使用设备的选择范围,不会为系统集成中不兼容的协议、接口而一筹莫展,从而使系统集成过程中的主动权牢牢掌握在用户手中。

9. 提高了系统的准确性与可靠性

由于现场总线设备的智能化、数字化,从根本上提高了测量与控制的精确度,减少了传送误差。同时,由于系统的结构简化,设备与连线减少,现场仪表内部功能加强,减少了信号的往返传输,提高了系统的工作可靠性。

8.6.4 几种典型的现场总线

目前较流行的现场总线主要有以下几种。

1. CAN

CAN(Controller Area Network,控制局域网络)是由德国 Bosch 公司为汽车的监测和控制而设计的,逐步发展到用于其他工业部门的控制。CAN 已成为国际标准化组织 ISO11898 标准。介质访问方式为非破坏性位仲裁方式,适用于实时性要求很高的小型网络,且开发工具廉价。Motorala、Intel、Philips 均生产独立的 CAN 芯片和带有 CAN 接口的 80C51 芯片。CAN 型总线产品有 AB 公司的 DeviceNet、台湾研华的 ADAM 数据采集产品等。

2. LONWORKS

LONWORKS(局部操作网络)是一具有强劲实力的现场总线技术,它是由美国 Echelon 公司推出并由它们与摩托罗拉、东芝公司共同倡导,于 1990 年正式公布而形成的。它采用了 ISO/OSI 模型的全部七层通信协议,采用了面向对象的设计方法,这是以往的现场总线所不支持的,具体就是通过网络变量把网络通信设计简化为参数设置,其通信速率从 300 bit/s 至 1.5 Mbit/s 不等,直接通信距离可达到 2700 m,支持双绞线、同轴电缆、光纤、射频、红外线、电源线等多种通信介质,并开发相应的本安防爆产品,被誉为通用控制网络。

3. PROFIBUS

PROFIBUS 主要由德国西门子公司支持,是按照 ISO/OSI 参考模型制定的现场总线德国国家标准。PROFIBUS 由三部分组成,即 PROFIBUS-FMS、PROFIBUS -DP 及 PROFIBUS -PA。其中,PROFIBUS-FMS 主要用于非控制信息的传输;PROFIBUS-PA 主要用于过程自动化的信号采集及控制;PROFIBUS-DP 是制造业自动化主要应用的协议内容,是满足用户快速通信的最佳方案,传输速率为 12 Mbit/s,扫描 1000 个 I/O 点的时间少于 1 ms。

4. HART

HART 是美国 Rosemount 研制的,HART 协议参照 ISO/OSI 模型的第 1、2、7 层,即物理层、数据链路层和应用层。HART 为一过渡性标准,它通过在 4 ~ 20 mA 电源信号线上叠加不同频率的正弦波(2200 Hz 表"0",1200 Hz 表"1")来传送数字信号,从而保证了数字系统和传统模拟系统的兼容性。

5. FF

FF 是国际公认的惟一不附属于某企业的公正的非商业化的国际标准化组织,其宗旨是制定单一的国际现场总线标准,无专利许可要求地提供给任何人使用。FF 的体系结构参照 ISO/OSI 模型的第 1、2、7 层协议,即物理层、数据链路层和应用层,另外增加了用户层。FF 提供两种物理标准:H1 和 H2。H1 为用于过程控制的低速总线,速率为 31.25 kbit/s,传输距离为 200 m、400 m、1200 m 和 1900 m 四种。H2 的传输速率可为 1 Mbit/s 和 2.5 Mbit/s 两种,其通信距离分别为 750 m 和 500 m。物理传输介质可支持双绞线、同轴电缆和光纤,协议符合 IEC1158-2 标准。

8.6.5 现场总线控制系统的结构及特点

现场总线控制系统作为新一代控制系统,一方面突破了 DCS 系统采用通信专用网络的局限,采用了基于公开化、标准化的解决方案,克服了封闭系统所造成的缺陷;另一方面把 DCS 的集中与分散相结合的集散系统结构,变成了新型全分布式结构,把控制功能彻底下放到现场。可以说,开放性、分散性与数字通信是现场总线系统最显著的特征。

1. 现场总线控制系统的结构

现场总线控制系统中各控制器节点下放分散到现场,构成一种彻底的分布式控制体系结构,网络拓扑结构任意,可为总线形、星形、环形等,通信介质不受限制,可用双绞线、电力线、无线、红外线等各种形式。FCS 形成的 Intranet 控制网很容易与 Intranet(企业内部网)和 Internet 互连,构成一个完整的企业网络三级体系结构。图 8.17 是一个典型的现场总线控制系统的结构图。

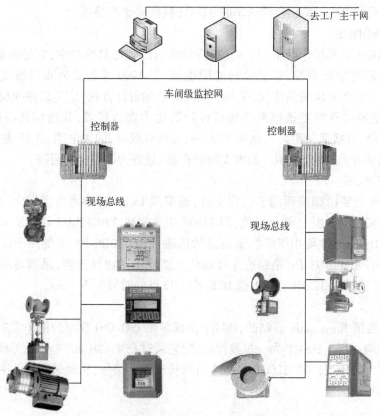

图 8.17 现场总线控制系统的典型结构图

2. 现场总线控制系统的特点

（1）开放性和可互操作性

FCS 打破了 DCS 大型厂家的垄断，给中小企业发展带来了平等竞争的机遇。FCS 的可互操作性实现了控制产品的"即插即用"功能，从而使用户对不同厂家工控产品有了更多的选择余地。

（2）彻底的分散性

彻底的分散性意味着 FCS 具有较高的可靠性和灵活性，系统很容易进行重组和扩建，且易于维护。

（3）低成本

衡量一套控制系统的总体成本，不仅要考虑其造价，而且应该考察系统从安装调试到运行维护整个生命周期内的总投入。相对 DCS 而言，FCS 开放的体系结构和 OEM 技术将大大缩短开发周期，降低开发成本，且彻底分散的分布式结构将 1 对 1 的模拟信号传输方式变为 1 对 N 的数字信号传输方式，节省了模拟信号传输过程中大量的 A/D、D/A 转换装置、布线安装成本和维护费用。因此从总体上来看，FCS 的成本大大低于 DCS 的成本。

FCS 的技术关键是智能仪表技术和现场总线技术。智能仪表不仅具有精度高、可自诊断等优点，而且具有控制功能，必将取代传统的 4～20 mA 模拟仪表。连接现场智能仪表的现场总线是一种开放式、数字化、多接点的双向传输串行数据通路，它是计算机技术、自动控制技术和通信技术相结合的产物。FCS 结合 PC 丰富的软硬件资源，既克服了传统控制系统的缺点，又极大地提高了控制系统的灵活性和效率，形成了一种全新的控制系统，开创了自动控制的新纪元，成为自动控制发展的必然趋势。

8.7 计算机集成制造系统

近年来随着计算机技术，特别是计算机网络技术的飞速发展，企业中计算机及其网络的应用日益普及。从生产过程参数的监测、控制、优化，生产过程及装置的调度，到企业的管理、经营、决策，计算机及其网络已成为帮助企业全面提高生产和经营效率、增强市场竞争力的重要工具。通过计算机网络，能够将原本孤立的各个计算机系统即所谓的计算机"信息孤岛"（包括生产过程计算机控制系统）连在一起，实现它们之间的信息交互、数据共享，使企业各部门、各层次的信息能及时沟通并充分利用，从而使企业各项资源得到最佳调配和使用，产生出最好的经济效益和社会效益，这已是现代化企业的重要标志之一。计算机集成制造系统（Computer Integrated Manufacturing Systems, CIMS）正是反映了工业企业计算机应用的这种趋势。

8.7.1 概述

1. CIMS 的概念

CIMS 是基于 1973 年美国 Joseph Harrington 博士在其博士论文"Computer Integrated Manufacturing"中首次提出的 CIM（Computer Integrated Manufacturing，计算机集成制造）的概念而构成的一种现代制造系统。

Harrington 博士提出的 CIM 概念包含两个基本观点：企业生产的各个环节，即从市场分析、产品设计、加工制造、经营管理到售后服务的全部生产活动，彼此是紧密连接的，是一个不可分割的整体,应该在企业整体框架下统一考虑各个环节的生产活动;整个生产过程的实质是一个数据采集、传递和加工处理的过程,最终形成的产品可以被看作是"数据"的物质表现。应该说,这一概念具有很强的超前意识,正确地指出了在未来的计算机时代企业运行管理的最佳模式。

由于当时技术条件和市场发展的限制,特别是因为计算机使用尚不普遍,CIM 这种先进的制造概念在一段时间内一直停留在理论阶段。直到 20 世纪 80 年代初,随着计算机技术,特别是网络技术的迅速发展,CIM 概念才逐渐被一些发达国家所重视,并开始在工业企业界广泛采用。在欧洲、美国、日本,很多企业以 CIM 为指导思想,对原有运行管理模式进行改造,成功地完成了许多 CIMS 应用工程,企业的生产经营效率大大提高,在国际市场竞争中处于非常有利的领导地位。

为赶超国际先进技术,我国于 1986 年提出了 863 高技术发展计划,其中对 CIMS 这一推动工业发展的先进技术给予了充分肯定和极大重视,将 CIMS 作为在 863 计划自动化领域设立的两个研究发展主题之一。经过十多年对 CIM 概念的深入研究、探索,以及结合我国国情的实践,863/CIMS 主题对 CIM 和 CIMS 的阐述分别为:"CIM 是一种组织、管理与运行企业生产的理念,它借助于计算机硬件和软件,综合运用现代管理技术、制造技术、信息技术、自动化技术、系统工程技术,将企业生产全过程中的有关人/组织、技术、经营管理三要素及其信息流、物流和价值流有机集成并优化运行,实现企业制造活动的计算机化、信息化、智能化、集成优化,以达到产品上市快、高质、低耗、服务好、环境清洁,进而提高企业的柔性、健壮性、敏捷性,使企业赢得市场竞争";"CIMS 是一种基于 CIM 哲理构成的计算机化、信息化、智能化、集成优化的制造系统"。

对 CIM 的内涵还可进一步深入阐述如下:

① CIM 是一种组织、管理与运行企业生产的哲理,其宗旨是使企业的产品质量高、成本低、上市快、服务好、环境清洁,使企业提高柔性、健壮性、敏捷性以适应市场变化,进而使企业赢得竞争。

② 企业生产的各个环节,即市场分析、经营决策、管理、产品设计、工艺规则、加工制造、销售、售后服务等全部活动过程是一个不可分割的有机整体,要从系统的观点进行协调,进而实现全局的集成优化,其模式按照信息集成优化三个阶段发展。

③ 企业生产过程的要素包括人/组织、技术及经营管理,其中尤其要继续发挥人在现代企业生产中的主导作用,进而实现各要素间的集成优化。

④ 企业生产活动中包括信息流(采集、传递和加工处理)、物流及价值流[体现在产品上市速度 T(Time to Market)、质量 Q(Quality)、成本 C(Cost)、服务 S(Service)、环境 E(Environment)方面]三部分。现代企业中尤其重视价值流的管理、运行、集成、优化及价值流与信息流和物流间的集成优化。

⑤ CIM 技术是基于传统制造技术、信息技术、管理技术、自动化技术、系统工程技术的一门综合性技术。具体地讲,它综合并发展了企业生产各环节有关的技术,如在离散制造工业中既包括总体技术(CIMS 集成模式、体系结构、标准化技术、系统的建模与仿真等);支撑技术(网络、数据库、CASE、集成框架、企业级产品数据管理、计算机支持协同工作技术、人机接口等);设计自动化技术(CAD、CAE、CAPP);加工制造自动化技术(DNS、CNC、工业机器人、FMC、FMS);管理与决策信息系统技术(MIS、OA、DSS、MRP-II、JIT、ERP)等。

⑥ CIM 的主要特征是"四化",即计算机化、信息化、智能化和集成化。随着计算机技术、信息技术、人工智能技术、系统工程技术、自动化技术及制造技术的不断发展,CIMS 内容还将不断地得到充实。目前,CIMS"四化"的发展趋势表现在网络化、数字化、虚拟化、以人为核心的智能化和重视企业间的集成优化等方面。

⑦ CIM 的哲理及有关技术不仅适用于离散型制造业,而且还适用于流程工业及混合型制造业。

2. CIMS 的构成

从系统功能的角度看,计算机集成制造系统(CIMS)一般由管理信息系统、工程设计自动化系统、制造自动化系统和质量保证系统 4 个功能分系统以及计算机通信网络和数据库系统 2 个支撑分系统组成,如图 8.18 所示,图中还表示了 6 个分系统与外部信息的联系。

(1) 管理信息系统

管理信息系统从制造资源出发,考虑了企业进行经营决策的战略层、中短期生产计划编制的战术层以及车间作业计划与产生活动控制的操作层,其功能覆盖了市场销售、物料供应、各级生产计划与控制、财务管理、成本、库存和技术管理等部分的活动,是以经营生产计划、主生产计划、物料需求计划、能力需求计划、车间计划、车间调度与控制为主体形成闭环的一体化生产经营与管理信息系统。它在 CIMS 中是神经中枢,指挥与控制着各个部分有条不紊地工作。

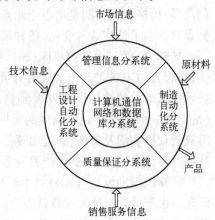

图 8.18　CIMS 组成框图

(2) 工程设计自动化系统

工程设计自动化系统是在产品开发过程中引入计算机技术,包括产品的概念设计、工程与结构分析、详细设计、工艺设计与数控编程。通常划分为 CAD(计算机辅助设计)、CAE(计算机辅助工程)、CAPP(计算机辅助工艺规划)、CAM(计算机辅助制造)等部分,其目的是使产品开发活动能更高效、更优质、更自动地进行。

(3) 制造自动化系统

制造自动化系统是 CIMS 中信息流和物料流的结合点,其目的是使产品制造活动优化、周期短、成本低、柔性高。

(4) 质量保证系统

质量保证系统主要是采集、存储、评价与处理存在于设计、制造过程中与质量有关的大量数据,从而获得一系列控制环,并用这些控制环有效促进质量的提高,以实现产品的高质量、低成本,提高企业的竞争力。它包括质量决策、质量检测与数据采集、质量评价、控制与跟踪等功能。

(5) 计算机通信网络

计算机通信网络支持 CIMS 各个分系统之间、分系统内部各工作单元、设备之间的信息交换和处理,是一个开放型网络通信系统。它采用国际标准和工业标准规定的网络协议,可以实现异种机互联、异构局部网络及多种网络的互联。计算机通信网络系统以分布为手段,满足各应用分系统对网络支持服务的不同需求,支持资源共享、分布处理、分布数据库、分层递阶和实时控制。

(6) 数据库系统

数据库系统支持 CIMS 各分系统并覆盖企业运行的全部信息。它在逻辑上是统一的,在物理上可以是分布的,以实现企业数据共享和信息集成。

3. CIMS 的发展

CIMS 是以离散制造业的需求为应用基础产生和发展起来的。所谓离散制造业,是指现在制造工业中以机械、电子等零部件加工、装配、调试、检验为主要生产手段,生产各种工业产品、民用和军用产品的工业行业,其产品或零部件在制造加工过程中从形态上和加工工序上看均呈离散状态,如机床、机械设备、汽车、仪器仪表、家电等行业。

制造业长期以来一直是发达工业国家国民经济的主要支柱,约占整个国民生产总值的60% 以上。但最近二三十年来,由于宏观环境影响,特别是经济、技术、自然和社会环境的影响,世界制造业已进入了一个巨大变革时期,过去那种传统的相对稳定的市场已变成动态的、多变的市场,其主要特点是:产品生命周期缩短,产品更新加快;产品品种增加、批量减小;产品的质量、价格和交货期是增强企业竞争力的三个决定性因素,特别是缩短和信守交货期日益受到重视。为了适应这种变化,各种新的制造技术和制造哲理得到了迅速的发展。

1952 年,第一台数控机床(NC)在美国诞生,标志着计算机辅助制造(CAM)的开始,一般也被认为是 CIMS 的起点。随着计算机技术的发展和复杂零件加工的需求,计算机辅助制造技术已从简单的数控机床发展到自动编程处理及计算机控制的数控机床(CNC)、加工中心(MC),20 世纪 70 年代末出现的柔性制造系统(FMS)包括了制造加工过程的加工、物料储运、刀具管理等功能及集成,新近出现的全能制造系统(HMS)等先进的制造装备与策略,则同时从产品设计、工艺计划到生产管理等各个环节都广泛采用了计算机辅助技术。

计算机辅助设计(CAD)技术产生于 20 世纪 60 年代,目的是解决飞机等复杂产品的设计问题。由于计算机硬件和软件发展的限制,CAD 技术直到 70 年代才投入实际应用,但发展极其迅速。目前已有大量的二维、三维 CAD 商品化软件工具,可以完成产品设计、运动学及动力学仿真、材料分析乃至虚拟制造等多种功能。

为了将 CAD 和 CAM 结合集成为一个完整的系统,即在 CAD 作出设计后,立即由计算机辅助工艺师制定出工艺计划,并自动生成 CAM 系统代码,由 CAM 系统完成产品的制造,计算机辅助工艺(CAPP)于 20 世纪 70 年代应运而生。CAPP 能显著提高工艺文件的质量和工作效率,减少工艺规程编制对工艺人员的依赖,大大缩短生产准备周期。

除此之外,计算机技术的广泛应用还导致了在离散制造业一大批的新技术产生,以解决其所面临的各种问题。这些新技术包括计算机辅助工程(CAE)、原材料需求计划(MRP)、制造资源计划(MRP-II)等。其中 MRP 和 MRP-II 是计算机辅助生产管理(CAPM)的主要内容,具有年/月/周生产计划制定、物料需求计划制定、生产能力(资源)的平衡、仓库等管理、市场预测、长期发展战略计划制定等功能。

以上这些新技术和自动化系统的出现使离散制造业的生产和管理水平得到很大提高,也获得了很大的经济效益。但由于这些新技术和自动化系统独立地分布在整个生产过程的各个子系统中,只是使局部达到了优化运行与自动控制,不能使整个生产过程一直处于最优状态下运行,因此仍然不能满足市场变化的需求,也没有带来人们所期望的更大的经济效益。为了解决这个问题,人们开始向新的高度进行探索,即用大系统的概念,把各部门内部以及各部门之间孤立的、局部的计算机系统与自动化系统在新的管理模式及制造工艺的指导下,综合应用优化理论、信息技术,通过计算机网络及分布式数据管理系统有机地集成起来,构成一个完整的系统,以达到企业的最高目标效益。因此,自 20 世纪 80 年代中期以来,以 CIMS 为标志的综合生产自动化逐渐成为离散制造业的热点。

　　一般来说,CIMS 是在自动化技术、信息技术以及制造技术的基础上,通过计算机及其软件,将与制造工厂全部生产活动有关的各种分散的计算机系统、自动化系统有机地集成起来,适用于多品种、小批量生产的高效率、高柔韧性的制造系统。它必须包含两个特征:

　　① 在功能上,CIMS 包含了一个制造工厂的全部生产经营活动,即从市场预测、产品设计、加工制造、质量管理到售后服务的全部活动,比传统的工厂自动化范围大得多,是一个复杂的大系统;

　　② CIMS 涉及的计算机系统、自动化系统并不是工厂各个环节的计算机系统、自动化的简单相加,而是有机的集成,包括物料和设备的集成,更重要的是以信息集成为本质的技术集成,也包括人的集成。

　　由此可见,CIMS 是一种基于计算机和网络技术的新型制造系统,不仅包括和集成了CAD、CAM、CAPP、CAE 等生产环节的先进制造技术和 MRP、MRP-II 等先进的调度、管理、决策策略与技术,而且包括和集成了企业所有与生产经营有关环节的活动与技术,其目的就是为了追求高效率、高柔性,最后取得高效益,以满足市场竞争的需求。

　　CIMS 的应用给离散制造业的发展带来了新的强大动力。在欧美以及日本等先进工业国家,制造业已基本实现了 CIMS 化,使其产品质量高、成本低,在市场上长期保持强盛的竞争势头。而应用的成功和巨大的效益又进一步推动了 CIMS 技术的研究和发展。在高新技术不断出现、市场不断国际化的今天,虚拟制造(Virtual Manufacturing)、敏捷制造(Agile Manufacturing)、并行工程(Concurrent Engineering)、绿色制造(Green Manufacturing)、智能制造系统(IMS)等新的制造技术以及及时生产(JIT)、企业资源计划(ERP)、供应链管理(SCM)等新的经营管理技术使 CIMS 的内容越来越充实,Internet/Intranet/Extranet 和多媒体等计算机网络新技术、网络化数据仓库技术以及产品数据管理(PDM)技术等支撑技术的发展使 CIMS 的功能越来越强大,实际上已经使 CIMS 由初始含义的计算机集成制造系统演化为新一代的CIMS——现代集成制造系统(Contemporary Integrated Manufacturing Systems)。因而,可以这么说,计算机的普遍应用构成了 CIMS 发展的基础,而激烈的市场竞争和计算机及相关技术的迅速发展又促进了 CIMS 的进一步发展。

　　CIMS 首先在离散制造业的成功应用和巨大效益,使得 CIM 哲理在其他许多行业,如商业、交通运输业等也受到了极大重视,在制造业的另一重要领域——流程工业中 CIMS 更是得到了迅速的发展。在美、欧、日本等的很多大型流程工业企业,如炼油、石油化工、制浆造纸企业等,从 20 世纪 80 年代后期就开始考虑在全厂或整个企业实施计算机综合自动化系统,也就是流程工业 CIMS,有很多流程企业都已经按照各自需要建立了各种类型的相应系统。由于流程工业与离散制造业有许多明显的差别,因而流程工业 CIMS 与离散工业 CIMS 相比较,也相应存在着许多自己的独特之处。

8.7.2　流程工业 CIMS 与离散工业 CIMS 之比较

1. 流程工业特点

　　流程工业属于广义的制造工业,一般是指通过物理上的混合、分离、成型或化学反应使原材料增值的行业。其生产过程一般是连续的或成批的,需要严格的过程控制和安全性措施。具有工艺过程相对固定、产品规格较少、批量较大等特点,主要包括化工、冶金、石油、电力、橡胶、制药、食品、造纸、塑料、陶瓷等行业。

流程工业也是重要的制造工业，它包括了几乎所有的原材料和能源行业，其资本投入大，产量产值也很高，在国民经济中占据着非常重要的地位。据统计，流程工业的年产值在全世界约有五万亿美元；而在我国，石油、化工、电力、冶金等流程工业的产值占全国工业总产值的70% 以上，因此提高流程企业的竞争力，具有十分重大的意义。

虽说流程工业也是制造业，但它与离散制造业相比仍有重要区别。离散制造业，包括汽车、机床、家用电器等行业，由于市场对产品更新的要求高，企业除了考虑产品的质量和成本外，还必须在新产品上市速度和生产的柔性方面狠下功夫，才能保持市场竞争力。而流程工业由于产品变化较少，生产工艺固定，产品批量大，因此流程工业企业提高自身竞争力的关键是提高产品质量，降低生产成本。

2. 流程工业 CIMS

流程工业计算机集成制造系统(流程工业 CIMS)是 CIM 思想在流程工业中的应用和体现。其含义是：在获取生产流程所需全部信息的基础上，将分散的过程控制系统、生产调度系统和管理决策系统等有机地集成起来，综合运用自动化技术、信息技术、计算机技术、系统工程技术、生产加工技术和现代管理科学，从生产过程的全局出发，通过对生产活动所需的各种信息的集成，形成一个集控制、监测、优化、调度、管理、经营、决策等功能于一体，能适应各种生产环境和市场需求的、总体最优的、高质量、高效益、高柔性的现代化企业综合自动化系统，以达到提高企业经济效益、适应能力和竞争能力的目的。通常所说的计算机集成流程生产系统（CIPS，Computer Integrated Processing System）、企业（或工厂）综合自动化系统等，与流程工业 CIMS 都是同一概念。

3. 流程 CIMS 与离散 CIMS 的比较

流程 CIMS 与离散 CIMS 都是 CIM 哲理在不同领域的应用，在财务、采购、销售、资产和人力资源管理等方面基本相似，它们的主要区别如下。

（1）生产计划方面

流程 CIMS 的生产计划可以从生产过程中具有过程特征的任何环节开始，离散 CIMS 只能从生产过程的起点开始计划；流程 CIMS 采用过程结构和配方进行物料需求计划，离散 CIMS采用物料清单进行物料需求计划；流程 CIMS 一般同时考虑生产能力和物料，离散 CIMS 必须先进行物料需求计划，后进行能力需求计划；离散 CIMS 的生产面向定单，依靠工作单传递信息，作业计划限定在一定时间范围之内，流程 CIMS 的生产主要面向库存，没有作业单的概念，作业计划中也没有可提供调节的时间。

（2）工程设计方面

流程 CIMS 中新产品开发过程不必与正常的生产管理、制造过程集成，可以不包括工程设计子系统，离散 CIMS 由于产品工艺结构复杂、更新周期短，新产品开发和正常的生产制造过程中都有大量的变形设计任务，需要进行复杂的结构设计、工程分析、精密绘图、数控编程等，工程设计子系统是其不可缺少的重要子系统之一。

（3）调度管理方面

流程 CIMS 中要考虑产品配方、产品混合、物料平衡、污染防治等问题，需要进行主产品、副产品、协产品、废品、成品、半成品和回流物的管理，而在生产过程中占有重要地位的热蒸汽、冷冻水、压缩空气、水、电等动力、能源辅助系统也应纳入 CIMS 的集成框架，离散 CIMS 则不必考虑这些问题;流程 CIMS 中生产过程的柔性是靠改变各装置间的物流分配和生产装置的工作点来实现的,必须要由先进的在线优化技术、控制技术来保证,离散 CIMS 的生产柔性则是靠生产重组等技术来保证;流程 CIMS 的质量管理系统与生产过程自动化系统、过程监控系统紧密相关,产品检验以抽样方式为主,采用统计质量控制,产品检验与生产过程控制、管理系统严格集成、密切配合,离散 CIMS 的质量控制子系统则是其中相对独立的一部分。

(4) 信息处理方面

流程 CIMS 要求实时在线采集大量的生产过程数据、工艺质量数据、设备状态数据等,要及时处理大量的动态数据,同时保存许多历史数据,并以图表、图形的形式予以显示,而离散 CIMS 在这方面的需求则相对较少;流程 CIMS 的数据库主要由实时数据库与历史数据库组成,前者存放大量的体现生产过程状态的实时测量数据,如过程变量、设备状态、工艺参数等,实时性要求高,离散 CIMS 的数据库则主要以产品设计、制造、销售、维护整个生命周期中的静态数据为主,实时性要求不高。

(5) 安全可靠性方面

流程 CIMS 由于生产的连续性和大型化,必须保证生产高效、安全、稳定运行,实现稳产、高产,才能获取最大的经济效益,因此安全可靠生产是流程工业的首要任务,必须实现全生产过程的动态监控,使其成为 CIMS 集成系统中不可缺少的一部分;而离散 CIMS 则偏重于单个生产装置的监控,监控的目的是保证产品技术指标的一致性,并为实现柔性生产提供有用信息。

(6) 经营决策方面

流程 CIMS 主要通过稳产、高产、提高产品产量和质量、降低能耗和原料、减少污染来提高生产效率,增加经济效益,离散 CIMS 则注重于通过单元自动化、企业柔性化等途径,以降低产品成本、提高产品质量、增加产品品种,满足多变的市场需求,提高生产效率;由于流程工业生产过程的资本投入较离散制造业要大得多,因而流程 CIMS 需要更注重生产过程中资金流的管理。

(7) 人的作用方面

流程 CIMS 由于生产的连续性,更强调基础自动化的重要性,生产加工自动化程度较高,人的作用主要是监视生产装置的运行、调节运行参数等,一般不需要直接参与加工;而离散 CIMS 的生产加工方式不同,自动化程度相对较低,许多情况下需要人直接参与加工,因此两者在人力资源的管理方面有明显区别。

(8) 理论研究方面

经过多年的研究和应用,离散 CIMS 已形成较为完善的理论体系和规范,而流程 CIMS 由于起步较晚,体系结构、柔性生产、优化调度、集成模式和集成环境等方面都缺乏有效的理论指导,急需进行相关的理论研究。

8.7.3 CIMS 的开发与实施

CIMS 应用工程的开发过程主要分为四个阶段:可行性论证、系统设计、分布实施、运行和维护。

CIMS 的设计是自顶向下逐步分解、不断细化的过程,而实施则是由底向上逐步集成的过程。

① 可行性论证阶段：了解企业的生产经营特点，分析系统需求，确定系统目标，提出实现方案，指出关键技术和解决途径，制定开发计划，分析投资效益等。

② 系统设计阶段：细化需求分析，确定系统功能模型、信息模型及运行模型，提出系统集成的内外部接口要求、运行环境和限制条件等。系统设计又分为初步设计及详细设计两个阶段。

③ 分步实施阶段：按系统设计的要求，完成系统软硬件的购买、安装、开发、调试。

④ 运行和维护阶段：在应用中完善系统。

习题

1. 什么叫工业控制个人计算机，它有何特点？
2. 基于 PC 总线的板卡与工控机组成的计算机控制系统的组成和特点是什么？
3. 什么叫数字调节器，它有何特点？
4. 举例说明基于数字调节器的计算机控制系统的典型结构。
5. PLC 的特点是什么？
6. PLC 的结构和工作原理是什么？
7. 基于 PLC 计算机控制系统的设计原则和设计内容是什么？
8. 什么叫嵌入式系统？它的特点是什么？
9. 嵌入式处理器可分为哪几类？
10. 常用的嵌入式操作系统有哪些？各有什么特点？
11. 什么叫 DCS？它有何特点？
12. DCS 按功能可分为哪几层？
13. DCS 的发展趋势是什么？
14. 什么叫 FCS？它有何特点？
15. 目前常用的现场总线有哪些？
16. 什么叫 CIMS？
17. 流程工业 CIMS 与离散工业 CIMS 有何区别？
18. CIMS 的开发可分为哪几个阶段？

第9章　计算机控制系统中的抗干扰技术

由于工业现场的工作环境往往十分恶劣,计算机控制系统不可避免地受到各种各样的干扰。这些干扰可能会影响到测控系统的精度,使系统的性能指标下降,降低系统的可靠性,甚至导致系统运行混乱或发生故障,进而造成生产事故。干扰可能来自外部,也可能来自内部;它可通过不同的途径作用于控制系统,且其作用程度及引起的后果与干扰的性质及干扰的强度等因素有关。

干扰是客观存在的,研究抗干扰技术就是要分清干扰的来源,探索抑制或消除干扰的措施,以提高计算机控制系统的可靠性和稳定性。本章首先介绍干扰的种类及传播途径,然后根据硬件和软件抗干扰措施的不同,分别加以论述。

9.1　干扰的传播途径与作用方式

干扰是指有用信号以外的噪声或造成计算机设备不能正常工作的破坏因素。产生干扰信号的原因称为干扰源。干扰源通过传播途径影响的器件或系统称为干扰对象。干扰源、传播途径及干扰对象构成了干扰系统的三个要素。抗干扰技术就是通过对这三要素中的一个或多个采取必要措施来实现的。为了有效地抑制和消除干扰,首先需要分清干扰的来源、传播途径,以及干扰的作用方式。

9.1.1　干扰的来源

计算机控制系统中干扰的来源是多方面的,有时甚至错综复杂。总体上,按照来源,干扰可分为外部干扰和内部干扰。外部干扰与系统所在环境和使用条件有关,与系统内部结构无关。内部干扰则由系统结构布局、制造工艺等引入。

1. 外部干扰

外部干扰与系统结构无关,是由使用条件和外部环境因素决定的。外部干扰主要有:天电干扰,如雷电或大气电离作用引起的干扰电波;天体干扰,如太阳或其他星球辐射的电磁波;周围电气设备发出的电磁波干扰;电源的工频干扰;气象条件引起的干扰,如温度、湿度;地磁场干扰;火花放电、弧光放电、辉光放电等产生的电磁波等。

2. 内部干扰

内部干扰是由系统的结构布局、线路设计、元器件性质变化和漂移等原因造成的,主要有:分布电容、分布电感引起的耦合感应;电磁场辐射感应;长线传输的波反射;多点接地造成的电位差引入的干扰;寄生振荡引起的干扰以及热噪声、闪变噪声、尖峰噪声等。

9.1.2　干扰的传播途径

在计算机控制系统的现场,往往有许多强电设备,它们在起动和工作过程中将产生干扰电磁场,另外还有来自空间传播的电磁波和雷电干扰,以及高压输电线周围交变磁场的影响等。

典型的计算机控制系统的干扰环境可以用图9.1来表示。

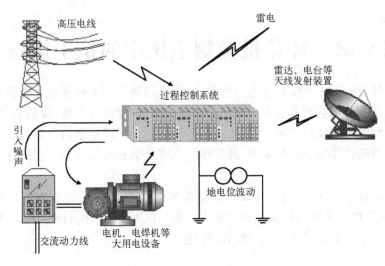

图9.1 干扰环境

干扰传播途径主要有电场耦合、磁场耦合、公共阻抗耦合。

1. 电场耦合

电场耦合,又称静电耦合,是通过电容耦合窜入其他线路的。两根导线之间会构成分布电容,印制电路板上各印制电线之间、变压器线匝之间和绕线之间都会构成分布电容。这些分布电容的存在,可以对频率为 ω 的干扰信号提供 $1/\mathrm{j}\omega C$ 的电抗通道,电场干扰就可以由该通道窜入系统,形成干扰。

图9.2给出了两根平行导体之间电容耦合的表示方法及等效电路。图中 C_{12} 与 C_{1g}、C_{2g} 分别为导体之间与导体对地的电容,R 为导体2对地电阻。如果导体1上有干扰源 U_1 存在,导体2为接受干扰的导体,则导体2上出现的干扰电压 U_n 为

$$U_n = \frac{\mathrm{j}\omega R C_{12}}{1 + \mathrm{j}\omega R(C_{12} + C_{2g})} U_1 \tag{9.1}$$

当导体2对地电阻 R 很小,使 $\mathrm{j}\omega R(C_{12} + C_{2g}) \ll 1$ 时,式(9.1)可以近似表示为

$$U_n = \mathrm{j}\omega R C_{12} U_1 \tag{9.2}$$

这表明干扰电压 U_n 与干扰频率 ω 和幅度 U_1、输入电阻 R、耦合电容 C_{12} 成正比关系。

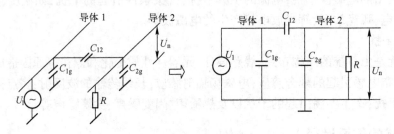

图9.2 平行导体间的电容耦合

当导体2对地电阻 R 很大,使 $\mathrm{j}\omega R(C_{12} + C_{2g}) \gg 1$ 时,式(9.1)可以近似表示为

$$U_n = \frac{C_{12}}{C_{12} + C_{2g}} U_1 \qquad (9.3)$$

在这种情况下,干扰电压 U_n 由电容 C_{12} 和 C_{2g} 的分压关系及 U_1 所确定,其幅值比前种情况大得多。

2. 磁场耦合

在任何载流导体周围都会产生磁场,当电流变化时会引起交变磁场,该磁场必然在其周围的闭合回路中产生感应电势引起干扰,它是通过导体间互感耦合进来的。在设备内部,线圈或变压器的漏磁也会引起干扰;在设备外部,平行架设的两根导线也会产生干扰,如图9.3所示。这时由于感应电磁场引起的耦合,其感应电压为

$$U_n = j\omega M I_1 \qquad (9.4)$$

式中,ω 为感应磁场交变角频率,M 为两根导线之间的互感,I_1 为导线1中的电流。设某信号线与电压为220 V(AC)、负荷为10 kVA输电线的距离为1 m,并且平行走线10 m,两线之间的互感为4.2 μH,按式(9.4)计算出信号线上感应的干扰电压 U_n 为

$$U_n = \omega M I_1 = 2\pi \times 50 \times 4.2 \times 10^{-6} \times 10000/220 = 59.98 \ (\text{mV})$$

可见,这样大的干扰,足以淹没小信号。

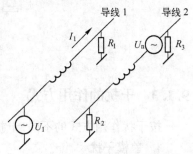

电磁场辐射会造成磁场耦合干扰,如高频电流流过导体时,在该导体周围便产生了向空间传播的电磁波。这些干扰极易通过电源线和长信号线耦合到计算机中。另外,长线干扰具有天线效应,即能够辐射干扰波和接收干扰波。作为接收天线时,它与电磁波的极化面有密切的关系。例如,在大功率的广播电台周围,当垂直极化波的电场强度为100 mV/m时,长度为10 cm的垂直导体可以产生5 mV的感应电动势,这也是一个不小的数字。

图9.3 两导线间的磁场耦合

3. 公共阻抗耦合

公共阻抗耦合干扰是由于电流流过回路间公共阻抗,使得一个回路的电流所产生的电压降影响到另一回路。在计算机控制系统中,普遍存在公共耦合阻抗,例如,电源引线、印制电路板上的地和公共电源线、汇流排等。这些汇流排都具有一定的阻抗,对于多回路来讲,就是公共耦合阻抗。当流过较大的数字信号电流时,其作用就像是一根天线,将干扰引入到各回路。同时,各汇流条之间具有电容,数字脉冲可以通过这个电容耦合过来。印制电路板上的"地",实质上就是公共回流线,由于它仍然具有一定的电阻,各电路之间就通过它产生信号耦合。如图9.4所示,R_{s1}、R_{s2}、$\cdots$、R_{sn} 和 R_{r1}、R_{r2}、$\cdots$、R_{rn} 分别是电源引线的阻抗,各独立回路电流流过公共阻抗所产生的电压降为:

$$i_1(R_{s1} + R_{r1}), (i_1 + i_2)(R_{s2} + R_{r2}), \cdots, \left(\sum_{k=1}^{n} i_k\right)(R_{sn} + R_{rn})$$

它们分别耦合进各级电路形成干扰。对于有 n 个机柜的系统也存在这样的问题。

如果系统的模拟信号和数字信号不是分开接地的,如图9.5a和图9.5b所示,则数字信号就会耦合到模拟信号中去。在图9.5c中模拟信号和数字信号是分开接地的,两种信号分别流入大地,这样就可以避免干扰,因为大地是一种无限吸收面。

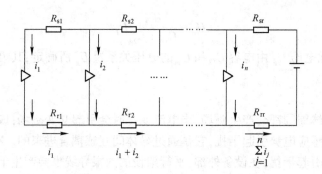

图 9.4　公共电源线的阻抗耦合

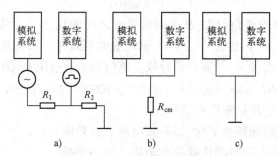

图 9.5　公共地线的阻抗耦合

9.1.3　干扰的作用方式

按干扰作用方式的不同,干扰可分为差模干扰、共模干扰和长线传输干扰。

1. 差模干扰

差模干扰,也称串模干扰,就是串联于信号源回路之中的干扰。它串联在信号源回路中,与被测信号相加后输入系统,如图 9.6a 所示,图中 U_s 为被测信号电压,U_n 为干扰信号电压。差模干扰与被测信号在回路中处于同样的地位,也称为常态干扰或横向干扰。在图 9.6b 中,如果临近的导线(干扰线)中有交变电流 I_a 流过,那么 I_a 产生的电磁干扰信号就会通过分布电容 C_1 和 C_2 的耦合,引入放大器的输入端。

产生差模干扰的因素主要有分布电容的静电耦合、空间的磁场耦合、长线传输的互感、50 Hz 工频干扰,以及信号回路中元件的参数变化等。

2. 共模干扰

用于过程控制的计算机的地、信号放大器的地与现场信号源的地之间,通常要相隔一段距离,长达几十米甚至几百米,在两个接地点之间往往存在一个电位差 U_c,如图 9.7 a 所示。

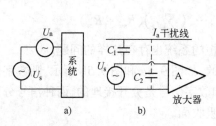

图 9.6　差模干扰示意图

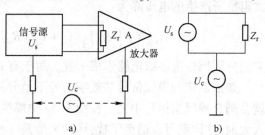

图 9.7　共模干扰示意图

224

这个 U_c 对放大器产生的干扰,称为共模干扰,也称为共态干扰或纵向干扰。其一般形式如图 9.7b 所示,其中 U_s 为信号源,U_c 为共模电压。这种干扰可以是直流电压,也可以是交流电压,其幅值可达几伏甚至更高,取决于现场产生干扰的环境条件和计算机等设备的接地情况。

对于系统的干扰来说,共模干扰大都通过差模干扰的形式表现出来。系统共模电压 U_c 对放大器的影响,实际上是转换成差模干扰的形式而加入到放大器的输入端。图 9.8a、b 分别给出了放大器为单端输入和双端输入两种情况时的共模电压是如何引入输入端的。

图 9.8 a 所示为信号单端输入情况,Z_s 是信号源内阻,Z_r 是系统输入阻抗。共模干扰电压 U_{cm} 和信号源电压 U_s 相加共同作用于回路,此时,共模干扰全部以差模干扰形式作用于电路。由 U_{cm} 引起系统输入的差模电压 U_{n1} 为

$$U_{n1} = \frac{Z_s}{Z_s + Z_r} U_{cm} \tag{9.5}$$

因为 $Z_r >> Z_s$,则

$$U_{n1} \approx \frac{Z_s}{Z_r} U_{cm} \tag{9.6}$$

式中,Z_s 是信号源内阻(含信号引线电阻),Z_r 是放大器输入阻抗。显然,Z_r 越大,或 Z_s 越小,U_{n1} 越小,越有利于抑制共模干扰。

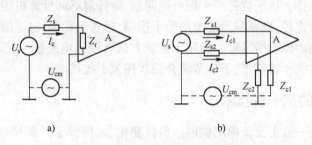

图 9.8　两种输入方式的共模电压的引入

a) 单端输入　b) 双端输入

图 9.8b 所示为放大器双端输入情况,Z_{s1}、Z_{s2} 为信号源内阻,Z_{c1}、Z_{c2} 为系统输入阻抗。共模电压 U_{cm} 引起的系统输入端的差模干扰电压 U_{n2} 为

$$U_{n2} = \left(\frac{Z_{c1}}{Z_{s1} + Z_{c1}} - \frac{Z_{c2}}{Z_{s2} + Z_{c2}} \right) U_{cm} \tag{9.7}$$

若 $Z_{s1} = Z_{s2}$,$Z_{c1} = Z_{c2}$,则 $U_{n2} = 0$,系统没有引入共模干扰。实际上,两个输入端不可能做到完全对称,因此,$U_{n2} \neq 0$,也就是说实际上总是存在一定的共模干扰电压。当 Z_{s1} 和 Z_{s2} 越小,Z_{c1} 和 Z_{c2} 越大,并且 Z_{c1} 和 Z_{c2} 越接近时,共模干扰电压就越小。

由上述分析可知,对于存在共模干扰的场合,不能采用单端输入方式,应采用双端输入方式,原因是其抗共模干扰能力强。

为了衡量一个放大器抑制共模干扰的能力,常用共模抑制比 CMRR 表示,即

$$CMRR = 20 \lg \frac{U_{cm}}{U_n} (\text{DB}) \tag{9.8}$$

式中,U_{cm} 是共模干扰电压,U_n 是由 U_{cm} 转化成的差模干扰电压。显然,单端输入方式的 CMRR 较小,说明它的抗共模抑制能力较差;而双端输入方式,由 U_{cm} 引入的差模干扰电压 U_n 较小,CMRR 较大,所以抗共模干扰能力很强。

3. 长线传输干扰

在计算机控制系统中,现场信号到控制计算机以及控制计算机到现场执行机构,都需要一段较长的线路进行信号传输,即长线传输。对于高速信号传输的线路,即在高频信号电路中,多长的导线可作为长线,取决于电路信号频率的大小,在有些情况下,可能1 m左右的线就应作为长线看待。

信号在长线中传输会遇到三个问题:一是高速变化的信号在长线中传输时出现的波反射现象,二是具有信号延时,三是长线传输会受到外界干扰。

当信号在长线中传输时,由于传输线的分布电容和分布电感的影响,信号会在传输线内部产生正向前进的电压波和电流波,称为入射波;另外,如果传输线的终端阻抗与传输线的阻抗不匹配,当入射波到达终端时,会引起反射;同样,反射波到达传输线始端时,如果阻抗不匹配,也会引起反射。长线中信号的多次反射现象,使信号波形严重畸变,并且引起干扰脉冲。

9.2 硬件抗干扰技术

干扰是客观存在的,为了减少干扰对计算机控制系统的影响,必须采用各种抗干扰措施,以保证系统能正常工作。抗干扰是一个综合性问题,要针对不同计算机控制系统的特点,找出主要干扰源及其传播途径,既要尽可能地消除干扰源,远离干扰源,也要防止干扰信号的窜入,并做好应对干扰影响的保护措施等。抑制干扰的方法有硬件电路抗干扰和软件抗干扰,本节介绍一些常用的硬件抗干扰技术,下一节将介绍软件抗干扰技术。

9.2.1 电源系统的抗干扰技术

计算机控制系统一般由交流电网供电。负荷变化、系统设备开断操作、大负荷冲击、短路和雷击等原因都会在电网中引起电压较大波动、浪涌。另外,大量电力电子设备、电弧炉、感应炉、电气化铁道机车等的使用,使电网中存在大量的谐波,从而造成波形畸变。以上这些因素都是电源系统的干扰源。如果这些干扰进入计算机控制系统,就会影响系统的正常工作,造成控制错误、设备损坏,甚至整个系统瘫痪。

电源引入的干扰是计算机控制系统的主要干扰之一,也是危害最严重的干扰,根据工程统计,对计算机控制系统的干扰大部分是由电源耦合产生的。

1. 供电方式

为了防止产生电源干扰,计算机控制系统的供电一般采用图9.9所示结构。图中,交流稳压器保证交流220 V供电,即交流电网电压在规定的波动范围,输出的交流电压稳定在220 V;交流电源滤波器,即低通滤波器,有效地抑制高频干扰的入侵,使50 Hz的基频交流通过。最后由直流稳压器向计算机控制系统供电。

图9.9 计算机控制系统的供电方式

交流滤波器可采用电容滤波器、电感电容滤波器或有源滤波器。滤波器要有良好的接地,布线接近地面,输入/输出引线应相互隔离,不可平行或缠绕在一起。

在电源变压器中设置合理的屏蔽(静电屏蔽和电磁屏蔽)是一种有效的抗干扰措施,它是在电源变压器的一次侧和二次侧之间加屏蔽层,如图9.10所示。电网进入电源变压器一次侧的高频干扰信号,经过静电屏蔽直接旁路到地,不会耦合到二次侧,从而减少交流电网引入的高频干扰。为了将控制系统和供电电网电源隔离开来,消除公共阻抗引起的干扰,同时,为了安全,可在电源变压器和低通滤波器之前增加一个隔离变压器。隔离变压器的一次侧和二次侧之间加静电屏蔽层,也可采用双屏蔽层,如图9.11所示。

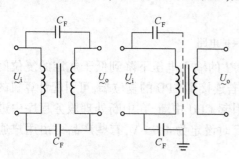

图9.10 电源变压器的静电屏蔽

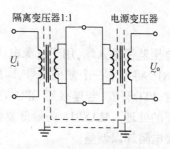

图9.11 隔离变压器及其屏蔽

上面所讲是一般供电方式,结合具体实际情况和要求,还可进一步采取一些措施,例如,采用开关电源、DC-DC变换器以及UPS供电等提高电源的稳定性。其中,UPS中设有断电监测,一旦监测到断电,将供电通道在极短的时间内(3 ms)切换到电池组,电池组经逆变器输出交流代替电网交流供电,从而保证供电不中断。

2. 尖峰脉冲干扰的抑制

计算机控制系统在工业现场运行时,所受干扰的来源是多方面的,除电网电压的过压、欠压以及浪涌以外,对系统危害最严重的首推电网的尖峰脉冲干扰,这种干扰常使计算机程序"跑飞"或"死机"。尖峰干扰是一种频繁出现的叠加于电网正弦波上的高能脉冲,其幅度可达几千伏,宽度只有几个毫微秒或几个微秒,因此采用常规的抑制办法是无效的,必须采取综合治理办法。

抑制尖峰干扰最常用的方法有三种:在交流电源的输入端并联压敏电阻;采用铁磁共振原理(如采用超级隔离变压器);在交流电源输入端串入均衡器,即干扰抑制器。另外,使系统远离干扰源,对大功率用电设备采取专门措施抑制尖峰干扰的产生等都是较为可行的方法。

3. 掉电保护

过程控制计算机供电不允许中断,一旦电源中断,将影响生产。为此,计算机系统应加装UPS(不间断电源),或增加电源电压监视电路,及早监测到掉电状态,从而进行应急处理。对于没有使用UPS的计算机控制系统,为了防止掉电后RAM中的信息丢失,经常采用镍电池对RAM进行数据保护。图9.12所示为一种掉电保护电路。系统电源正常时,VD_1导通,VD_2截止,RAM由主电源(+5 V)供电。系统掉电后,A点电位低于电池电压,VD_2导通,VD_1截止,RAM由备用电池供电。

对直流电源电压监视可采用集成电路μP监控电路实现掉电保护。现在已经有许多集成电路μP监控电路可供选择,它们具有很多种类和规格,同时也具有多种功能,如有的μP监控电路除电源监视外,还具有看门狗、上电复位、备用电源切换开关等功能。图9.13所示为利用MAX815组成的电源监控电路。图中,+12 V电压经分压后,接到MAX815的PFI端,PFI

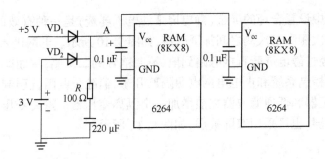

图 9.12　掉电保护电路

是电源电压监视输入端,用于电源电压监视。当 PFI 的输入电压下降到低于规定的复位阈值时,MAX815 将产生一个复位信号,即$\overline{RESET}$有效,若连接到 CPU 的复位端,可引起计算机的复位。同时,$\overline{PFO}$有效,若连接到 CPU 的输入端,可引起 CPU 中断,在中断处理服务程序中进行一些必要的处理。MAX815 的最低复位阈值在出厂时设定为 4.75 V,有些产品可由用户通过改变外接电阻加以调整。

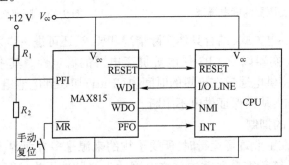

图 9.13　利用 MAX915 组成的电源监视电路

4. 直流侧的抗干扰措施

电网的高频干扰,由于频带较宽,如果仅在交流侧采取抗干扰措施,很难保证干扰绝对不进入直流系统,因此须在直流侧采取必要的抗干扰措施。

（1）去耦法

在每块逻辑电路板的电源和地线的引入处并接一个 10～100 μF 的大电容和一个 0.01～0.1 μF 的小电容;在各主要的集成电路芯片的电源输入端与地之间,或电路板电源布线的一些关键点与地之间,接入一个 1～10 μF 的电解电容,同时为滤除高频干扰,可再并联一个 0.01 μF 的小电容。

（2）增设稳压块法

在每块电路板上装上一个或几块稳压块,以稳定电路板上的电源电压,提高抗干扰能力。经常采用的稳压块有 7805、7905、7812、7912 等三端稳压块,它们的输出电压是固定的。也可采用线性调整器,如 MAX1705/1706,MAX8863T/S/R 等,它们的输出电压是可调的。

9.2.2　接地系统的抗干扰技术

接地技术对计算机控制系统是极为重要的,不恰当的接地会对系统产生严重的干扰,而正确的接地却是抑制干扰的有效措施之一。计算机控制系统中接地的目的通常有两个:一是为了安全,即安全接地;二是为了保证控制系统稳定可靠工作,提供一个基准电位的接地,即工作接地。

1. 地线系统分析

在过程计算机控制系统中,一般有以下几种地线:模拟地、数字地、安全地、系统地和交流地。

模拟地作为传感器、变送器、放大器、A/D 和 D/A 转换中模拟电路的零电位。模拟信号有精度要求,有时信号比较小,而且与生产现场相连。因此,必须认真对待模拟地。

数字地作为控制系统中各种数字电路的零电位,应该与模拟地分开,避免模拟信号受数字脉冲的干扰。

安全地的目的是使设备机壳与大地等电位,以避免机壳带电影响人身和设备的安全。通常安全地又称为保护地或机壳地,机壳包括机架、外壳、屏蔽罩等。

系统地是以上几种地的最终回流点,直接与大地相连,如图 9.14 所示。

交流地是计算机交流供电电源地,即为动力线地,它的地电位很不稳定。在交流地上任意两点之间,往往很容易有几伏甚至几十伏的电位差存在。另外,交流地也很容易带来各种干扰。因此,交流地绝对不允许与上述几种地相连,而且,交流电源变压器的绝缘性要好,要避免漏电现象。

显然,正确接地是一个十分重要的问题。根据接地理论分析,低频电路应单点接地,如图 9.15a 所示,在系统中,相隔较远的各部分的地线必须汇集在一起,接在同一个接地装置上,接地线要尽量短,其电阻率也应尽量小。但在高频情况下,单点接地是不宜采用的。因为这种接地方式连线太多,线与线之间及电路各元件之间分布电容增大,高频干扰信号将通过电容耦合而混入测量信号之中。所以,在处理高频信号时,不仅连线的排列、元件的位置布局要讲究,接地方式也应采取多点接地,如图 9.15b 所示。一般来说,当频率小于1 MHz 时,可以采用单点接地方式;频率高于 10 MHz 时,可采用多点接地方式。在1 MHz 至10 MHz 之间,如果单点接地,其地线长度不得超过波长的 1/20,否则应使用多点接地。单点接地的目的是避免形成地环路,地环路产生的电流会引入到信号回路内引起干扰。

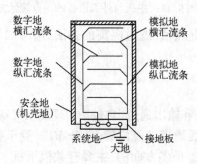

图 9.14 分别回流法接地示意图

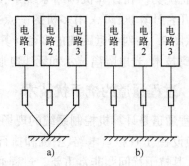

图 9.15 单点接地与多点接地
a) 单点接地 b) 多点接地

在过程控制计算机系统中,对上述各种地的处理一般是采用分别回流法单点接地。模拟地、数字地、安全地的分别回流法如图 9.14 所示。回流线常采用回流条而不采用一般的导线。回流条由多层铜导体构成,界面呈矩形,各层之间有绝缘层。采用多层回流条可以减少自感,从而减少干扰的窜入途径。

229

2. 输入系统的接地

在输入通道中,为防止干扰,传感器、变送器和信号放大器通常采用屏蔽罩进行屏蔽,而信号线往往采用屏蔽信号线。屏蔽层的接地也应采取单点接地方式,关键是确定接地位置。输入信号源有接地和浮地两种情况。图9.16a 中,信号源端接地,而接收端浮地,则屏蔽层应在信号源端接地。图9.16b 中,信号源浮地,接收端接地,则屏蔽层应在接收端接地。这种接地方式是为了避免流过屏蔽层的电流通过屏蔽层与信号线间的电容产生对信号线的干扰。一般输入信号比较小,而模拟信号又容易受到干扰。因此,对输入系统的接地和屏蔽应格外重视。

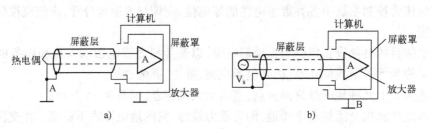

图9.16 输入接地方式

对于高增益放大器,一般采用金属罩屏蔽起来。但屏蔽罩的接地要合理,否则,将引起干扰。屏蔽罩与放大器之间存在寄生电容,从而使放大器的输出端到输入端有一反馈电路,如不消除,放大器有可能产生振荡,解决的办法是将屏蔽罩接到放大器的公共端,将寄生电容旁路,从而消除反馈通道。

3. 主机系统的接地

为了提高计算机的抗干扰能力,可以将主机外壳作为屏蔽,而把机内器件架与外壳绝缘,绝缘电阻大于 50 MΩ,即机内信号地浮地。

主机与外部设备地连接后,采用一点接地,如图9.17 所示。为避免多点接地,各机柜用绝缘板垫起来。这种接地方式安全可靠,有一定的抗干扰能力。在计算机网络系统中,对于近距离的几台计算机,可采用多机的一点接地方

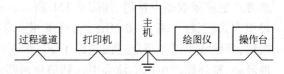

图9.17 主机与外部设备的一点接地方式

式,类似图9.17;对于远距离的多台计算机之间的数据通信,通过隔离的办法分开,如采用变压器隔离技术、光电隔离技术和无线电通信技术等。

9.2.3 过程通道的抗干扰技术

过程通道是计算机控制系统的现场数据采集输入和输出通道,它包括了现场信号源、信号线、转换设备、I/O 接口电路、主机和执行机构等。过程通道涉及内容多,分布广,受干扰的可能性大,其抗干扰问题非常重要。过程通道干扰的来源是多方面的,主要有共模干扰、差模干扰和长线传输干扰。

1. 共模干扰的抑制

共模干扰产生的原因主要是不同的地之间存在共模电压,以及模拟信号系统对地的漏阻抗。共模干扰的抑制措施主要有三种:变压器隔离、光电隔离、浮地屏蔽。

(1) 变压器隔离

变压器隔离是利用隔离变压器将模拟信号电路与数字信号电路隔离开,也就是把模拟地

与数字地断开,以使共模干扰电压不能构成回路,从而达到抑制共模干扰的目的。另外,隔离后的两电路应分别采用两组互相独立的电源供电,切断两部分的地线联系。

这种隔离适用于无直流分量信号的通路。对于直流信号,也可通过调制器变换成交流信号,经隔离变压器后,用解调器再变换成直流信号。如图 9.18 所示,被测信号 V_s 经放大后,首先通过调制器变换成交流信号,经隔离变压器 B 传输到二次侧,然后用解调器再将它变换为直流信号 V_{s2},再对 V_{s2} 进行 A/D 变换。

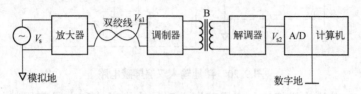

图 9.18　变压器隔离

（2）光电隔离

光耦合器由发光二极管和光敏晶体管(或达林顿管、晶闸管等)封装在一个管壳内组成。发光二极管两端作为信号的输入,光敏晶体管的发射端或集电极端作为信号的输出,内部通过光实现耦合。当输入端加电流信号时,发光二极管发光,光敏晶体管受光照后因光敏效应产生电流,使输出端产生相应的电信号,实现了以光为媒介的电信号传输。

由于光耦合器是用光传送信号,两端电路无直接电气联系,因此,切断了两端电路之间地线的联系,抑制了共模干扰。其次,发光二极管动态电阻非常小,而干扰源的内阻一般很大,能够传送到光耦合器输入端的干扰信号很小。再者,光耦合器的发光二极管只有在通过一定电流时才能发光,由于许多干扰信号幅值虽较高,但能量较小,不足以使发光二极管发光,从而可以有效地抑制干扰信号。

对于模拟信号的光电隔离,采用线性光耦合器,如图 9.19 所示。模拟信号 V_s 经放大后,利用光耦合器直接对其进行光电耦合传送。由于光耦合器的线性区一般只能在某一特定的范围内,因此应保证被传信号的变化范围始终在线性区内。为了保证线性耦合,既要严格挑选特性匹配的光耦合器,又要采取相应的非线性校正措施,否则将产生较大的非线性误差。另外,两部分电路应分别使用互相独立的电源供电。

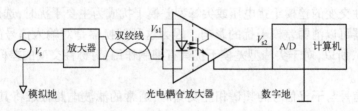

图 9.19　光电隔离

对于脉冲信号、数字信号和开关量信号的光电隔离,采用开关型的光耦合器,其耦合电路与输入、输出信号的性质和要求有关,需根据实际情况进行设计。

（3）浮地屏蔽

浮地屏蔽是指信号放大器采用双层屏蔽,输入为浮地双端输入,如图 9.20 所示。这种屏蔽方法使输入信号浮空,达到了抑制共模干扰的目的。

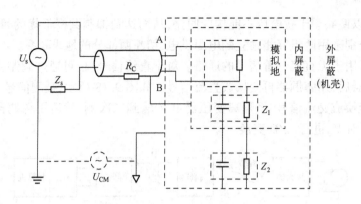

图 9.20　浮地输入双层屏蔽电路

图中,Z_1 和 Z_2 分别为模拟地与内屏蔽层之间的绝缘阻抗和内屏蔽层与外屏蔽层(机壳)之间的绝缘阻抗,阻抗值很大,用于传送信号的屏蔽线的屏蔽层和 Z_2 为共模电压 U_{cm} 提供了共模电流 I_{cm1} 通路,但此电流不会产生差模干扰,因为此时模拟地与内屏蔽层是隔离的。由于屏蔽线的屏蔽层存在电阻 R_c,因此共模电压 U_{cm} 在 R_c 电阻上会产生较小的共模信号,它将在模拟量输入回路中产生共模电流 I_{cm2},此 I_{cm2} 在模拟量输入回路中产生差模干扰电压。显然,由于 $R_c \ll Z_2, Z_s \ll Z_1$,故由 U_{cm} 引入的差模干扰电压是非常弱的。所以这是一种十分有效的共模抑制措施。

2.　差模干扰的抑制

差模干扰信号和有效信号相串联,叠加在一起作为输入信号,因此,对差模干扰的抑制较为困难。对差模干扰应根据干扰信号的特性和来源,分别采用不同的措施来抑制。

① 对于来自空间电磁耦合所产生的差模干扰,可采用双绞线作为信号线,目的是减少电磁感应,并使各个小环路的感应电势相互反向抵消。也可采用金属屏蔽线或屏蔽双绞线。

② 根据差模干扰频率与被测信号频率的分布特性,采用相应的滤波器,如低通滤波器、高通滤波器、带通滤波器等。滤波器是一个选频电路,其功能是让指定频段的信号通过,将其余频段的信号衰减或滤除。在工业控制中,差模信号往往比被测仪器变化快。故在 A/D 转换器前采用低通滤波器,如选用无源 RC 滤波电路,或采用有源低通滤波器,都可以较好地对其滤除。

③ 当对称性交变的差模干扰电压或尖峰型差模干扰成为主要干扰时,选用积分式或双积分式 A/D 转换器可以消弱差模干扰的影响。因为这种转换器是对输入信号的平均值而不是瞬时值进行转换,所以,对于尖峰型差模干扰具有抑制作用;对称性交变的差模干扰,可在积分过程中相互抵消。

④ 当被测信号与干扰信号的频谱相互交错时,通常的滤波电路很难将其分开,可采用调制解调器技术。选用远离干扰频谱的某一特定频率对信号进行调制,然后再进行传输,传输途中混入的各种干扰很容易被滤波环节滤除,被调制的被测信号经硬件解调后,可恢复原来的有用信号频谱。

3.　长线传输干扰的抑制

长线传输干扰主要是空间电磁耦合干扰和传输线上的波反射干扰。

(1) 采用同轴电缆或双绞线作为传输线

同轴电缆对于电场干扰有较强的抑制作用,工作频率较高。双绞线对于磁场干扰有较好的抑制作用,绞距越短,效果越好。双绞线间的分布电容较大,对于电场干扰几乎没有抑制能力,而且当绞距小于 5 mm 时,对于磁场干扰抑制的改善效果不显著。因此,在电场干扰较强时须采用屏蔽双绞线。

在使用双绞线时,尽可能采用平衡式传输线路。所谓平衡式传输线路,是指双绞线的两根线不接地传输信号。因为这种传输方式具有较好的抗差模干扰能力,外部干扰在双绞线中的两条线中产生对称的感应电动势,相互抵消。同时,对于来自地线的干扰信号也受到抑制。

非平衡式传输线路是将双绞线其中一根导线接地的传输方式。这种情况下,双绞线间电压的一半为同相序分量,另一半为反相序分量。非平衡式传输线路对反相序分量具有较好的抑制作用,但对同相序分量则没有抑制作用,因此对于干扰信号的抑制能力较平衡式传输要差,但较单根线传输要强。

(2) 终端阻抗匹配

为了消除长线的反射现象,可采用终端或始端阻抗匹配的方法。

同轴电缆的波阻抗一般为 50 ~ 100 Ω,双绞线的波阻抗为 100 ~ 200 Ω。进行阻抗匹配,首先需要通过测试或由已知的技术数据掌握传输线的波阻抗 R_p 的大小。

图 9.21 给出了两种终端阻抗匹配电路。图 9.21a 中,终端阻抗 $R = R_p$,实现了终端匹配,消除了波反射。由于这种匹配电路使终端阻抗变低,加大了负载,使波形的高电平下降,从而降低了高电平的抗干扰能力,但对波形的低电平没有影响。

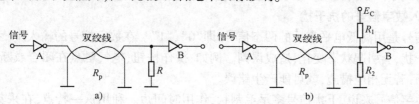

图 9.21 终端阻抗匹配

为了克服上述缺点,可采用图 9.21b 所示的终端匹配电路。其等效电阻为

$$R = \frac{R_1 R_2}{R_1 + R_2} \tag{9.9}$$

适当调整 R_1 和 R_2 的阻值,可使 $R = R_p$,实现阻抗匹配。这种匹配电路的优点是波形的高电平下降较少,缺点是低电平抬高,从而降低了低电平的抗干扰能力。为了同时兼顾高电平和低电平两种情况,可选取 $R_1 = R_2 = 2R_p$。实践中,在保证 $R = R_p$ 的前提下,可使高电平降低得稍多一些,而让低电平抬高得少一些,一般通过适当调整 R_1 和 R_2(使 $R_1 > R_2$)实现。

(3) 始端阻抗匹配

始端阻抗匹配是在长线的始端串入电阻 R,通过适当选择 R 消除波反射,如图 9.22 所示。一般选择始端电阻 R 为

$$R = R_p - R_{sc} \tag{9.10}$$

式中,R_{sc} 为门 A 输出低电平时的输出阻抗。

这种匹配方法的优点是波形的高电平不变,缺点是波形的低电平会抬高,这是由于终端门 B 的输入电流 I_{sr} 在始端匹配电阻 R 上的压降所造成的。显然,终端所带的负载门个数越多,低电平抬高得就越显著。

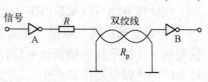

图 9.22 始端阻抗匹配

233

9.3 软件抗干扰技术

在计算机控制系统中，由于干扰的频谱较广，干扰的来源多，影响复杂，仅采用硬件抗干扰措施，仍可能会有一些干扰进入系统，为此，在硬件抗干扰的基础上，应再采用软件抗干扰措施，使两者相互配合，以保障控制系统的可靠性。下面介绍几种软件抗干扰技术。

9.3.1 数字信号的软件抗干扰措施

1. 数字滤波

数字滤波是一种软件算法，它实现从采样信号中提取出有效信号数值、滤除干扰信号的功能，是硬件滤波的软件实现形式。数字滤波与模拟滤波相比，具有很多优点。首先，由于采用了程序实现滤波，无需硬件器件，不受外界的影响，也无参数变化等问题，所以可靠性高，稳定性好；数字滤波可以实现对频率很低（如 0.01 Hz）信号的滤波，克服了模拟滤波器的不足；数字滤波还可以根据信号和干扰的不同，采用不同的滤波方法和滤波参数，具有灵活、方便、功能强等优点。

虽然数字滤波速度比硬件滤波慢，但鉴于数字滤波器具有的上述优点，因此在计算机控制系统中仍得到了广泛的应用。数字滤波方法有很多种，这部分内容请参见本书第 5.2 节。

2. 输入数字信号的抗干扰

数字信号是用高低电平表示的两态信号，即"0"、"1"。在数字信号的输入中，由于操作或外界等的干扰，会引起状态变化，造成误判。例如，操作按钮、电气触点在闭合或断开时，都存在抖动现象，若无相应措施，就可能产生错误。

对于数字信号来说，干扰信号多呈毛刺状，作用时间短。利用这一特点，在采集某一数字信号时，可多次重复采集，直到连续两次或两次以上采集结果完全一致方为有效。若多次采集后，信号总是变化不定，可停止采集，给出报警信号。对数字信号的采集不能采用多次平均方法，而是比较两次或两次采集结果是否相同。

在满足实时性要求的前提下，应根据信号特点，适当地设置各次采集数字信号之间的延时，以适应不同宽度的干扰信号。对于每次采集的最高次数限额和连续相同次数均可按实际情况适当调整。如果数字信号超过 8 个，可按 8 个一组进行分组处理。

3. 输出数字信号的抗干扰

由于干扰，计算机输出的正确数字信号，在输出设备中却可能会得到错误信号。输出设备有电位控制型和同步锁相型两种。前者有良好的抗"毛刺"干扰能力；后者不耐干扰，当锁存线上出现干扰时，会盲目锁存当前的数据。输出设备的惯性（响应速度）与干扰的耐受能力也有很大关系。惯性大的输出设备（各类电磁机构）对"毛刺"干扰有一定耐受能力；惯性小的输出设备（如通信口、显示设备等）耐受能力就小一些。

在软件方面可以采取以下一些方法提高抗干扰能力：

① 重复输出同一数据。在满足实时控制要求的前提下，重复周期尽可能短些。外部设备接受到一个被干扰的错误信号后，还来不及做出有效的反应，一个正确的输出信息又来到，就可及时防止错误动作的产生。

② 对于不能重复输出同一信号的输出装置，例如带自环型分配器和功率驱动器的步进电

动机,可在软硬件上采取一些措施。

③ 计算机进行数字信号输出时,应将有关可编程输出芯片的状态也一并重复设置。因为在干扰作用下,这些芯片的编程状态有可能发生变化。为了确保输出功能正确实现,输出功能模块在执行具体的数据输出之前,应该先执行芯片的编程指令,再输出有关数据。

④ 采用抗干扰编码。按一定规约,将需传输的数据进行编码,在智能接收端,再按规约进行解码,并完成检错或纠错功能。

9.3.2　CPU 及程序的抗干扰技术

CPU 是计算机的核心,是整个计算机控制系统的指挥中心。它与外围设备和器件的连接通过三总线实现,即数据总线、地址总线和控制总线,同时还有电源和地。当 CPU 受到干扰不能按正常状态执行程序时,就会引起计算机控制的混乱,所以需要采取措施,使 CPU 在受到干扰的情况下,尽可能无扰地恢复系统正常工作。尤其在单片机系统中,应当充分考虑系统的抗干扰性能。下面是几种常见的针对 CPU 的抗干扰措施。

1. 复位

对于失控的 CPU,最简单的方法是使其复位,程序自动从头开始执行。复位方式有上电复位、人工复位和自动复位三种。上电复位是指计算机在开机上电时自动复位,此时所有硬件都从初始状态开始,程序从第一条指令开始执行;人工复位是指操作员按下复位按钮时的复位;自动复位是指系统在需要复位的状态时,由特定的电路自动将 CPU 复位的一种方式。为完成复位功能,在硬件电路上应设置复位电路。

人工复位电路简单,但不能及时使系统恢复正常,往往是在系统已经瘫痪的情况下使用。如果软件上没有特别的措施,人工复位与上电复位具有同等作用,系统一切从头开始,这在控制系统中是不允许的。因此,人工复位主要用于各类智能测试仪器、数据采集与操作指导控制系统等,一般不用于直接控制系统。

2. 掉电保护

在软件中,应设置掉电保护中断服务程序,该中断为最高优先级的非屏蔽中断,使系统能对掉电做出及时的反应。在掉电中断服务程序中,首先进行现场保护,把当时的重要状态参数、中间结果,甚至某些片内寄存器的内容——存入具有后备电池的 RAM 中。其次是对有关外设做出妥善处理,如关闭各输入/输出口,使外设处于某一非工作状态等。最后必须在片内RAM 的某一个或两个单元存入特定标记的数字,作为掉电标记,然后,进入掉电保护工作状态。当电源恢复正常时,CPU 重新复位,复位后应首先检查是否有掉电标记,如果有,则说明本次复位为掉电保护之后的复位,应按掉电中断服务程序相反的方式恢复现场,以一种合理的安全方式使系统继续未完成的工作。

3. 指令冗余

当 CPU 受到干扰,程序"跑飞"后,往往将一些操作数当作指令代码来执行,从而引起整个程序的混乱。采用指令冗余技术是使程序从"跑飞"状态,恢复正常的一种有效措施。所谓软件冗余,就是人为地在程序的关键地方加入一些单字节指令 NOP,或将有效单字节指令重写,当程序"跑飞"到某条单字节指令时,就不会发生将操作数当作指令来执行的错误。

指令冗余技术除了 NOP 等单字节指令外,还可以采用指令重复技术。指令重复也是指令冗余的一种方式。指令重复是指在对于程序流向起决定作用或对系统工作有重要作用的指令后面,可重复写上这些指令,以确保这些指令的正确执行。

指令冗余会降低系统的效率,但可以确保系统程序很快纳入程序轨道,避免程序混乱,况且适当的指令冗余并不会对系统的实时性和功能产生明显的影响,故在程序设计中还是被广泛采用。

指令冗余虽然将"跑飞"的程序很快地纳入程序轨道,但不能保证系统工作正常。例如程序从一个模块"跑飞"到另一个不该去的模块,即使很快安定下来,但执行了不该执行的程序指令,同样会造成控制系统出现问题。为解决这个问题,必须采用软件容错技术,使系统的误动作减少,并消灭重大误动作。

4. 软件陷阱

当程序"跑飞"到非程序区(如 EPROM 中未使用的空间、程序中的数据区等)时,指令冗余不起作用,这时可采用软件陷阱和 Watchdog(看门狗)技术。

软件陷阱是在非程序区的特定地方设置一条引导指令(看作一个陷阱),程序正常运行时不会落入该引导指令的陷阱。当 CPU 受到干扰,程序"跑飞"时,如果落入指令陷阱,将由引导指令将"跑飞"的程序强制跳转到出错处理程序,由该程序进行出错处理和程序恢复。

软件陷阱一般用在下列地方:

① 未使用的程序区。由于程序指令不可能占满整个程序存储区,总有一些地方是正常程序不会达到的区域,可在该区域设置软件陷阱,对"跑飞"的程序进行捕捉,或在大片的 ROM 空间,每隔一段设置一个陷阱。

② 未使用的中断向量区。在编程中,最好不要为节约 ROM 空间,将未使用的中断向量区用于存放正常工作程序指令。因为,当干扰使未使用的中断开放,并激活这些中断时,会进一步引起混乱。如果在这些地方设置陷阱,就能及时捕捉到错误中断。

5. 看门狗技术

当程序"跑飞"到一个临时构成的死循环中时,冗余指令和软件陷阱将不起作用,造成系统完全瘫痪。看门狗技术,可以有效解决这一问题。

看门狗,也称程序监视定时器,在硬件上,可把它看成是一个相对独立于 CPU 的可复位定时系统,在软件程序的各主要运行点处,设有向看门狗发出的复位信号指令。当系统运行时,看门狗与 CPU 同时工作。程序正常运行时,会在规定的时间内由程序向看门狗发送复位信号,使看门狗定时系统重新开始定时计数,没有输出信号发出;当程序"跑飞"并且其他的措施没有发挥作用时,看门狗便不能在规定的时间内得到复位信号,其输出端会发出信号使 CPU 系统复位。为实现看门狗的目标,需要解决两个方面的问题:一是硬件电路问题,二是软件编程问题。看门狗的实现形式可以分为硬件和软件两种,下面进行简单介绍。

Watchdog 的硬件部分应独立于 CPU,它的实现有许多方法和电路,有的采用单稳电路构成,有的采用自带脉冲源的计数器构成,也有的采用定时器来实现,还有的采用具有 Watchdog 功能的 μP 集成芯片等。其中,MAX793 和 MAX815 都是具有 Watchdog 功能的 μP 集成芯片,这些芯片的具体使用在这里不作详细介绍,可以参考单片机相关资料。

各种硬件形式的看门狗技术在实际应用中被证明是切实有效的。但有时,干扰会破坏中断方式控制字,导致中断关闭,与之对应的中断服务程序也就得不到执行,硬件看门狗技术将失去作用。这时,可采用软件看门狗技术予以配合。

软件看门狗的设计过程可分为如下三个部分:

① 计数器 0 监视主程序的运行时间。在主程序中设置一个标志变量,开始时,将该标志变量清 0,在主程序结束处,将标志变量赋给一个非零值 R。主程序在开始处启动计数器 0,计数器 0 开始计数,每中断一次,就将设在中断服务程序中的记录中断发生次数的整型变量加 1。设主程序正常结束时,M 的值为 P(P 值由调试程序时确定,并留有一定的裕度)。在中断服务程序中,当 M 已等于 P 时,读取标志变量,若其等于 R,可确定程序正常;若不等于,则可断定主程序已经"跑飞",中断服务需要修改返回地址至主程序入口处。

② 计数器 1 监视计数器 0 的运行。原理与上一部分相同,通过计数器 0 设置标志变量,每中断一次,该变量要加 1。计数器 1 在中断服务程序中查看该值是否是在前一次的值加上一个常量或近似常量,并以此确定计数器 0 是否正常计数。若发现不正常,则可断定主程序已经"跑飞",中断服务需要修改返回地址至主程序入口处。

③ 主程序监视计数器 1。主程序在各功能模块的开始处储存计数器 1 的当前计数值于某一变量 L,在功能模块的结束处,若程序正常,则计数器 1 的计数值会改变为 P。比较前后 L 与 P 的值,若值不同,则可确定计数器 1 正常;若 L 等于 P,则计数器 1 出现错误,主程序要返回 0000H,进行出错处理。

在实际应用中,可以将硬件看门狗与软件看门狗同时使用。实践证明,将两者结合起来后,程序的可靠性会大大提高。

习题

1. 简述干扰的主要来源及其传播途径。
2. 简述干扰的分类。
3. 试述干扰的作用方式有哪些?各有什么特点?并叙述如何识别或区分不同的干扰类型。
4. 输入/输出通道中经常会遇到什么干扰?如何进行抑制?
5. 简述电源抗干扰技术。
6. 抑制尖峰干扰最常用的方法有哪些?
7. 长线干扰有哪几种形式?如何进行抑制?
8. 过程计算机控制系统中一般分为几种地?输入系统和主机如何接地?
9. 简述有哪些软件抗干扰技术?看门狗技术有什么作用,有哪些方法可以实现看门狗技术?

第10章　计算机控制系统的设计与实施

通过前面的介绍,我们已经掌握了计算机控制系统各部分的工作原理、硬件和软件技术以及控制算法,因而具备了设计计算机控制系统的条件。计算机控制系统的设计,既是一个理论问题,又是一个工程问题。计算机控制系统的理论设计包括:建立被控对象的数学模型;确定满足一定技术经济指标的系统目标函数,寻求满足该目标函数的控制规律;选择适宜的计算方法和程序设计语言;进行系统功能的软、硬件界面划分,并对硬件提出具体要求。进行计算机控制系统的工程设计,不仅要掌握生产过程的工艺要求,以及被控对象的动态和静态特性,而且要熟悉自动检测技术、计算机技术、通信技术、自动控制技术、微电子技术等。

本章主要介绍计算机控制系统设计的原则与步骤、计算机控制系统的工程设计与实现。

10.1　计算机控制系统的设计原则与步骤

10.1.1　计算机控制系统的设计原则

尽管计算机控制系统的对象各不相同,其设计方案和具体技术指标也千变万化,但在系统的设计与实施过程中,还是有许多共同的设计原则与要求,这些共同的原则和要求在设计前或设计过程中都必须予以考虑。

1. 操作性能好,维护与维修方便

对一个计算机应用系统来说,所谓操作性能好,就是指系统的人机界面要友好,操作简单、方便,便于维护。为此,在设计整个系统的硬件和软件时,应该时时想到这一点。例如,在考虑操作先进性的同时要兼顾操作工以往的操作习惯,使操作工易于掌握新的操作方法;在考虑配备系统和环境的配备时,要考虑到降低操作人员对某些专业知识的要求。在硬件设计时,凡是涉及人机工程的问题都应逐一加以考虑。例如,系统的控制开关不能太多、太复杂,操作顺序要尽量简单,控制台要便于操作人员工作,尽量采用图示与中文操作提示,显示器的颜色要和谐,对重要参数要设置一些保护性措施,增加操作的鲁棒性等。

维修方便要从软件与硬件两个方面考虑,目的是易于查找故障、排除故障。硬件上宜采用标准的功能模板式结构,便于及时查找并更换故障模板。模板上还应安装工作状态指示灯和监测点,便于检修人员检查与维修。在软件上应配备检测与诊断程序,用于查找故障源。必要时还应考虑设计容错程序,在出现故障时能保证系统的安全。

2. 通用性好,便于扩展

过程计算机控制系统的研制与开发需要一定的投资和周期。尽管控制的对象千变万化,但若从控制功能上进行分析与归类,仍然可以找到许多共性。如计算机控制系统的输入/输出信号统一为 $0 \sim 10$ mA (DC)或 $4 \sim 20$ mA (DC);控制算法有 PID、前馈、串级、纯滞后补偿、预测控制、模糊控制、最优控制等。因此,在设计开发过程计算机控制系统时应尽量考虑能适应这些共性,尽可能地采用标准化设计,以及积木式的模块化结构。在此基础上,再根据各种不

同设备和不同控制对象的控制要求,灵活地构造系统。

在系统设计时不仅要考虑到适应各种不同设备的要求,而且也要考虑到设备更新时整个系统的适应性。这就要求系统的通用性要好,而且必要时能灵活地进行扩充。例如,尽可能采用通用的系统总线结构,像采用 STD 总线、AT 总线、MULTIBUS 总线等。在需要扩充时,只要增加一些相应的接口插件板就能实现对所扩充的设备进行控制。另外,接口部件尽量采用标准通用的大规模集成电路芯片。在考虑软件时,只要速度允许,就尽可能把接口硬件部分的操作功能用软件来替代。这样在被控设备改变时,无需变动或较少变动硬件,只需要改变软件就行了。

系统的各项设计指标留有一定余量,也是可扩充的首要条件。例如,计算机的工作速度如果在设计时不留有一定余量,那么要想进行系统扩充是完全不可能的。其他如电源功率、内存容量、输入/输出通道、中断等也应留有一定的余量。

3. 可靠性高

可靠性对于任何计算机应用系统都是最重要的一个要求。因为一个系统能否长时间安全可靠地正常工作,对一个工厂来说会影响到整个装置、整个车间,乃至整个工厂的正常生产。一旦故障发生,轻者会造成整个控制系统紊乱、生产过程混乱甚至瘫痪,重者会造成人员的伤亡和设备的损坏。所以在计算机控制系统的整个设计过程中,务必把可靠性放在首位。

首先,考虑选用高性能的工控机担任工程控制任务,以保证系统在恶劣的工业环境下仍能长时间正常运行;

其次,在设计控制方案时考虑各种安全保护措施,使系统具有异常报警、事故预测、故障诊断与处理、安全联锁、不间断电源等功能。

第三,采用双机系统和多机集散控制。

在双机系统中,用两台微机作为系统的核心控制器。由于两台微机同时发生故障的概率很小,从而大大提高了系统的可靠性。双机系统中两台微机的工作方式有以下两种:

① 备份工作方式。在这种方式中,一台微机投入系统运行,另一台虽然也同样处于运行状态,但是它是脱离系统的,只是作为系统的一台备份机。当投入系统运行的那一台微机出现故障时,通过专门的程序和切换装置,自动地把备份机切入系统,以保持系统正常运行。被替换下来的微机经修复后,就变成系统的备份机,这样可不会因为主机故障而影响系统正常工作。

② 主从工作方式。这种方式是两台微机同时投入系统运行。在正常情况下,这两台微机分别执行不同任务。如一台微机可以承担系统的主要控制工作,而另一台可以执行诸如数据处理等一般性的工作。当其中一台发生故障时,故障机能自动地脱离系统,另一台微机自动地承担起系统的所有任务,以保证系统的正常工作。

多机集散控制系统结构是目前提高系统可靠性的一个重要发展趋势,是指把系统的所有任务分散地由多台微机来承担。为了保持整个系统的完整性,还需用一台适当功能的微机作为上一级的管理主机,如图 10.1 所示。图中有两级,第一级由多台微机分别对各被控对象进行控制,而上一级的微机通过总线与下一级的微机相连接,并对它们实施管理和监督。这种结构

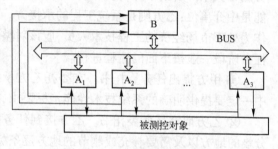

图 10.1　多机集散控制示意图

下,若第一级中某一台微机发生故障,则只影响到很小的一个局部,而且故障机所承担的任务还可以由上一级主机来协调解决,系统工作不会受太大影响。若上一级管理机发生了故障,则下一级微机仍可以独立维持对被控对象的控制,直到排除上一级管理机的故障为止。

有关计算机控制系统的可靠性问题是一个十分重要而又复杂的课题。可靠性设计应包括硬件、软件、电源、环境及电磁兼容性的设计等,由于本书内容的限制,请读者参阅有关资料。

4. 实时性好,适应性强

实时性是工业控制系统最主要的特点之一,它要对内部和外部事件都能及时地响应,并在规定的时限内做出相应的处理。系统处理的事件一般有两类:一类是定时事件,如定时采样、运算处理、输出控制量到被控制对象等;另一类是随机事件,如出现事故后的报警、安全联锁、打印请求等。对于定时事件,由系统内部设置的时钟保证定时处理。对于随机事件,系统应设置中断,根据故障的轻重缓急,预先分配中断级别,一旦事件发生,根据中断优先级别进行处理,保证最先处理紧急故障。

在开发计算机控制系统时,一定要考虑到其应用环境,保证在可能的环境下可靠地工作。例如,有的地方市电波动很大,有的地方环境温度变化剧烈,有的地方湿度很大,有的地方振动很厉害,而有的工作环境有粉尘、烟雾、腐蚀等等。这些在系统设计中都必须加以考虑,并采用必要的措施保证微机应用系统安全可靠地工作。

5. 经济效益好

工业过程计算机控制系统除了要满足生产工艺所必需的技术质量要求以外,也应该带来良好的经济效益。这主要体现在两个方面:一方面是系统的性能价格比要尽可能高,而投入产出比要尽可能低,回收周期要尽可能短;另一方面还要从提高产品质量与产量、降低能耗、减少污染、改善劳动条件等经济、社会效益各方面进行综合评估,有可能是一个多目标优化问题。目前科学技术发展十分迅速,各种新的技术和产品不断出现,这就要求所设计的系统能跟上形势的发展,要有市场竞争意识,在尽量缩短设计研制周期的同时,要有一定的预见性。

10.1.2 计算机控制系统的设计步骤

计算机控制系统的设计虽然随被控对象、控制方式、系统规模的变化而有所差异,但系统设计与实施的基本内容和主要步骤大致相同,一般分为四个阶段:确定任务阶段、工程设计阶段、离线仿真和调试阶段以及在线调试和投运阶段。下面对这四个阶段作必要说明。

1. 确定任务阶段

随着市场经济的规范化,企业中的计算机控制系统设计与工程实施过程中往往存在着甲方乙方关系。所谓甲方,指的是任务的委托方,有时是用户本身,有的是上级主管部门,还有可能是中介单位;乙方则是系统工程的承接方。国际上习惯称甲方为"买方",称乙方为"卖方"。作为处于市场经济的工程技术人员,应该对整个工程项目与控制任务的确定有所了解。确定任务阶段一般按下面的流程进行。

① 甲方提出任务委托书。在委托乙方承接工程项目前,甲方一般须提出任务委托书,其中一定要提供明确的系统技术性能指标要求,还要包括经费、计划进度、合作方式等内容。

② 乙方研究任务委托书。乙方接到任务委托书后逐条进行研究,对含义不清、认识上有分歧的地方以及需要补充或删节的地方逐条标出,并拟订需要进一步讨论与修改的问题。

③ 双方对任务委托书进行确认性修改。在乙方对任务委托书进行了认真的研究之后,双

方应就委托书的内容进行协商性的讨论、修改、确认,明确双方的任务和技术工作界面。为避免因行业和专业不同所带来的局限性,讨论时应有各方面有经验的人员参加。确认或修改后的委托书中不应再有含义不清的词汇与条款。

④ 乙方初步进行系统总体方案设计。由于任务与经费尚未落实,这时的总体方案设计是粗线条的。如果条件允许,可多做几个方案进行比较。方案中应突出技术难点及解决办法、经费概算、工期。

⑤ 乙方进行方案可行性论证。方案可行性论证的目的是要估计承接该项任务的把握性,并为签订合同后的设计工作打下基础。论证的主要内容有:技术可行性、经费可行性、进度可行性。另外对控制项目要特别关注可测性和可控性。如果论证结果可行,接着就应该做好签订合同前的准备工作;如果不可行,则应与甲方进一步协商任务委托书的有关内容或对条款进行修改。若不能修改,则合同不能签订。

⑥ 签订合同书。合同书是甲乙双方达成一致意见的结果,也是以后双方合作的惟一依据和凭证。合同书(或协议书)应包含如下内容:经过双方修改和认可的甲方“任务委托书”的全部内容,双方的任务划分和各自承担的责任,合作方式,付款方式,进度和计划安排,验收方式及条件,成果归属,违约的解决办法。

随着市场经济的发展,计算机控制工程的设计和实施项目也与其他工程项目类似,越来越多地引入了规范的“工程招标”形式。即先由甲方将所需解决的技术问题和项目要求提出来,并写好标书公开向社会招标,有兴趣的单位都可以写出招标书在约定的时间内投标,开标时间到后,通过专家组评标,确定出中标单位,即乙方。

2. 工程设计阶段

该阶段主要包括组建项目研制小组、系统总体方案设计、方案论证与评审、硬件和软件的细化设计、硬件和软件的调试、系统组装。

(1) 组建项目研制小组

在签订了合同或协议后,系统的研制进入设计阶段。为了完成系统设计,应首先把项目组成员确定下来。项目组应由懂得计算机硬件、软件和有控制经验的技术人员组成,还要明确分工并具有良好的协调合作关系。

(2) 系统总体方案设计

包括硬件总体方案和软件总体方案,这两部分的设计是相互联系的。因此,在设计时要经过多次的协调和反复,最后才能形成合理的统一在一起的总体设计方案。总体方案要形成硬件和软件的方块图,并建立说明文档,包括控制策略和控制算法的确定等。

(3) 方案论证与评审

方案的论证和评审是对系统设计方案的把关和最终裁定。评审后确定的方案是进行具体设计和工程实施的依据,因此应邀请有关专家、主管领导及甲方代表参加。评审后应重新修改总体方案,评审过的方案设计应该做为正式文件存档,原则上不应再做大的改动。

(4) 硬件和软件的细化设计

此步骤只能在总体方案评审后进行,如果进行太早则会造成资源的浪费和返工。所谓细化设计就是将方块图中的方块划到最底层,然后进行底层块内的结构细化设计。对硬件设计来说,就是选购模板以及设计制作专用模板;对软件设计来说,就是将一个个功能模块编成一条条程序。

（5）硬件和软件的调试

实际上，在硬件、软件设计中都需要边设计边调试边修改，往往要经过几个反复过程才能完成。

（6）系统组装

硬件细化设计和软件细化设计后，分别进行调试，之后就可以进行系统的组装，组装是离线仿真和调试阶段的前提和必要条件。

3. 离线仿真和调试阶段

所谓离线仿真和调试是指在实验室而不是在工业现场进行的仿真和调试。离线仿真和调试试验后，还要进行烤机运行。烤机的目的是在连续不停机运行中暴露问题和解决问题。

4. 在线调试和运行阶段

系统离线仿真和调试后便可进行在线调试和运行。所谓在线调试和运行就是将系统和生产过程联接在一起，进行现场调试和运行。不管上述离线仿真和调试工作多么认真、仔细，现场调试和运行仍可能出现问题，因此必须认真分析加以解决。系统正常运行后，再仔细试运行一段时间，如果不出现其他问题，即可组织验收。验收是系统项目最终完成的标志，应由甲方主持乙方参加，双方协同办理。验收完毕应形成文件存档。

10.2 系统工程设计与实施

作为一个计算机控制系统工程项目，在研制过程中应该经过哪些步骤，应该怎样有条不紊的保证研制工作顺利进行，这是需要认真考虑的。如果步骤不清，或者每一步需要做什么不明确，就有可能引起研制过程中的混乱。本节就系统工程设计与实施的具体问题作进一步的讨论，这些具体问题对实际工作有重要的指导意义。

10.2.1 计算机控制系统总体方案设计

设计一个性能优良的计算机控制系统，要注重对实际问题的调查研究。通过对生产过程的深入了解和分析，以及对工作过程和环境的熟悉，才能确定系统的控制任务，进而提出切实可行的系统设计方案。

1. 硬件总体方案设计

依据合同的设计要求和已经做过的初步方案，开展系统的硬件总体设计。总体设计的方法是"黑箱"设计法。所谓"黑箱"设计就是画方块图的方法。用这种方法做出的系统结构设计，只需要明确各方块之间的信号输入/输出关系和功能要求，而不需要知道"黑箱"内的具体结构。

硬件总体方案设计主要包含以下几个方面的内容。

（1）确定系统的结构和类型

根据系统要求，确定采用开环还是闭环控制。闭环控制还需进一步确定是单闭环还是多闭环控制。实际可供选择的控制系统类型有操作指导控制系统、直接数字控制（DDC）系统、监督计算机控制（SCC）系统、分级控制系统、分散型控制系统（DCS）、工业测控网络系统等。

（2）确定系统的构成方式

系统的构成方式应优先选择采用工业控制机。工业控制机具有系列化、模块化、标准化和开放结构,有利于系统设计者在系统设计时根据要求任意选择,像搭积木般地组建系统。这种方式可提高研制和开发速度,提高系统的技术水平和性能,增加可靠性。当然,也可以采用通用的可编程序控制器(PLC)或智能调节器来构成计算机控制系统(如分散型控制系统、分级控制系统、工业网络)的前端机(或称下位机)。

(3) 现场设备选择

现场设备主要包含传感器、变送器和执行机构,这些装置的选择要正确,它是影响系统控制精度的重要因素之一。

(4) 其他方面的考虑

总体方案中还应考虑人机联系方式、系统机柜或机箱的结构设计、抗干扰等方面的问题。

2. 软件总体方案设计

依据用户任务的技术要求和已作过的初步方案,进行软件的总体设计。软件总体设计和硬件总体设计一样,也是采用结构化的"黑箱"设计法。先画出较高一级的方框图,然后再将大的方框分解成小的方框,直到能表达清楚功能为止。软件总体方案还应考虑确定系统的数学模型、控制策略、控制算法等。

3. 系统总体方案

将上面的硬件总体方案和软件总体方案合在一起构成系统的总体方案。总体方案论证可行后,要形成文件,建立总体方案文档。系统总体文件的内容包括:

① 系统的主要功能、技术指标、原理性方框图及文字说明。

② 控制策略和控制算法,例如 PID 控制、Smith 补偿控制、最少拍控制、串级控制、前馈控制、解耦控制、模糊控制、最优控制等。

③ 系统的硬件结构及配置,主要的软件功能、结构及框图。

④ 方案比较和选择。

⑤ 保证性能指标要求的技术措施。

⑥ 抗干扰和可靠性设计。

⑦ 机柜或机箱的设计。

⑧ 经费和进度计划的安排。

对所提出的总体设计方案进行合理性、经济性、可靠性以及可行性方面的论证。论证通过后,便可形成作为系统设计依据的系统总体方案图和设计任务书,用以指导具体的系统设计过程。

10.2.2 硬件工程设计与实现

对不同的系统结构和类型有不同的设计与实现方法,采用总线式工业控制机进行系统的硬件设计是目前广泛使用的结构类型,可以解决工业控制中的众多问题,因此在这里仅以总线式工业控制机为例介绍硬件工程设计与实现方法。总线式工业控制机的高度模块化和插板结构,决定了可以采用组合方式来大大简化计算机控制系统的设计。采用总线式工业控制机,只需要简单地更换几块模板,就可以很方便地变成另外一种功能的控制系统。在计算机控制系统中,一些控制功能既能用硬件实现,亦能用软件实现,故系统设计时,对硬件、软件功能的划分要综合考虑。

1. 选择系统的总线和主机机型

（1）选择系统的总线

系统采用总线结构，具有很多优点。采用总线，可以简化硬件设计，用户可根据需要直接选用符合总线标准的功能模板，而不必考虑模板插件之间的匹配问题，从而使系统硬件设计大大简化；系统可扩性好，仅需将按总线标准研制的新的功能模板插在总线槽中即可；系统更新性好，一旦出现新的微处理器、存储器芯片和接口电路，只要将这些新的芯片按总线标准研制成各类插件，即可取代原来的模板而升级更新系统。

① 内部总线选择。常用的工业控制机内部总线有两种，即 PC 总线和 STD 总线。设计时可根据需要选择其中一种，一般常选用 PC 总线进行系统的设计，即选用 PC 总线工业控制机。

② 外部总线选择。根据计算机控制系统的基本类型可知，如果采用分级控制系统，必然有通信的问题。外部总线就是计算机与计算机之间、计算机与智能仪器或智能外设之间进行通信的总线，它包括并行通信总线（如 IEEE-488）和串行通信总线（如 RS-232C、RS-422 和 RS-485）。具体选择哪一种，要根据通信的速率、距离、系统拓扑结构、通信协议等要求来综合分析，才能确定。但需要说明的是 RS-422 和 RS-485 总线在工业控制机的主机中没有现成的接口装置，必须另外选择相应的通信接口板或协议转换模块。

（2）选择主机机型

在总线式工业控制机中，有许多机型，都因采用的 CPU 不同而不同。以 PC 总线工业控制机为例，其 CPU 有 8088、80286、80386、80486、Pentium（586）等多种型号，内存、硬盘、主板、显示卡、CRT 显示器也有多种规格。设计人员可根据要求合理地进行选型。

2. 选择输入/输出通道模板

一个典型的计算机控制系统，除了工业控制机的主机，还必须有各种输入/输出通道模板，其中包括数字量 I/O（即 DI/DO）、模拟量 I/O（AI/AO）等模板。

（1）数字量（开关量）输入/输出（DI/DO）模板

PC 总线的并行 I/O 接口模板多种多样，通常可分为 TTL 电平的 DI/DO 和带光电隔离的 DI/DO。通常和工控机共地装置的接口可以采用 TTL 电平，而其他装置与工控机之间则采用光电隔离。对于大容量的 DI/DO 系统，往往选用大容量的 TTL 电平 DI/DO 板。而将光电隔离及驱动功能安排在工业控制机总线之外的非总线模板上，如继电器板（包括固态继电器板）等。

（2）模拟量输入/输出（AI/AO）模板

AI/AO 模板包括 A/D、D/A 板及信号调理电路等。AI 模板输入可能是 0～±5 V、1～5 V、0～10 mA、4～20 mA 以及热电偶、热电阻和各种变送器的信号。AO 模板输出可能是 0～5 V、1～5 V、0～10 mA、4～20 mA 等信号。选择 AI/AO 模板时必须注意分辨率、转换速度、量程范围等技术指标。

系统中的输入/输出模板，可按需要进行组合，不管哪种类型的系统，其模板的选择与组合均由生产过程的输入参数和输出控制通道的种类和数量来确定。

3. 选择变送器和执行机构

（1）选择变送器

变送器是一种仪表，它能将被测变量（如温度、压力、物位、流量、电压、电流等）转换为可远传的统一标准信号（0～10 mA、4～20 mA 等），且输出信号与被测变量有一定连续关系。在控制系统中其输出信号被送至工业控制机进行处理,实现数据采集。

DDZ-Ⅲ型变送器输出的是 4 ~ 20 mA 信号,供电电源为 24 V(DC)且采用二线制,DDZ-Ⅲ型比 DDZ-Ⅱ型变送器性能好,使用方便。DDZ-S 系列变送器是在总结 DDZ-Ⅱ 和 DDZ-Ⅲ 型变送器的基础上,吸取了国外同类变送器的先进技术,采用模拟技术与数字在技术相结合,从而开发出的新一代变送器。

常用的变送器有温度变送器、压力变送器、液位变送器、差压变送器、流量变送器、各种电量变送器等。系统设计人员可根据被测参数的种类、量程,以及被测对象的介质类型和环境来选择变送器的具体型号。

(2) 选择执行机构

执行机构是控制系统中必不可少的组成部分,它的作用是接收计算机发出的控制信号,并把它转换为调整机构的动作,使生产过程按预先规定的要求正常运行。

执行机构分为气动、电动、液压三种类型。气动执行机构的特点是结构简单、价格低、防火防爆;电动执行机构的特点是体积小、种类多、使用方便;液压执行机构的特点是推力大、精度高。常用的执行机构类型为气动和电动。

在计算机控制系统中,将 0 ~ 10 mA 或 4 ~ 20 mA 电信号经电气转换器转换成标准的 0.02 ~ 0.1 MPa 气压信号之后,即可与气动执行机构(气动调节阀)配套使用。电动执行机构(电动调节阀)直接接收来自工业控制机的输出信号(4 ~ 20 mA 或 0 ~ 10 mA),实现控制作用。

另外,还有各种有触点和无触点开关,也是执行机构,实现开关动作。电磁阀作为一种开关阀在工业中也得到了广泛的应用。

在系统中,选择气动调节阀、电动调节阀、电磁阀、有触点和无触点开关之中的哪一种,要根据系统的要求来确定。但要实现连续、精确的控制目的,必须选用气动和电动调节阀,而对要求不高的控制系统可选用电磁阀。

10.2.3 软件工程设计与实现

用工业控制机来组建计算机控制系统不仅能减小系统硬件设计工作量,而且还能减小系统软件设计工作量。一般工业控制机都配有实时操作系统或实时监控程序,各种控制、运算软件、组态软件等,可使系统设计者在最短的周期内,开发出目标系统软件。

一般工业控制机把工业控制所需的各种功能以模块形式提供给用户。其中包括:控制算法模块(多为 PID),运算模块(四则运算、开方、最大值/最小值选择、一阶惯性、超前滞后、工程量变换、上下限报警等数 10 种),计数/计时模块,逻辑运算模块,输入模块,输出模块,打印模块,CRT 显示模块等。系统设计者根据控制要求,选择所需的模块就能生成系统控制软件,因而软件设计工作量大为减小。为便于系统组态(即选择模块组成系统),工业控制机提供了组态语言。

当然并不是所有的工业控制机都能给系统设计带来上述的方便,有些工业控制机只能提供硬件设计的方便,而应用软件需自行开发;若从选择单片机入手来研制控制系统,系统的全部硬件、软件均需自行开发研制。自行开发控制软件时,应先画出程序总体流程图和各功能模块流程图,再选择程序设计语言,然后编制程序。程序编制应先模块后整体。下面介绍具体程序设计内容。

1. 数据类型和数据结构规划

在系统总体方案设计中,系统的各个模块之间有着各种因果关系,要进行各种信息传递。如数据采集模块的输出信息就是数据处理模块的输入信息,同样,数据处理模块和显示模块、打印模块之间也有这种产销关系。各模块之间的关系体现在它们的接口条件,即输入条件和输出结果上。为了避免产销脱节现象,必须严格规定好各个接口条件,即各接口参数的数据结构和数据类型。

这一步工作可以这样来做:将每一个执行模块要用到的参数和输出的结果列出来,对于与不同模块都有关的参数,只取一个名称,以保证同一个参数只有一种格式。然后为每一参数规划一个数据类型和数据结构。从数据类型上来分类,可分为逻辑型和数值型,但通常将逻辑型数据归到软件标志中去考虑。数值型可分为定点数和浮点数。定点数有直观、编程简单、运算速度快的优点,其缺点是表示的数值动态范围小,容易溢出。浮点数则相反,数值动态范围大、相对精度稳定、不易溢出,但编程复杂,运算速度低。

如果某参数是一系列有序数据的集合,如采样信号序列,则不仅存在数据类型问题,还存在数据存放格式问题,即数据结构问题。

2. 资源分配

对于采用单片机结构的硬件系统,在完成数据类型和数据结构的规划后,还需要分配系统的资源。系统资源包括 ROM、RAM、定时器/计数器、中断源、I/O 地址等。ROM 资源用来存放程序和表格,这也是明显的。定时器/计数器、中断源、I/O 地址在任务分析时已经分配好了。因此,资源分配的主要工作是 RAM 资源的分配。RAM 资源规划好后,应列出一张 RAM 资源的详细分配清单,作为编程依据。

3. 实时控制软件设计

(1) 数据采集及数据处理程序

数据采集程序主要包括多路信号的采样、输入变换、存储等。模拟输入信号为 0 ~ 10 mA (DC) 或 4 ~ 20 mA(DC),0 ~ 5 V(DC) 和电阻等。前两种可以直接作为 A/D 转换模板的输入(电流经 I/V 变换变为 0 ~ 5 V(DC) 电压输入),后两种经放大器放大到 0 ~ 5 V(DC) 后再作为 A/D 转换模板的输入。开关触点状态通过数字量输入(DI)模板输入。输入信号的点数可根据需要选取,每个信号的量程和工业单位用户必须规定清楚。数据处理程序主要包括数字滤波程序、线性化处理和非线性补偿、标度变换程序、越限报警程序等。

(2) 控制算法程序

控制算法程序主要实现控制规律的计算并产生控制量。其中包括数字 PID 控制算法、Smith 补偿控制算法、最少拍控制算法、串级控制算法、前馈控制算法、解耦控制算法、模糊控制算法、最优控制算法等。实际实现时,可选择一种或几种合适的控制算法来实现控制。

(3) 控制量输出程序

控制量输出程序实现对控制量的处理(上下限和变化率处理)、控制量的变换及输出,驱动执行机构或各种电气开关。控制量也包括模拟量和开关量两种。模拟控制量由 D/A 转换模板输出,一般为标准的 0 ~ 10 mA(DC) 或 4 ~ 20 mA(DC) 信号,该信号驱动执行机构如各种调节阀。开关量控制信号驱动各种电气开关。

(4) 实时时钟和中断处理程序

实时时钟是计算机控制系统中一切与时间有关的过程的运行基础。时钟有两种,即绝对时钟和相对时钟。绝对时钟与当地的时间同步,有年、月、日、时、分、秒等功能。相对时钟与当地时间无关,一般只要时、分、秒就可以,在某些场合要精确到0.1秒甚至毫秒。

计算机控制系统中有很多任务是按时间来安排的,即有固定的作息时间。这些任务的触发和撤消由系统时钟来控制,不用操作者直接干预,这在很多无人值班的场合尤其必要。实时任务有两类:第一类是周期性的,如每天固定时间启动,固定时间撤消的任务,它的重复周期是一天。第二类是临时性任务,操作者预定好启动和撤消时间后由系统时钟来执行,但仅一次有效。作为一般情况,假设系统中有几个实时任务,每个任务都有自己的启动和撤消时刻。在系统中建立两个表格:一个是任务启动时刻表,一个是任务撤消时刻表,表格按作业顺序编号安排。为使任务启动和撤消及时准确,这一过程应安排在时钟中断子程序中来完成。定时中断服务程序在完成时钟调整后,就开始扫描启动时刻表和撤消时刻表,当表中某项和当前时刻完全相同时,通过查表位置指针就可以决定对应作业的编号,通过编号就可以启动或撤消相应的任务。

计算机控制系统中,有很多控制过程虽与时间(相对时钟)有关,但与当地时间(绝对时钟)无关。例如啤酒发酵微机控制系统,要求从10℃降温4小时到5℃,保温30小时后,再降温2小时到3℃,再保温。以上工艺过程与时间关系密切,但与上午、下午没有关系,只与开始投料时间有关,这一类的时间控制需要相对时钟信号。相对时钟的运行速度与绝对时钟一致,但数值完全独立。这要求相对时钟另外开辟存放单元。在使用上,相对时钟要先初始化,再开始计时,计时到后便可唤醒指定任务。

许多实时任务如采样周期、定时显示打印、定时数据处理等都必须利用实时时钟来实现。并由定时中断服务程序执行相应的动作或处理动作状态标志等。

另外,事故报警、掉电检测及处理、重要的事件处理等功能的实现也常常使用中断技术,以便计算机能对事件做出及时处理。事件处理由中断服务程序和相应的硬件电路来完成。

(5) 数据管理程序

这部分程序用于生产管理,主要包括画面显示、变化趋势分析、报警记录、统计报表打印输出等。

(6) 数据通信程序

数据通信程序主要完成计算机与计算机之间、计算机与智能设备之间的信息传递和交换。这个功能主要在分散型控制系统、分级计算机控制系统、工业网络等系统中实现。

10.2.4　系统调试与运行

系统的调试与运行分为离线仿真与调试阶段和在线调试与运行阶段。离线仿真与调试阶段一般在实验室或非工业现场进行,在线调试与运行阶段在生产过程工业现场进行。其中离线仿真与调试阶段是基础,检查硬件和软件的整体性能,为现场投运做准备,现场投运是对全系统的实际考验与检查。系统调试的内容很丰富,碰到的问题是千变万化的,解决的方法也是多种多样的,并没有统一的模式。

1. 离线仿真和调试

(1) 硬件调试

对于各种标准功能模板,按照说明书检查主要功能。比如主机板(CPU板)上RAM区的读写功能、ROM区的读出功能、复位电路、时钟电路等的正确性。

在调试 A/D 和 D/A 模板之前,必须准备好信号源、数字电压表、电流表等。对这两种模板需要首先检查信号的零点和满量程,然后再分档检查,可以按满量程的 25%、50%、75%、100% 分档,并且上行和下行来回调试,以便检查线性度是否合乎要求,如果有多路开关板,应测试各通路是否正确切换。

利用开关量输入和输出程序来检查开关量输入(DI)和开关量输出(DO)模板。测试时可在输入端加开关量信号,检查读入状态的正确性;可在输出端检查(用万用表)输出状态的正确性。

硬件调试还包括现场仪表和执行机构,如压力变送器、差压变送器、流量变送器、温度变送器以及电动或气动调节阀等。这些仪表必须在安装之前按说明书要求校验完毕。

如果是分级计算机控制系统和分散型控制系统,还要调试通信功能,验证数据传输的正确性。

(2) 软件调试

软件调试的顺序是子程序、功能模块和主程序。有些程序的调试比较简单,利用开发装置(或仿真器)以及计算机提供的调试程序就可以进行调试。程序设计一般采用汇编语言和高级语言混合编程。对处理速度和实时性要求高的部分用汇编语言编程(如数据采集、时钟、中断、控制输出等),对处理速度和实时性要求不高的部分用高级语言编程(如数据处理、变换、图形、显示、打印、统计报表等)。

一般与过程输入/输出通道无关的程序,都可用开发机(仿真器)的调试程序进行调试,不过有时为了能调试某些程序,可能要编写临时性的辅助程序。

系统控制模块的调试应分为开环和闭环两种情况进行。开环调试是检查它的阶跃响应特性,闭环调试是检查它的反馈控制功能。

图 10.2 是 PID 控制模块的开环特性调试原理框图。首先可以通过 A/D 转换器输入一个阶跃电压。然后使 PID 控制模块程序按预定的控制周期循环执行,控制量 u 经 D/A 转换器输出模拟电压 0 ~ 5 V(DC)给记录仪,记录仪记下它的阶跃响应曲线。

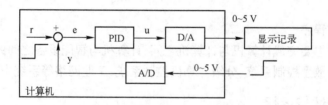

图 10.2　PID 控制模块的开环调试框图

开环阶跃响应实验可以包括以下几项:

① 不同比例带、不同阶跃输入幅度和不同控制周期下正、反两种作用方向的纯比例控制的响应;

② 不同比例带、不同积分时间、不同阶跃输入幅度和不同控制周期下正、反两种作用方向的比例积分控制的响应;

③ 不同比例带、不同积分时间、不同微分时间、不同阶跃输入幅度和不同控制周期下正、反两种作用方向的比例积分微分控制的响应。

上述几项内容的实验过程中,通过分析记录仪记下的阶跃响应曲线,不仅要定性而且要定量地检查 P、I、D 参数是否准确,是否满足精度要求。这一点与模拟仪表调节器有所不同,由于仪表中电容、电阻参数具有分散性,同时电位器旋钮刻度盘分度不可能太细,因此不得不允许其 P、I、D 参数的刻度值有较大的误差。但是对计算机来说,完全有条件进行准确的数字计算,保证 P、I、D 参数误差很小。

在完成 PID 控制模块开环特性调试的基础上,还必须进行闭环特性调试。所谓闭环调试就是按图 10.3 构成单回路 PID 反馈控制系统。该图中的被控对象可以使用实验室物理模拟装置,也可以使用电子式模拟实验室设备。实验方法与模拟仪表调节器组成的控制系统类似,即分别做给定值 r(k) 和外部扰动 f(t) 的阶跃响应实验,改变 P、I、D 参数以及阶跃输入的幅度,分析被控制量 y(t) 的阶跃响应曲线和 PID 控制器输出控制量 u 的记录曲线,判断闭环工作是否正确。主要分析判断以下几项内容:纯比例作用下残差与比例带的值是否吻合;积分作用下是否消除残差;微分作用对闭环特性是否有影响;正向和反向扰动下过渡过程曲线是否对称等等。否则,必须根据发生的现象仔细分析,重新检查程序,排除在开环调试中没有暴露出来的问题。

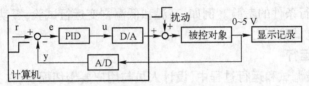

图 10.3　PID 控制模块的闭环调试框图

必须指出,数字 PID 控制器比模拟 PID 调节器增加了一些特殊功能,例如,积分分离、检测值微分(或微分先行)、死区 PID(或非线性 PID)、给定值和控制量的变化率限制、输入/输出补偿、控制量限幅和保持等等。先暂时去掉这些特殊功能,首先试纯 PID 控制闭环响应,这样便于发现问题。在纯 PID 控制闭环实验通过的基础上,再逐项加入上述特殊功能,并逐项检查是否正确。

运算模块是构成控制系统不可缺少的一部分。对于简单的运算模块可以用开发机(或仿真器)提供的调试程序检查其输入与输出关系。而对于输入与输出关系复杂的运算模块,例如纯滞后补偿模块,可采用类似于图 10.2 所示的方法进行调试。调试时用运算模块替换 PID 控制模块,通过分析记录曲线来检查程序是否存在问题。

一旦所有的子程序和功能模块都调试完毕,就可以用主程序将它们连接在一起,进行整体调试。当然有人会问,既然所有模块都能单独地工作,为什么还要检查它们连接在一起是否正常工作呢?这是因为把它们连接在一起可能会产生不同软件层之间的交叉错误。例如,一个模块的隐含错误有时虽然对自身无影响,却会妨碍另一个模块的正常工作;单个模块允许的误差,多个模块连起来可能放大到不可容忍的程度。

整体调试的方法是自底向上逐步扩大。首先按分支将模块组合起来,以形成模块子集,调试完各模块子集,再将部分模块子集连接起来进行局部调试,最后进行全局调试。这样经过子集、局部和全局三步调试,完成了整体调试工作。整体调试是对模块之间连接关系的检查,有时为了配合整体调试,在调试的各阶段编制了必要的临时性辅助程序,调试完应删去。通过整体调试能够把设计中存在的问题和隐含的缺陷暴露出来,从而基本上消除了编程错误,为以后的仿真调试和在线调试及运行打下良好的基础。

（3）系统仿真

在硬件和软件分别联调后,并不意味着系统的设计和离线调试已经结束,为此,必须进行全系统的硬件、软件统调。这次的统调试验,就是通常所说的"系统仿真"(也称为模拟调试)。所谓系统仿真,就是应用相似原理和类比关系来研究事物,也就是用模型来代替实际生产过程(即被控对象)进行实验和研究。系统仿真有以下三种类型:全物理仿真(或称在模拟环境条件下的全实物仿真);半物理仿真(或称硬件闭路动态试验);数字仿真(或称计算机仿真)。

系统仿真尽量采用全物理或半物理仿真。试验条件或工作状态越接近真实,其效果也就越好。对于纯数据采集系统,一般可做到全物理仿真;而对于控制系统,要做到全物理仿真几乎是不可能的。这是因为,我们不可能将实际生产过程(被控对象)搬到自己的实验室或研究室中,因此,控制系统只能做离线半物理仿真,被控对象可用实验模型代替。不经过系统仿真和各种试验,试图在生产现场调试中一举成功的想法是不实际的,往往会被现场联调工作的现实所否定。

在系统仿真的基础上,还需要进行长时间的运行考验(称为考机),并根据实际运行环境的要求,进行特殊运行条件的考验。例如,高温和低温剧变运行试验,震动和抗电磁干扰试验,电源电压剧变和掉电试验等。

2. 现场调试和运行

在现场进行在线调试和运行过程中,设计人员与用户要密切配合,在实际运行前制定一系列调试计划、实施方案、安全措施、分工合作细则等。现场调试与运行过程可按照从小到大、从易到难、从手动到自动、从简单回路到复杂回路的顺序进行。现场安装及在线调试前先要进行下列检查:

① 检测元件、变送器、显示仪表、调节阀等必须通过校验,保证精确度要求。有时还需要进行一些现场校验。

② 各种接线和导管必须经过检查,保证连接正确。例如,孔板的上下游接压导管要与差压变送器的正负压输入端极性一致;热电偶的正负端与相应的补偿导线相连接,并与温度变送器的正负输入端极性一致等。除了极性不得接反以外,对号位置也不得接错。引压导管和气动导管必须畅通,不能中间堵塞。

③ 对在流量中采用隔离液的系统,要在清洗好引压导管以后,灌入隔离液(封液)。

④ 检查调节阀能否正确工作。要保证旁路阀及上下游截断阀关闭或打开的状态正确。

⑤ 检查系统的干扰情况和接地情况,如果不符合要求,应采取措施。

⑥ 对安全防护措施也要检查。

经过检查并确认安装正确后,即可进行系统的投运和参数的整定。投运时应先切入手动,等系统运行接近于给定值时再切入自动。

计算机控制系统的投运是个系统工程,要特别注意到一些容易忽视的问题,如现场仪表与执行机构的安装位置、现场校验,各种接线与导管的正确连接,系统的抗干扰措施,供电与接地,安全防护措施等。在现场调试的过程中,往往会出现错综复杂、时隐时现的奇怪现象,一时难以找到问题的根源。这种情况下,需要计算机控制系统设计者们认真分析研究,共同协作,以便尽快找到问题的根源所在。

习题

1. 计算机控制系统的设计原则有哪些？
2. 简述计算机控制系统的设计步骤。
3. 计算机控制系统硬件总体方案设计主要包含哪几个方面的内容？
4. 自行开发计算机控制软件时应按什么步骤，具体程序设计内容包含哪几个方面？
5. 简述计算机控制系统调试和运行的过程。
6. 简述如何设计一个性能优良的计算机系统。

第11章　计算机控制系统实例

前面几章着重介绍了计算机控制系统涉及到的软硬件知识、控制算法及设计方法等方面的内容,本章将介绍两个有代表性的计算机控制系统设计和应用实例——工业锅炉计算机控制系统和硫化机计算机群控系统。由于篇幅有限,不能涉及细节,仅对系统的设计方案、软硬件设计、功能实现做概要介绍,以使读者对计算机控制系统有一个整体的认识。

11.1　工业锅炉计算机控制系统

锅炉是化工、炼油、发电等工业生产过程中必不可少的重要动力设备。它所产生的高压蒸汽,既可作为风机、压缩机、大型泵类的驱动动力源,又可作为蒸馏、化学反应、干燥和蒸发等过程的热源。随着工业生产规模的不断扩大,生产设备的不断革新,作为动力和热源的锅炉,亦向着大容量、高效率发展。锅炉设备的控制系统对安全、稳定生产起着极其重要的作用。

11.1.1　工业锅炉介绍

按燃料种类分,应用最多的有燃油锅炉、燃气锅炉和燃煤锅炉。在石油化工、炼油的生产过程中,往往产生各种不同的残油、残渣和释放气。为充分利用这些"燃料",出现了油、气混合燃烧锅炉和油、气、煤混合燃烧锅炉。在化工、造纸、制糖等工艺过程中,还会产生各种毫无规则的聚合物、残渣等,为利用这些"燃料"产生的热量以及在化工生产中化学反应生产的热量,出现了废热锅炉。所有这些锅炉,燃料种类各不相同,但蒸汽发生系统和蒸汽处理系统是基本相同的。常见锅炉设备的主要工艺流程如图11.1所示。

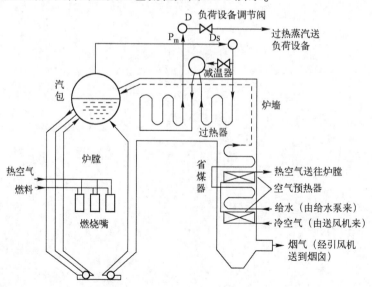

图11.1　锅炉设备主要工艺流程图

燃料和热空气按一定比例送入燃烧室燃烧,生成的热量传递给蒸汽发生系统,产生饱和蒸汽 Ds。然后经过热器,形成一定温度的过热蒸汽 D,汇集至蒸汽母管。压力为 P_m 的过热蒸汽,经负荷设备调节阀供给负荷设备用。与此同时,燃烧过程中产生的烟气,除将饱和蒸汽变为过热蒸汽外,还经省煤器预热锅炉给水并经空气预热器预热空气,最后经引风机送往烟囱,排入大气。

锅炉设备是一个复杂的控制对象,主要的输入变量是负荷、锅炉给水量、燃料量、减温水、送风量和引风量等,如图 11.2 所示。主要输出变量是汽包水位、蒸汽压力、过热蒸汽温度、炉膛负压、过剩空气系数(烟气含氧量)等。这些输入变量与输出变量之间相互关联。如果蒸汽负压发生变化,必将会引起汽包水位、蒸汽压力和过热蒸汽温度等的变化;燃料量的变化不仅影响蒸汽压力,同时还会影响汽包水位、过热蒸汽温度、过剩空气和炉膛负压;给水量的变化不仅影响汽包水位,而且对蒸汽压力、过热蒸汽温度等也有影响。

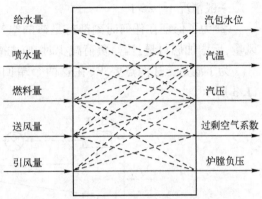

图 11.2　输入变量与输出变量关系图

锅炉是一个典型的多变量对象,要进行自动控制,对多变量对象可按自治的原则和协调跟踪的原则加以处理。目前,锅炉控制系统大致可划分为三个控制系统:锅炉燃烧控制系统、锅炉给水控制系统和过热蒸汽温度控制系统。

11.1.2　锅炉计算机控制系统的组成

1. 燃烧过程控制系统

(1)燃烧过程控制任务

锅炉的燃烧过程是一个能量转换和传递的过程,其控制目的是使燃料燃烧所产生的热量适应蒸汽负荷的需要(常以蒸汽压力为被控变量);使燃料与空气量之间保持一定的比值,以保证最佳经济效益的燃烧(常以烟气成分为被控变量),提高锅炉的燃烧效率;使引风量与送风量相适应,以保持炉膛负压在一定的范围内。

(2)燃烧过程控制系统设计方案

在多变量对象中,调节量和被调量之间的联系不都是等量的,也就是说,对于一个具体对象而言,在众多的信号通道中,对某一个被调量可能只有一个通道对它有较重要的影响,其他通道的影响相对于主通道来说可以忽略。根据自治原则简化锅炉燃烧控制系统,可将其大致分为三个单变量控制系统:燃料量—汽压子系统、送风量—过量空气系数子系统以及引风量—炉膛负压子系统。

不少多变量系统可以利用自治原则来进行简化,但并不是分解成多个单回路控制系统后,问题就全部解决。因为各回路之间往往还存在着联系和要求,必须在设计中加以考虑。协调跟踪的原则,就是在多个单回路基础上,建立回路之间相互协调和跟踪的关系,以弥补用几个近似单变量对象来代替时所忽略的变量之间的关联。

此例中,锅炉燃烧过程的上述三个子系统间彼此仍有关联。首先考虑到燃料量与送风量子系统间应满足以下两点：

① 锅炉燃烧过程中燃料量与空气(送风)量之间应保持一定比例,实际空气(送风)量大于燃料需要空气量,它们之间存在一个最佳空燃比(最佳过剩空气系数)α,即

$$\alpha = \frac{V(\text{实际送入空气量})}{B(\text{燃料需要空气量})}$$

一般情况下,$\alpha > 1$。

② 为了保证在任何时刻都有足够的空气以实现完全燃烧,当热负荷增大时,应先增加送风量,后增加燃料量;当热负荷减少时,应先减少燃料量,再减少送风量。

为了满足上述两点要求,在这两个单回路的基础上,建立交叉限制协调控制系统,如图 11.3 所示。

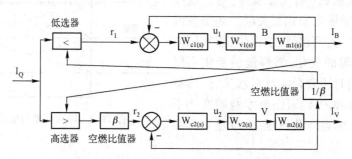

图 11.3　带交叉限制的最佳空燃比控制系统

图中,$W_{m1(s)}$ 和 $W_{m2(s)}$ 是燃料量和送风量测量变送器的传递函数,假设它们都是比例环节,则 $W_{m1(s)} = K_1$,$W_{m2(s)} = K_2$。由此可得到最佳空燃比 α 与空气量、燃料量测量信号 I_V 和 I_B 之间的关系如下：

$$\alpha = \frac{V}{B} = \frac{I_V/K_2}{I_B/K_1} = \frac{K_1 I_V}{K_2 I_B}$$

设

$$\alpha \frac{K_2}{K_1} = \beta$$

则

$$\frac{I_V}{I_B} = \alpha \frac{K_2}{K_1} = \beta$$

假设机组所需负荷的信号为 I_Q,当系统处于稳态时,则有：

设定值　　　　　$r_1 = I_Q = I_V/\beta = I_B$

设定值　　　　　$r_2 = \beta I_Q = \beta I_B = I_V$

即　　　　　　　$I_Q = I_B$；$I_V = \beta I_B$

表明系统的燃料量适合系统的要求,而且达到最佳空燃比。当系统处于动态时,假如负荷突然增加,对于送风量控制系统而言,高选器的两个输入信号中,I_Q 突然增大,则 $I_Q > I_B$,所以,增大的 I_Q 信号通过高选器,在乘以 β 后作为设定值送入调节器 $W_{c2(s)}$,显然该调节器将使 u_2 增加,空气阀门开大,送风量增大,即 I_V 增加。对于燃料量控制系统来说,尽管 I_Q 增大,但在此瞬间 I_V 还来不及改变,所以低选器的输入信号 $I_Q > I_V$,低选器输出不变,$r_1 = I_V/\beta$ 不

变,此时燃料量 B 维持不变。只有在送风量开始增加以后,即 I_V 变大,低选器的输出才随着 I_V 的增大而增加,即 r_1 随之加大,这时燃料阀门才开大,燃料量加多。反之,在负荷信号减少时,则通过低选器先减少燃料量,待 I_B 减少后,空气量才开始随高选器的输出减小而减小,从而保证在动态时,满足上述第二点要求,始终保持完全燃烧。

进一步分析可知,燃料量控制子系统的任务在于,使进入锅炉的燃料量随时与外界负荷要求相适应,维持主压力为设定值。为了使系统有迅速消除燃料侧自发扰动的能力,燃料量控制子系统大都采用以蒸汽压力为主参数、燃料量为副参数的串级控制方案。

保证燃料在炉膛中的充分燃烧是送风控制系统的基本任务。在大型机组的送风系统中,一、二次风通常各采用两台风机分别供给,锅炉的总风量主要由二次风来控制,所以这里的送风控制系统是针对二次风控制而言的。送风子控制系统的最终目的是达到最高的锅炉热效率,保证经济性。为保证最佳空燃比 α ,必须同时改变风量和燃料量。α 是由烟气含氧量来反映的。因此常将送风控制系统设计为带有氧量校正的空燃比控制系统,经过燃料量与送风量回路的交叉限制,组成串级比值的送风系统。结构上是一个有前馈的串级控制系统,如图 11.4 所示。它首先在内环快速保证最佳空燃比,至于给煤量测量不准,则可由烟气中含氧量作串级校正。当烟气中含氧量高于设定值时,氧量校正调节器发出校正信号,修正送风量调节器设定,使送风调节器减少送风量,最终保证烟气中含氧量等于设定值。

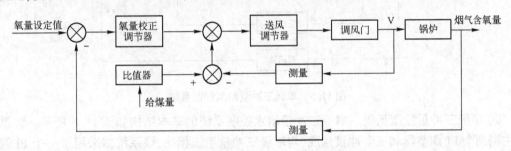

图 11.4 带氧量串级校正的送风控制系统

炉膛负压控制系统的任务在于调节烟道引风机导叶开度,以改变引风量;保持炉膛负压为设定值,以稳定燃烧,减少污染,保证安全。

2. 锅炉给水控制系统

(1) 锅炉给水控制系统设计任务

其任务是考虑汽包内部的物料平衡,使给水量适应蒸发量,维持汽包水位在规定的范围内,实现给水全程控制。给水控制也称为汽包水位控制。被控变量是汽包水位,操纵变量是给水量。

(2) 给水控制系统的基本结构

① 单冲量控制系统。以水位信号 H 为被控量、给水流量作为控制量组成的单回路控制系统称为单冲量控制系统。这种系统结构简单、整定方便,但克服给水自发性扰动和负荷扰动的能力差,特别是大中型锅炉负荷扰动时,严重的假水位现象将导致给水控制机构误动作,造成汽包水位激烈的上下波动,严重影响设备寿命和安全。

② 单级三冲量控制系统。该系统相当于将上述单冲量控制与比例控制相结合。以负荷作为系统设定值,利用 PI 调节器调节流量,使给水量准确跟踪蒸汽流量,再将水位信号作为主

参数负反馈,构成了单级三冲量给水控制系统,如图11.5所示。所谓"三冲量",是指控制器接受了三个测量信号:汽包水位、蒸汽流量和给水流量。蒸汽流量信号是前馈信号,当负荷变化时,它早于水位偏差进行前馈控制,及时地改变给水流量,维持进出汽包的物质平衡,有效地减少假水位的影响,抑制水位的动态偏差。给水流量是局部反馈信号,动态中它能及时反映控制效果,使给水流量跟踪蒸汽流量变化而变化,蒸汽流量不变时,可及时消除给水侧自发扰动;稳态时使给水流量信号与蒸汽流量信号保持平衡,以满足负荷变化的需要。汽包水位量是被控制量、主信号,稳定时,汽包水位等于设定值。显然,三冲量给水控制系统在克服干扰影响、维持水位稳定、提高给水控制方面都优于单冲量给水控制系统。事实上,由于检测、变送设备的误差等因素的影响,蒸汽流量和给水流量这两个信号的测量值在稳态时难以做到完全相等,且单级三冲量控制系统一个调节器参数整定需要兼顾较多的因素,动态整定过程也较复杂,因此在现场很少再采用单级三冲量给水控制系统。

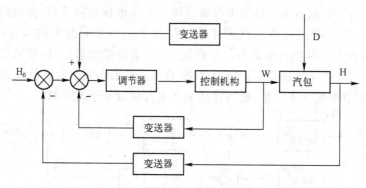

图11.5 单级三冲量给水控制系统

③ 串级三冲量控制系统。串级三冲量给水控制系统的基本结构如图11.6所示。该系统由主副两个PI调节器和三个冲量构成,与单级三冲量系统相比,该系统多采用了一个PI调节器,两个调节器串联工作,分工明确。PI_1为水位调节器,它根据水位偏差产生给水流量设定值;PI_2为给水流量调节器,它根据给水流量偏差控制给水流量并接受前馈信号。蒸汽流量信号作为前馈信号,用来维持负荷变动时的物质平衡,由此构成的是一个前馈—串级控制系统。该系统结构较复杂,但各调节器的任务比较单纯,系统参数整定相对单级三冲量系统要容易些,不要求稳态时给水流量、蒸汽流量测量信号严格相等,即可保证稳态时汽包水位无静态偏差,其控制重量较高,是现场广泛采用的给水控制系统,也是组织给水全程控制的基础。

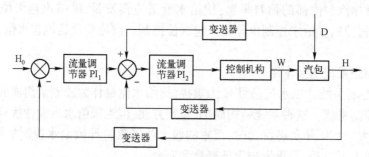

图11.6 串级三冲量给水控制系统

3. 蒸汽温度控制系统

（1）蒸汽温度控制系统任务

维持过热器出口温度在允许范围内，并保证管壁温度不超过允许的工作温度。被控变量一般是过热器出口温度，操纵变量是减温器的喷水量。

（2）过热蒸汽温度控制系统

以过热蒸汽为主参数，选择两段过热器前的蒸汽温度为辅助信号，组成串级控制系统或双冲量气温控制系统。

4. 锅炉计算机控制系统的实现

工业锅炉计算机控制系统结构框图如图 11.7 所示。

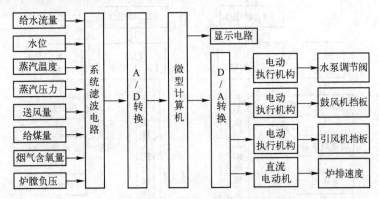

图 11.7　工业锅炉计算机控制系统框图

一次仪表测得的模拟信号经采样电路、滤波电路进入 A/D 转换电路，A/D 转换电路将转换完的数字信号送入计算机，经过计算机处理之后的数据，便于控制和显示。D/A 转换将计算机输出的数字量转换成模拟量，并放大到 0 ~ 10 mA，分别控制水泵调节阀、鼓风机挡板、引风机挡板和炉排直流电动机。

11. 2　硫化机计算机群控系统

内胎硫化是橡胶厂内胎生产的最后一个环节，硫化效果将直接影响内胎的产品质量和使用寿命。目前国内大部分生产厂家都是使用延时继电器来控制硫化时间，由于硫化中所需的蒸汽压力和温度经常有较大的波动，单纯按时间计算可能会产生过硫或欠硫现象，直接影响了内胎的质量。因此，设计一种利用先进计算机控制技术的硫化群控及管理系统，不仅能提高企业的自动化水平，也能降低硫化机控制装置的维护成本和硫化操作人员的劳动强度，提高硫化过程中工艺参数的显示和控制精度，同时也避免了个别硫化操作人员为提高产量而出现的"偷时"现象（即操作人员缩短硫化时间，未硫化完毕就开模），使内胎的产品质量得到保证。

11. 2. 1　系统总体方案

内胎硫化过程共包括四个阶段：合模、硫化、泄压、开模。由于所有硫化机的控制方式相同，所以特别适合群控。在自动模式下，当硫化操作人员装胎合模后，由控制系统根据温度计算内胎的等效硫化时间并控制泄压阀、开模电动机的动作。为克服温度波动的影响，经过大量实验,选用阿累尼乌斯(Arrhenius)经验公式来计算等效硫化时间。

某橡胶制品有限公司硫化车间共有内胎硫化机96台,为便于整个生产过程的控制和管理拟采用计算机群控及管理系统。根据企业的现场情况,借鉴 DCS 系统结构,使用 PLC 作为直接控制级,完成现场的控制功能;使用工业控制计算机作为管理和监视级。系统总体方案见图 11.8。

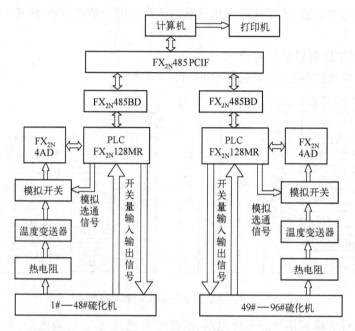

图 11.8　内胎硫化计算机群控及管理系统总体方案

PLC 通过温度采集模块采集现场的96台硫化机温度信号,进行等效计算后,按设定型号的参数计算硫化机的硫化时间并对泄压阀、开模电动机动作进行控制,完成内胎的整个硫化过程。采用串行通信方式将 PLC 传送上来的信号采集到工业控制计算机,在监控软件主界面对96台硫化机的硫化温度和状态进行动态显示,并自动记录相关过程数据,监控软件还具有参数设置、查询及报表打印等功能。由于计算机本身及其操作系统的不稳定性,工业控制计算机不参与控制,即使工业控制计算机出现故障也不会影响 PLC 的正常运行,从而也不会影响现场的控制,但是所有的现场参数将不能被监视和存储。

系统共有三种工作方式:自动等效硫化方式、自动定时硫化控制方式和机台原有的延时继电器手动控制方式。可以根据需要在现场利用操作台上的旋钮选择工作方式。

工业控制计算机采用研华 P4 2.4G,作为控制级的 PLC 共两套,采用三菱公司的 FX2N 128MR。两套 PLC 的控制是独立的,分别通过串行口连接到工业控制计算机。

特殊模块 FX2N-4AD 用来采集现场的热电阻温度信号,并进行模数转换后送往 PLC。热电阻采用 PT100,热电阻经过温度变送器变成 0～5 V 的电压信号。FX2N-4AD 模块共有四路通道,在任一时刻只能有 4 个温度信号进入 PLC,为提高其使用效率,自行研制了模拟转换开关,模拟开关采用 2 片 CD4501,可以完成 16 选 1 的模拟开关功能,利用 PLC 内部的编程指令控制模拟转换开关依次选通各个通道,循环将 48 台热电阻信号采集到 PLC。

通信模块 FX2N-485BD(485 信号)和通信转换模块 FX2N-485PC-IF(转换计算机的

RS232 信号和 485BD 的 485 信号）被用来实现 PLC 和工业控制计算机的串行通信。

11.2.2 可编程控制器控制软件设计

三菱公司 FX2N 系列可编程控制器可以使用梯形图、指令表和 SFC 三种编程方式，指令多达 156 种，功能强大，编程非常方便。从内胎硫化的流程可知，硫化的控制属于过程、位置控制，采用 PLC 可方便地进行编程，实现内胎硫化机的等效硫化时序。为提高运行速度、减少运行指令，在控制软件设计中采用了模块化编程，设计了多种通用子程序，如数据采样及处理子程序、等效硫化计算子程序、报警子程序等。

控制软件主程序流程简图见图 11.9。

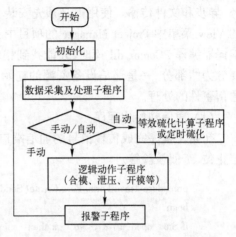

11.2.3 工控机管理软件设计

1. 工控机软件总体设计

工控机管理软件采用 Inprise 公司的 Delphi7 开发，Delphi 是一种全新的可视化编程环境，它提

图 11.9 控制软件主程序流程简图

供了一种方便、快捷的 Windows 应用程序开发工具，与其他开发工具相比，Delphi 的编程效率至少能提高一倍，特别适用于开发通用的数据库管理软件。工控机的 RS232 串行通信接口通过 FX2N-485PC-IF 连接到可编程控制器的通信模块 FX2N-485BD 上，以半双工异步串行通信方式通信，读取或设置参数，并在主窗口动态显示，自动记录车间内所有机台在三种控制方式下生产的产品的过程参数和数量、操作合法性等数据，可以随时查看硫化温度曲线，还具有报警提示、查询、报表打印等功能。系统功能图见图 11.10。

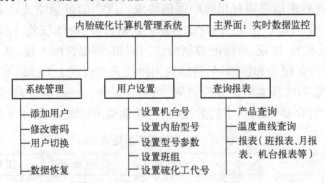

图 11.10 内胎硫化计算机管理系统功能图

2. 串行通信接口数据传输的软件设计

用 Delphi 开发串口通信软件一般有两种方法：一种是采用 Microsoft 的 MSComm 控件，这种方法实现起来相对比较简单，但效率较低；另一种是利用 Windows 的通信 API 函数，使用 API 编写的串口通信程序较为复杂，实现的功能强大，特别适合于面向低层的下位机通信，但是需要编程人员掌握大量的通信知识，还要掌握多线程编程。

MOXA 公司提供了一个可供 Delphi 调用的串行通信程序开发工具 PComm serial communication library（ PComm 串口通信库）, PComm Library 是一个动态连接库（DLL）文件，使用 Microsoft Win32 API 编写，利用 PComm 编写串口通信软件既具有 API 的强大功能，使用起来也比较方便。

PComm Library 库函数共有七类：端口控制、数据接收、数据输出、端口状态查询、事件服务、异步和文件传输。使用前必须先安装 PComm Library，并把 PCommb. pas 文件加入到 Delphi 的 View 菜单中 Project Manager 的项目中，使之成为项目的一个单元（Unit），只有这样 Delphi 编译器编译 PComm. dll 库时，才能找到相应的函数（Sio xxx（））。在串行通信程序设计中主要分为两部分，一是通信设备资源的初始化，包括串行口打开、关闭及串口参数设置等；二是通信事件的处理。

（1）通信初始化程序

初始化程序完成传输信号的通信端口选择、打开，并设定相关参数，包括波特率、数据位、停止位、奇偶校验等。

```
procedure TmainForm. FormCreate( Sender：TObject )；
begin
if Sio _ open( 1 ) < > Sio _ ok then              //判断所选择的端口是否打开
showmessage( '打开串口失败' )；
if Sio _ ioctl ( 1, B19200, P _ even or Bit _ 7 or Stop _ 1 ) < > Sio _ ok then
begin
    showmessage( '设置格式失败' )；          //判断通信格式是否正确
end；
Sio _ flush ( 1, 2 )；                         //清空通信口 1 缓冲区
end；
```

（2）通信事件的处理

工控机与 PLC 进行通信必须有相同的通信协议。PLC 的通信格式在其特殊数据寄存器 D8120 中设置。D8120 的第 0 至 15 位分别表示：数据长度、奇偶校验、停止位、波特率、数据头、数据尾、控制以及校验、协议、传输的控制协议。例如，数据长度 7 位、偶校验、2 位停止位、波特率为 9600、不使用数据头和数据尾、传输数据协议采用模式 1、D8120 设置为 0C8E。在模式 1 的条件下，传输数据的基本格式为控制码、站号、PC 号、命令、等待时间、字符和校验。例如，当计算机读 PLC 寄存器 D1000 中的数据时，传输数据的格式如表 11.1 所示。

表 11.1　传输数据的格式

控 制 码	站　号	PC 号	命　令	等待时间	起 始 地 址	读取字数	和 校 验
ENQ	01	FF	WR	0	D1000	01	01
05H	30H,31H	46H,46H	57H,52H	30H	44H,31H,30H,30H,30H	30H,31H	30H,31H

下面的程序实现定时从 PLC 寄存器 D1000 中读取数据。

```
procedure TmainForm. Timer1Timer( Sender：TObject )；
var
buf：array[0..20] of byte；
begin
```

```
buf[0] : = $05;                    //控制码
buf[1] : = $30;                    //PLC 站号为 01
buf[2] : = $31;
buf[3] : = $46;                    //表示 PLC 的 CPU 型号
buf[4] : = $46;
buf[5] : = $57;                    //表示读字命令(Read of Word Device)
buf[6] : = $52;
buf[7] : = $30;                    //等待时间为 0
buf[8] : = $44;                    //读目的起始地址:D1000
buf[9] : = $31;
buf[10] : = $30;
buf[11] : = $30;
buf[12] : = $30;
buf[13] : = $30;                   //表示要读取的字数为 01
buf[14] : = $31;
buf[15] : = $30;                   //表示和校验为 01
buf[16] : = $31;
Sio _ flush(1,2);                  //清空通信口 1 缓冲区
Sio _ write(1,@ buf,17);           //将读命令写入 PLC
Sleep 100;                         //延时 100ms
Sio _ read(1,@ buf,20);            //从 PLC 读取返回数据到 buf 数组
 {读回数据处理}
end;
```

11.2.4 结束语

本系统在某橡胶制品有限公司投入运行后,控制达到了预定的工艺要求,内胎质量稳定,产品合格率达到 99.8% 以上,每年可增加直接经济效益 200 万元。同时大幅减轻了工人的劳动强度,改善了工作环境,提高了企业生产的自动化和信息化程度,并且还可方便地与企业的信息管理系统相连,组成管控一体化的网络系统。

本系统群控机台数量多、投入低、抗干扰能力强、使用方便,集控制与管理于一身,特别适合于在各种型号的硫化控制中推广。

参 考 文 献

[1] 王慧. 计算机控制系统[M]. 北京：化学工业出版社, 2000.

[2] 王勤. 计算机控制技术[M]. 南京：东南大学出版社, 2003.

[3] 张弘. USB 接口设计[M]. 西安：西安电子科技大学出版社, 2002.

[4] 王恩波, 芦效峰, 马时来. 实用计算机网络技术[M]. 北京：高等教育出版社, 2000.

[5] 吴勤勤, 王士杰. 控制仪表及装置[M]. 北京：化学工业出版社, 1997.

[6] 艾德才, 等. 计算机硬件基础[M]. 北京：中国水利水电出版社, 2003.

[7] 刘国荣, 梁景凯. 计算机控制技术与应用[M]. 北京：机械工业出版社, 2001.

[8] 王锦标, 方崇智. 过程计算机控制[M]. 北京：清华大学出版社, 1992.

[9] 于海生, 等. 微型计算机控制技术[M]. 北京：清华大学出版社, 1999.

[10] 钟约先, 林亨. 机械系统计算机控制[M]. 北京：清华大学出版社, 2001.

[11] 李新光, 张华, 孙岩, 等. 过程检测技术[M]. 北京：机械工业出版社, 2004.

[12] 姜秀汉, 李萍, 薄保中. 可编程序控制器原理及应用[M]. 西安：西安电子科技大学出版社, 2001.

[13] 高金源, 等. 计算机控制系统理论、设计与实现[M]. 北京：北京航空航天大学出版社, 2001.

[14] 王树青, 等. 工业过程控制工程[M]. 北京：化学工业出版社, 2003.

[15] 顾战松, 陈铁年. 可编程控制器原理与应用[M]. 北京：国防工业出版社, 2001.

[16] 刘光斌, 刘冬, 等. 单片机系统实用抗干扰技术[M]. 北京：人民邮电出版社, 2003.

[17] 谢剑英. 微型计算机控制技术[M]. 北京：国防工业出版社, 2001.

[18] 曹承志. 微型计算机控制新技术[M]. 北京：机械工业出版社, 2001.

[19] 金以慧. 过程控制[M]. 北京：清华大学出版社, 1993.

[20] 刘保坤. 计算机过程控制系统[M]. 北京：机械工业出版社, 2001.

[21] 温钢云, 黄道平. 计算机控制技术[M]. 广州：华南理工大学出版社, 2001.

[22] 刘向杰, 彭一民, 邱忠昌, 等. 现场总线控制系统的现状与发展[EB/OL]. [2006-02-06]. http://www. silimin. com/service/classroom _ bus/classroom _ bus004. htm.

[23] 上海宇启信息科技有限公司. 现场总线控制系统 FCS[EB/OL]. [2006-02-06]. http ://www. yu-qitech. com/link _ web _ control/FCS. htm.

[24] 研华科技. 工业 I/O[EB/OL]. [2006-02-06]. http://www. advantech. com. cn/eAutomation/IO/.

[25] 朱玉玺, 崔如春, 邝小磊. 计算机控制技术[M]. 北京：电子工业出版社, 2005.

[26] 王平, 肖琼, 陈敏娜. 计算机控制系统[M]. 北京：高等教育出版社, 2004.

[27] Karl J Astrom, Bjorn Wittenmark. Computer Controlled System Thoery and Design[M]. 北京：清华大学出版社, 2002.

[28] Sara Baase, Allen Van Gelder. Computer Algorithms：Introduction to Design and Analysis[M]. 北京：高等教育出版社, 2004.